전직 함장이 들려주는 진짜 잠수함 이야기

# 잠수함 리얼리티

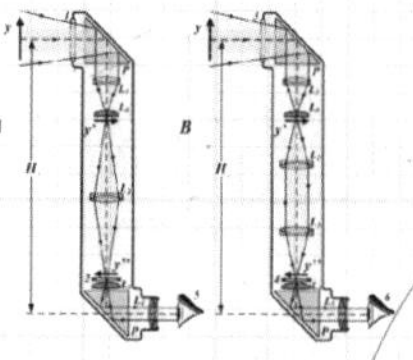

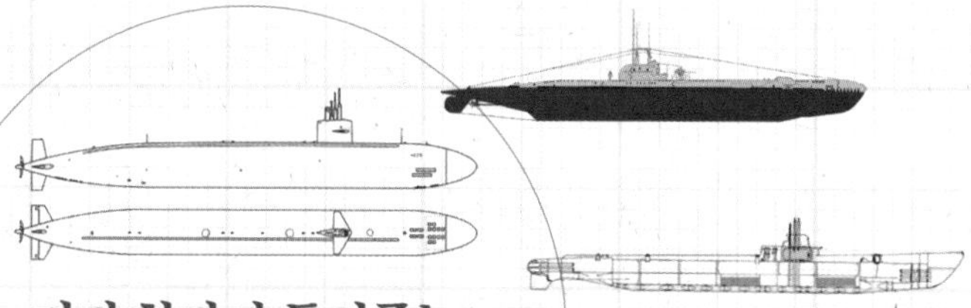

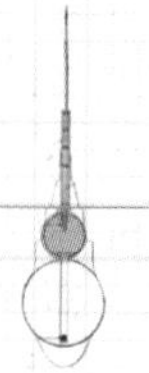

전직 함장이 들려주는
진짜 잠수함 이야기

# 잠수함 리얼리티

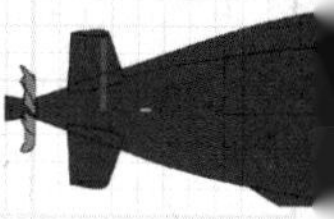

최일 지음

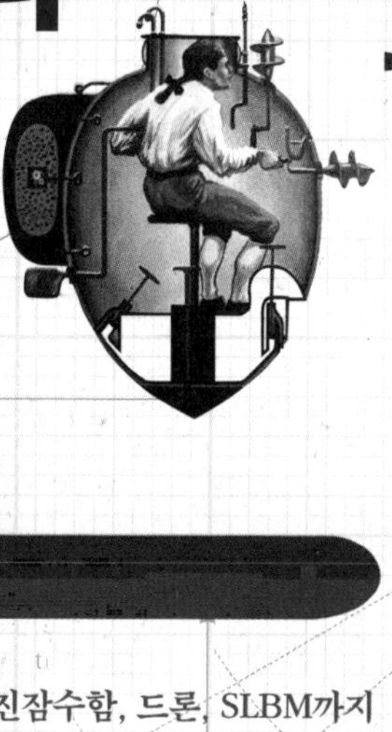

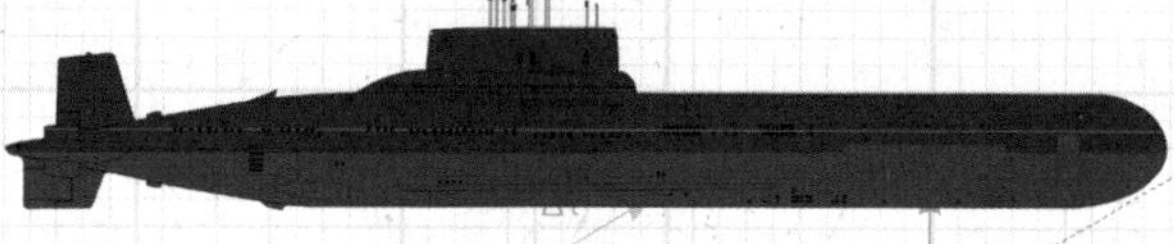

유보트에서 핵추진잠수함, 드론, SLBM까지
대한민국 최초의 214급 함장이 들려주는 잠수함의 모든 것!

행;북

# 차례

## 제4장

## 잠수함에 숨겨진 뒷이야기

## 제5장

# 유보트의 고향 독일에서 본 유보트

머리말

# 잠수함이야말로 가장 좋은 취미가 될 수 있다

해군 출신이자 전직 잠수함 함장으로서 자주 느끼는 점은, 우리나라 국민들이 잠수함에 대해 관심과 애정이 많다는 것이다. 잠수함 건조와 운용, 수출, 차기 전력 획득까지 일반 국민뿐 아니라 언론계, 정치계까지 가세해 전폭적으로 잠수함을 지지하는 나라는 지구상에 아마 우리나라밖에 없을 것이다. 한때 잠수함 분야에 몸담았고 지금도 잠수함의 세계에 빠져 사는 필자에게는 너무나도 고마운 일이다.

그런데 이런 애정과 관심에 반해 잠수함에 대해 잘못 알려져 있는 것도 많고, 지나치게 과대평가되고 있는 것도 사실이다. 이는 잠수함을 오랜 기간 운용해온 다른 나라들에 비해 간접 경험의 기회가 적고, 정확한 관련 지식을 전해줄 매체가 부족하기 때문이다.

유튜브Youtube는 내가 정리한 잠수함 관련 자료를 저장할 수 있는 훌륭한 기록물 저장소가 돼 주었다. '잠수함연구소' 채널을 개설하고 자료를 저장하다 보니 구독자도 제법 생겼다. 구독자들과 소통하고 공감하다 보니 그들의 기대에 보답하기 위해 더 많은 연구를 해야겠다는 자극을 받는다. 이처럼 필자의 유튜브 작품들을 봐주는 이들이 있다는 것만으로도 고마운데, 좋은 사람들과도 사귀게 되었다. 잠수함 관련 글을 쓰는 작가, 군사 서적 번역가, 잠수함 관련 영화 제작사, 잠수함 디오라마 제작자, 잠수함 게임 마니아, 그리고 책을 내자고 제안해준 출판사 사장님까지……. 그렇게 해서 이 책이 세상에 나오게 되었다.

이 책은 다음과 같이 정리했다.

1장은 잠수함과 관련된 상식을 주제를 정해 정렬했다.

2장은 잠수함에 숨겨져 있는 기술적 내용을 쉽게 풀어 썼다.

3장은 언론 매체에 보도된 잠수함 관련 쟁점들을 필자의 견해로 비평한 내용이다.

4장은 잠수함 관련 이야기 중 재미있을 법한 내용들을 추려 담았다.

5장은 필자가 오랫동안 벼르다 떠났던 독일 유보트U-boat 테마여행에 관한 기록이다.

필자에게 잠수함이란 다음과 같은 것이다.

잠수함은 재미있는 것이다. 특별한 사람들만의 전유물이 아니다. 누구에게나 하나의 취미가 될 수 있다.

잠수함의 세계는 깊고 넓다. 무궁무진한 이야깃거리가 넘쳐난다.

쓸모없는 잠수함은 없다. 모든 잠수함에는 사연이 있고 연구할 가치가 있다.

나는 잠수함 전문가가 아니다. 세상에 그 어떤 잠수함 관련 고수들도 한 분야에서라면 모를까 자신을 잠수함 전문가라고 칭하지 않는다. 수상함水上艦 전문가가 없는 것도 같은 이유에서다. 잠수함의 세계는 너무나 넓고 깊다. 잠수함 연구가 혹은 잠수함 애호가가 나에게 걸맞은 호칭이다. 전문가도 아니면서 무슨 자격으로 책을 내느냐고 묻는다면 할 말이 없다. 굳이 답한다면 잠수함을 연구하고 그 결과를 전파하는 것이 즐겁기 때문이라는 말밖에 할 수 없다. 그럼에도 한 가지 욕심을 부려 본다면, 이 책을 읽은 독자 중에 잠수함도 하나의 취미가 될 수 있음을 느끼는 분들이 나왔으면 좋겠다.

집을 잠수함 잡동사니로 가득 채우고 해외여행이랍시고 잠수함만 찾아다니는 남편을 위해 싫은 내색하지 않고 비서실장 역할을 해주는 아내 현숙에게 감사의 마음을 전한다. "우리 아빠는 물속에 들어가도 옷이 젖지 않아요"라고 자랑하면서 자란 아이들이 이제는 "아빠, 또 비싼 잠수함 쓰레기 사왔어?"라며 투정을 부리기도 한다. 요즘은 아빠가 잠수함 인기 유튜버라며 자랑하고 다니는 딸 가연, 지연, 지민이, 사랑하고 고맙다. 아들을 해군에 바치고 자랑스러워하신 어머니, 기대에 부응하지 못해도 기죽지 말라고 항상 성원해 주시는 장인 · 장모님께도 감사드린다.

## 제1장

# 재미있는 잠수함 상식

## 사람은
## 고래 배 속에서 살 수 있을까?

사람이 물속에서 생존하려면 숨을 쉴 때 필요한 공기가 있어야 하고, 체온을 유지할 수 있어야 한다. 그러면 인류 역사상 물속에서 일정 시간 이상 생존했던 최초의 사람은 누구일까?

물속에서 생존한 최초의 사람에 관한 기록은 기원전 332년 알렉산더 대왕 때로 거슬러 올라간다. 아리스토텔레스의 기록에 의하면 역사상 최초로 바닷속에서 생존한 사람은 알렉산더 대왕 시절의 정찰병이라고 한다. 그런데 이보다 더 일찍 물속에서 생존한 사람의 이야기가 있다. 그것도 3일간이나 물속에서 살아남았다고 하는데, 바로 성경에 그 기록이 남아 있다. 성경 『요나서』에는 이런 말이 나온다.

> "여호와께서 이미 큰 물고기를 예비하사 요나를 삼키게 하셨으므로 요나가 밤낮 삼 일을 물고기 뱃속에 있으니라. …… 여호와께서 그 물고기에게 말씀하시매 요나를 육지에 토하니라." - 요나 1:17, 2:10

『요나서』가 기록된 기원전 793~753년경으로 추정된다. 알렉산더 대

• 기원전 332년 알렉산더 대왕은 물속을 정찰하기 위해 수밀이 가능한 통을 만들어 사람을 넣고 정찰하게 한다. 〈출처: Wikimedia Commons〉

왕 시절보다 약 450년 전이므로 요나는 최초로 바닷속에서 생존한 사람이라고 할 수 있다.

그런데 성경에 기록된 사건 중에는 실제 자연현상 속에서 일어난 일도 있는 반면 실제 자연현상에서는 일어날 순 없지만 신의 영역에서 일어난 일들도 많다. 이런 것들을 '기적'이라고 한다. 그렇다면 물고기 배 속에서 3일 동안 살아남은 요나의 이야기는 실제 일어날 수 있는 이야기일까, 아니면 기적일까?

어떤 이들은 이러한 사건이 실제 일어날 수 있다고 주장한다. 호주에서 열린 낚시 대회에서 식인상어로 알려진 백상아리Great white shark가 2.1미터, 80킬로그램의 흑상어Dusky shark를 통째로 삼키는 장면이 목격되었다. 이를 본 사람들은 요나가 겪은 일도 실제로 일어날 수 있다고 주장한다. 또 향유고래가 대왕오징어를 통째로 삼키는 것을 보면 큰 물고기가 사람을 통째로 삼키는 것도 가능하다고 주장한다. 그러나 고래가 사람을 삼킬 수 있다 하더라도 배 속에서 살아남는 것은 또 다른 문제다. 고래 배 속에서 사람이 생존할 수 있다고 믿는 이들은, 보통의 포유류와 달리 고

• 기원전 793~753년 성경의 요나 이야기 〈출처: Wikimedia Commons〉

래의 호흡기 시스템은 소화 시스템과 완전히 분리되어 있는 송풍구를 사용한다는 것을 근거로 든다. 고래는 반복적으로 떠오르고, 트림을 하고, 많은 새로운 공기를 삼킬 수 있기에 고래 위장에 들어간 사람도 숨을 쉴 수 있다고 주장한다. 또 고래가 삼킨 동물이 배 속에서 살아 있으면 소화 활동은 시작되지 않기에 위액이 분비되지 않는 한 생존이 가능하다고 한다. 그래서 고래나 상어 같은 거대한 해양 생물이 사람을 삼켰을 때 사람이 그 속에서 생존할 가능성도 있다고 주장한다.

또 요나와 유사한 사례가 실제로 일어났다고 한다. 1891년 2월, 당시 스물한 살이었던 미국의 어부 제임스 바틀리James Bartley는 고래잡이배로 조업에 나섰다가 거대한 향유고래에게 먹혔는데 3일 뒤 그 고래가 포경선에 의해 잡혔고, 그 죽은 고래의 위에서 제임스 바틀리가 살아 있는 채로 나왔다고 한다. 이 이야기는 『뉴욕월드』 신문에 게재되었고, 그는 '현대판 요나'로 기록되었다. 그리고 2016년, 56세의 스페인 어부 루이지 마르케즈Luigi Marquez도 폭풍우에 바다에 빠져 고래에게 먹혔다가 3일 만에 살아 돌아왔다고 한다. 그는 고래 배 속에서 어둠과 추위, 지독한 냄새를 참아내야 했는데, 손목시계의 불빛에 의지해 생고기로 허기를 달래다가 고래가 뱉어내는 바람에 살 수 있었다고 주장했다. 그런가하면 2021년 6월 11일 미국에서는 마이클 패커드Michael Pakard라는 사람이 바닷가재를 잡기 위해 잠수했다가 혹등고래 입속에 빨려 들어가 30~40초 동안 머물다가 고래가 뱉어내 살았다는 기사가 실리기도 했다.

이와 같이 요나의 이야기는 실제로 일어날 수 있는 이야기라고 생각할 수 있다. 하지만 과학자들의 견해는 다르다. 과학자들에 의하면 사람이 고래나 상어 입속으로 들어갈 수 있고 삼켜질 수 있다 하더라도 삼켜진 상태에서 배 속에서 살아남는 것은 불가능하다고 한다.

• 『뉴욕월드』 신문에 게재된 '현대판 요나' 제임스 바틀리 〈출처: Wikimedia Commons〉

현재까지 발견된 것 중 사람을 삼킬 만한 큰 고기는 몇 종 되지 않는다. 우선, 현재까지 알려진 가장 큰 물고기는 고래상어whale shark다. 돌묵상어basking shark도 크기만으로 보면 사람을 삼킬 만큼 크다. 하지만 이 두 종 모두 생긴 것과 달리 플랑크톤이나 작은 물고기를 먹고 산다. 사람은 먹지 않는다. 고래상어의 경우 입은 크지만 식도의 너비가 1인치에 불과하기 때문에 억지로 사람을 삼키려 해도 삼킬 수가 없다. 고래상어에 대한 실험 결과 사람을 삼켰을 경우에는 곧바로 뱉어낸다는 것이 증명되었다. 향유고래의 경우는 소처럼 위가 네 개이고, 살아 있는 먹이를 먹고 소화를 시킬 수 있어서 사람이 향유고래의 위 속에서 살아남을 수 있을 것 같지만, 문제는 향유고래의 소화기관에는 산소가 부족하다는 것이다. 사람은 산소가 없는 상태에서 5분만 지나도 죽을 수 있기 때문에 향유고래 배 속에서 사람이 사는 것은 불가능하다.

사람을 삼킬 수 있을 만큼 큰 백상아리와 그루퍼Grouper에게 먹힌 사람이 생존할 가능성에 대해 주장하는 사람도 있다. 과학자들은 이들 역시 입속에 사람이 산 채로 들어갈 수도 없지만, 혹시 들어가더라도 이들 물고기의 입과 배가 물로 채워지기에 금방 익사할 수밖에 없을 것이라고 한다. 따라서 과학자들은 현존하는 해양 생물 중에 사람이 그 배 속에서 생존할 수 있는 것은 없다고 말한다.

그렇다면 1891년 미국 어부 제임스 바틀리나 2016년 스페인 어부 루이지 마르케즈가 경험한 것들은 무엇일까? 제임스 바틀리의 경험에 대해 1918년 에드워드 데이비스Edward Davis라는 이가 사실 검증을 했는데, 그는 이 사건이 날조되었다고 주장했다. 그 근거는 여러 가지가 있는데 그가 탔던 배가 사실은 고래잡이배가 아니었고, 제임스 바틀리는 그 배의 선원 명단에 없었다. 검증 당시 그 배의 선장은 이미 죽고 없었는데, 선장의 부인이 그 이야기는 날조된 것이라고 증언했다고 한다. 스페인 어부 루이지 마르케즈 이야기도 혼자만의 주장일 뿐 그의 경험담을 사실로 받아들이기에는 신빙성이 부족하다.

성경에는 요나를 삼킨 생물이 '큰 물고기'라고 되어 있을 뿐 정확히 어떤 생물인지에 대해서는 언급하지 않는다. 지금은 멸종되고 없는 생물일 수도 있고, 아니면 아직까지 사람이 발견하지 못한 생물일 수도 있다. 하지만 지금까지 그 어떤 과학자나 해양생물학자도 현존하는 수중 생명체 중에서 사람을 삼킬 수 있고, 사람이 그 속에서 생존할 수 있는 생물은 발견하지 못했다.

결론적으로, 아직까지 요나를 삼킨 그 큰 물고기의 정체는 밝혀내지 못했다. 그리고 고래, 상어 등 현존하거나 기록으로 남아 있는 모든 수중 생명체 중 사람을 삼킬 수 있고 그 배 속에서 사람이 생존할 수 있다고 밝혀진 것은 없다. 즉, 현재까지 알려진 수중 생물을 기준으로 볼 때 성경에 있는 요나의 이야기는 자연현상에서 일어날 수 있는 이야기가 아니고, 신의 섭리에 의한 기적의 영역으로 보아야 하겠다.

## 잠수함 발전에 공헌한 사람들

초기의 잠수함들도 오늘날 잠수함과 같은 형태였을까? 1850년도에 제작된 독일 최초의 잠수함 브란트타우허Brandtaucher를 보면 오늘날 잠수함과는 전혀 다른 모습이라는 것을 알 수 있다. 잠수함이 어떻게 오늘날과 같은 형태로 발전해 왔는가를 보면서 잠수함 발전에 기여한 사람들에 대해 알아보고자 한다.

사람들은 물속에 사는 해산물을 채취하거나 물에 가라앉은 보물을 찾기 위해 숨을 참고 잠수를 했다. 그렇다면 최초로 기구를 이용해 물속에 들어간 것은 언제고, 왜 들어갔을까?

앞에서 말한 것처럼 그 기록은 기원전 332년 알렉산더 대왕 시절, 아리스토텔레스의 기록에서 확인할 수 있다.

당시 마케도니아의 왕이었던 알렉산더는 주변국 정복에 나선다. 그러다 티레Tyre라는 곳에서 큰 난관에 부딪힌다. 티레는 고대 페니키아의 가장 크고 중요한 도시였다. 성경에서는 '두로'라 일컫는 이곳은 기원전

2700년경에 세워졌고, 해상무역을 통해 발전한 도시였다. 육지는 알렉산더 대왕에게 점령당했지만, 페니키아인들은 육시로부터 1킬로미터 떨어진 섬에 약 45미터 높이의 장벽을 세우고 필사적으로 저항했다. 알렉산더는 상륙작전으로는 이 섬을 정복하기가 어렵다는 것을 알고, 돌과 흙을 부어 이 섬을 육지와 연결하기로 했다. 이 작업을 위해 바지선을 동원하고 바지선에서 닻을 내려 선체를 고정시켰다.

"위기감을 느낀 페니키아인들은 잠수부를 동원해 정박해 있는 바지선의 닻줄을 끊으려고 했다. 이를 예상한 알렉산더는 유리로 수밀水密이 가능한 통을 만들어 그 안에 사람을 넣고 이를 감시하게 했다."

이것이 기록에 남아 있는 세계 최초의 잠수 기구이다. 알렉산더는 이 섬을 정복하는 데 7개월이 걸렸다고 한다. 지금은 레바논의 일부인 이곳은 섬의 흔적은 없고 육지가 되었으며, 당시의 유적이 아직도 남아 있다.

그렇다면 잠수함은 어떤 원리로 가라앉고 뜨는 걸까? 이 원리는 1578년 영국의 수학자 윌리엄 본William Bourne에 의해 최초로 고안되었다.

밀폐된 통 하부에 커다란 밸러스트 탱크를 두고 물을 넣어 통의 균형을 잡고 양쪽에는 커다란 가죽 주머니를 달았다. 가죽 주머니에는 구멍을 뚫어놓았는데, 이 구멍을 통해 가죽 주머니에 물이 들어오도록 하고 다시 스크루로 가죽 주머니를  압축하면 물이 통 밖으로 배출되도록 했다. 이렇게 배의 무게를 조절함으로써 배가 가라앉고 떠오르도록 했는데, 그 원리는 오늘날 잠수함의 잠항 및 부상 원리와 동일하다. 다른 점이 있다면 당시에는 사람의 힘을 이용해 스크루를 돌렸지만, 오늘날에는 압축공기를 이용해서 물을 불어 내보낸다는 것이다. 이 잠수 기구에는 사람이 내부에서 생존할 수 있도록 수직에는 공기관을 두었고, 물이 내부로 들어오지 못하도록 가죽을 이용해 내부에 수밀 처리를 하였다. 윌리엄 본은 정지 상태에서 잠항하고 부상하는 원리를 발표했지만 실제 잠항, 부상뿐 아니라 수중에서 자유자재로 기동할 수 있는 최초의 잠수함은 1621년에 나왔다.

네덜란드 발명가 드레벨Cornelius Van Drebbel은 영국 해군에 고용되어 최초로 항해 가능한 잠수함을 제작했다. 그가 제작한 배는 1620년 템스강에서 항해 시연을 했는데 심도 약 4.5미터에서 3시간 동안 항해를 했다. 배에는 열여섯 명이 승조했고, 열두 개의 노를 이용해 움직였으며, 외부와 공기관을 연결해 배 내부로 공기를 공급했다. 노를 젓기 위한 구멍은 기름을 입힌 가죽으로 수밀 처리를 했고, 총 세 척을 건조했다고 한다.

18세기 후반, 드디어 잠수함을 군사용으로 사용할 수 있는 시대가 왔다. 데이비드 부시넬David Bushnell은 미국 예일대를 졸업한 발명가였는데, 1775년 최초로 공격용 잠수함 터틀Turtle을 제작했다. 터틀은 1인용 수동 잠수정으로 수중에서 최대 시속 4.8킬로미터로 항해할 수 있었고, 외부 공기가 없어도 30분간 호흡할 수 있었다.

밸러스트 탱크가 있어서 배의 균형을 잡고, 손으로 밀고 당기는 펌프가 있어서 물을 채우거나 빼내서 잠수하거나 물 위로 올라가도록 배의 중량을 조절하고, 손으로 돌릴 수 있는 프로펠러가 앞과 위에 달려 있어서 수평과 수직으로 움직일 수 있었으며, 손으로 방향타를 조절해 침로를 잡을 수 있었다.

당시 미국은 독립 전쟁을 치르던 때로, 1776년 9월 6일 야간에 뉴욕항을 봉쇄한 강력한 영국 함대의 기함인 HMS 이글Eagle함을 표적으로 실전에 투입되었다.

터틀은 적함敵艦 밑바닥에 폭약을 설치해서 터트리는 방식으로 적을 공격했는데, 이 폭약은 줄로 배 위쪽에 있는 드릴과 연결되어 있었다. 배 안

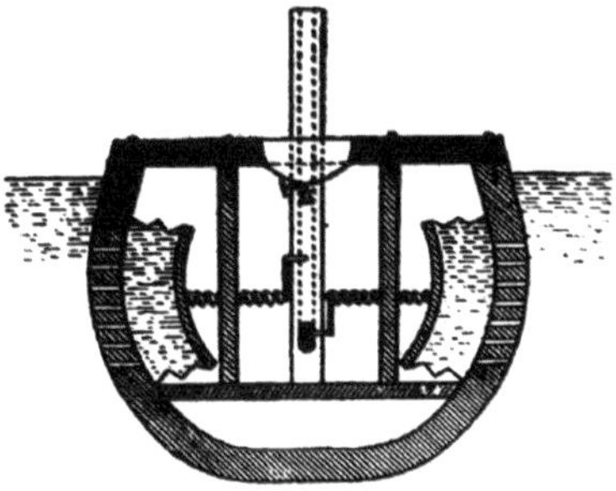

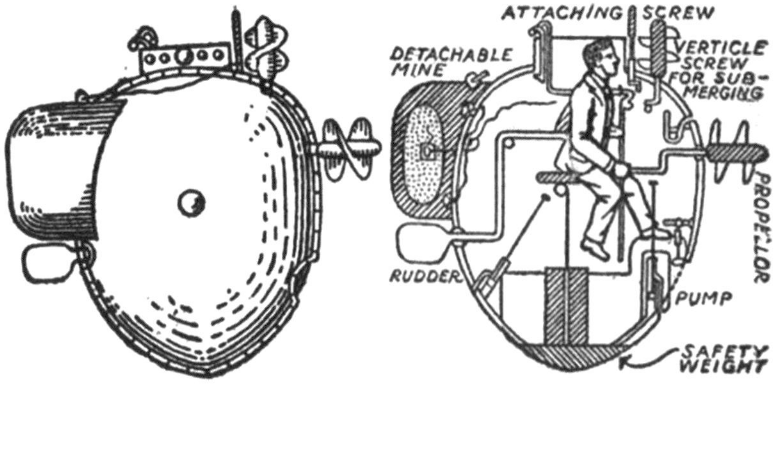


• 윌리엄 본의 잠수 기구와 드레벨의 최초의 항해 가능한 잠수함 〈출처: Wikimedia Commons〉(위)

• 세계 최초의 공격용 잠수함인 부시넬의 터틀(아래)

에서 손으로 드릴을 돌려 적함 밑바닥을 뚫고 폭약을 설치한 후 안전한 거리까지 이탈한 뒤 이 폭약을 폭발시킨다는 개념이었다.

하지만 터틀은 구리로 된 이글함의 두꺼운 바닥을 뚫지 못했고 결국 산소가 부족해서 철수하고 말았다. 터틀의 공격은 실패했지만 잠수함을 이용한 최초의 수중 공격이라는 역사적 의미가 있다.

부시넬의 터틀 개념을 더욱 발전시킨 사람은 미국 발명가 로버트 풀턴Robert Fulton으로, 그는 1800년 영국 해군을 공격하기 위해 잠수함 노틸러스Nautilus를 제작했다.

노틸러스는 부시넬의 터틀 개념을 더욱 발전시킨 폭탄 공격용 잠수함이었다. 길이가 6.5미터인 이 잠수함은 수심 7미터까지 잠수해 6시간 동안 항해가 가능했다. 수상 항해 시 빠르게 이동하기 위해 돛을 사용했는데, 잠항 시에는 이 돛은 접어서 선체에 고정했다. 그리고 적함 밑바닥에 부착할 수 있게 송곳이 달린 폭탄을 가지고 있었다.

노틸러스의 외형은 오늘날의 잠수함과 비슷했는데, 물방울처럼 매끈하게 생겼고 함교Sail가 있었으며 심도 조절용 수평타가 있었다. 이후 1870년 발표된 쥘 베른Jules Verne의 SF 소설 『해저 2만 리』에 나오는 노틸러스, 미국에서 세계 최초로 개발한 핵추진잠수함 USSUnited States Ship 노틸러스 모두 이 배에서 이름을 따왔다.

지금까지는 사람의 힘으로 배를 움직였고, 사람의 힘이 아닌 기계의 힘으로 움직이는 최초의 잠수함은 1863년에 나왔다. 시므온 부르주아Simeon Bourgois는 프랑스 해군 제독으로 최초의 기계추진식 잠수함 플로저Plongeur 개발에 참여했다. 플로저는 수중 420톤으로, 길이가 45미터나 되었다. 속력이 4노트로 10미터까지 잠항이 가능하여 수상함 밑으로도 통과할 수 있었다. 이 배의 주요 동력은 압축공기로, 12.5바bar*의 압축공기 실린더가 스물세 개나 설치되어 있었다. 오늘날 압축공기 실린더는 약 300바 이상으로 압축이 가능하므로 실린더 한 개로도 충분했을 테지만, 당시의 기술로는 12.5바밖에 압축을 할 수 없어서 실린더를 스물세 개나 설치해야 했고, 따라서 배의 길이가 45미터나 되었던 것이다.

이후 잠수함의 주요 추진 동력은 전기, 즉 배터리로 바뀌었다. 오늘날까지도 핵추진잠수함을 제외한 모든 잠수함의 주요 동력은 전기이다. 그럼 최초의 전기추진 잠수함은 언제 나왔을까?

스테판 드제비에츠키Stefan Drzewiecki는 폴란드 출신 과학자로 1884년 최초의 전기배터리추진 잠수함을 제작했다. 러시아의 네바강에서 4노트의 속력으로 시험항해를 하는 데 성공했다. 이 잠수함은 어뢰와 잠망경을 탑재한 첫 잠수함이기도 했으며, 처음으로 다수의 동형 함을 시리즈로 생산하여 50척이나 건조하였다. 오늘날 폴란드인들은 드제비에츠키의 업적을 자랑스러워하며 기념우표를 만들어 기념하고 있다.

최초의 현대식 잠수함은 존 홀런드John P. Holland가 개발한 홀런드급 잠수함이다. 아일랜드의 엔지니어 홀런드는 현대 잠수함의 창시자로 일컬어진다.

1897년부터 생산된 홀런드급은 수일 동안 잠항이 가능했고, 수중에서는 전기모터와 배터리를, 수상에서는 내연기관인 가솔린 엔진을 사용했다. 속력이 6노트로 현실화되었으며, 수심 23미터까지 내려갈 수 있었다. 배의 앞과 뒤에 밸러스트 탱크를 설치하고, 앞쪽과 뒤쪽에 무장발사관을 설치함으로써 실제 전쟁에 투입돼 싸울 수 있는 군용 잠수함으로서의 모

* 1바는 대기압으로, 12.5바는 12.5배의 공기를 압축한다는 의미이다.

• 폴란드에서 발행한 드제비에츠키 기념우표 〈출처: Wikimedia Commons〉(위 왼쪽)

• 세계 최초의 현대식 잠수함을 개발한 존 홀런드 〈출처: Naval History and Heritage Comamand〉(위 오른쪽)

• 칼 되니츠 제독(아래 왼쪽)

• 미국 핵잠수함대의 아버지 하이먼 리코버 제독(아래 오른쪽)

습을 갖췄다.

20세기 들어와 치른 제1, 2차 세계대전에서 잠수함은 해전의 주요 수단으로 자리매김하였다. 특히 독일이 수행한 무제한 잠수함 작전에 투입된 유보트는 연합국에 공포의 대상되었다. 이러한 잠수함의 전략적 가치와 발전을 이룬 인물이 독일 잠수함대 사령관인 칼 되니츠Karl Dönitz이다.

그는 잠수함 개발자는 아니지만 전략가로서 잠수함의 전략적 가치를 이해하고 해전의 보조 수단이 아니라 주요 수단으로 활용함으로써 결국 잠수함 기술이 획기적으로 발전하는 데 기여했다. 그는 제1차 세계대전에는 유보트 함장으로 참전했고, 제2차 세계대전에는 독일 잠수함대 사령관을 거쳐 해군 참모총장으로, 전쟁 말기에는 히틀러의 뒤를 이어 독일 총통직을 맡았던 인물이다. 제1차 세계대전 당시 무제한 잠수함 작전으로 대서양 해전을 이끌었는데, 전쟁은 참혹했지만 아이러니하게도 그로 인해 잠수함 기술의 비약적 발전을 도모하는 계기가 되었다.

배터리 충전을 위해 수상 항해가 불가피했던 잠수함에 흡배기장치인 스노켈Schnorchel 시스템을 도입했고, 잠수함의 성능을 지속적으로 향상시켜 '잠수 가능한 배submersible boat'에서 잠수 상태에서 작전하는 '잠수함submarine'으로 진화시켰다. 종전에 임박해서 건조된 타입 21Type XXI 잠수함은 수중 속력이 수상 속력보다 더 빨랐고, 발트Hellmuth Walter 교수가 개발한 과산화수소를 이용한 신형 추진 체계는 배터리 충전이 필요 없는 개념으로 현대의 공기 불요AIP, Air-Independent Propulsion 잠수함의 기초가 되었다.

마지막 인물은 최초의 핵추진잠수함을 개발한 하이먼 G. 리코버Hyman George Rickover 제독이다.

제2차 세계대전 종료 후 미국과 소련은 치열하게 군사적 우위를 점하기 위해 경쟁했는데, 당시 미 해군은 구축함을 위한 핵추진장치를 개발하

• 군함을 격침시킨 최초의 잠수함 헌리 〈출처: Naval History and Heritage Comamand〉(위)
• 에핌 니코노프가 개발한 러시아 최초의 군용 잠수정 〈출처: 필자 제공〉(아래)

기로 하고 사업 책임자로 리코버 제독을 임명했다. 리코버 제독은 강한 추진력을 발휘해서 원자력을 구축함보다 잠수함에 먼저 탑재해야 한다는 신념을 가지고 이를 관철시켰다. 그가 잠수함 승조원 출신으로서 잠수함과 원자력에 대한 기술적 지식이 있었기에 가능한 일이었다. 그의 노력으로 USS 노틸러스USS Nautilus, SSN-571는 1958년 북극점 빙하 아래를 통과하는데 성공했고, 이로써 핵추진잠수함 시대가 시작되었다. 이후 지금까지 미국은 세계 최고 성능의 잠수함을 운용하고 있으며, 이를 통해 전략적으로 다른 어떤 나라보다 가장 우위에 서 있다. 리코버 제독은 현재 미국에서 "원자력 해군의 아버지"로 불리며 존경받고 있으며, 그에 대한 서적은 우리나라에도 번역, 출간되었다.

지금까지의 이야기를 종합해 보면, 결국 현대식 잠수함의 역사는 약 120년밖에 되지 않지만 그동안 비약적인 발전을 해온 것을 알 수 있다. 독자들이 참고해야 할 것은, 산업혁명이 발생한 유럽의 국가들을 중심으로 비슷한 시기에 잠수함이 개발되면서 유사한 잠수함 또한 많다는 것이다. 한 가지 예를 들면 1718년 러시아의 목수 에핌 니코노프Yefim Nikonov가 제작한 전투용 잠수정이 있는데, 러시아인들은 이것이 최초의 군용 잠수함이라고 자랑한다. 여기 소개한 열 사람 외에도 잠수함 발전에 공헌한 사람은 많다. 이 선정 결과는 필자의 주관적인 판단에 의한 것이라는 점을 참고하고, 이들 외의 사람, 여기 소개한 것들과 유사한 잠수함들도 있다는 것을 염두에 두길 바란다.

## 역사에 이름을 남긴 잠수함들

H.L. 헌리, 미국

인류 역사상 많은 기계들은 군사 목적에 의해 발전하였다. 잠수함 발전의 획기적인 전환점 또한 잠수함을 군사 목적으로 사용할 수 있지 않을까 하는 발상이 계기가 되었다. 이러한 발상을 실현하고 적함을 격침시킴으로써 군함으로서의 잠수함 역사의 서막을 연 것이 바로 헌리Hunley호다.

미국 남북전쟁이 거의 끝나갈 무렵, 남군은 마지막 고지인 찰스턴항에서 북군의 함선들에 포위되어 매일 무차별 포격을 받고 있었다. 이때 남군 사령관은 이런 포위망을 뚫기 위해 헌리호를 투입하였다. 헌리호는 끝단에 폭탄이 장착된 25피트의 철봉을 함수에 설치하여 적함에 충돌시킨 후 폭탄을 적함 내부로 밀어 넣은 다음 후진해 함 내부와 연결된 줄을 팽창시켜 폭탄을 격발시키는 방식이었다. 헌리호는 1864년 2월 17일 밤 승조원 아홉 명과 함께 찰스턴항에 침투하여 정박 중이던 북군의 USS 후사토닉Housatonic함을 공격하여 3분 만에 침몰시키는 데 성공했다. 그러나 헌리호는 공격 성공 후 실종되어 다시 발견된 1995년 5월까지 물에 잠겨 있다가 실종 136년 만인 2000년 8월 인양되었다. 헌리호의 침몰 원인으로는 공격용 폭약이 터질 때의 충격파로 추정된다. 헌리호는 길이 12미터, 배수량 7.5톤이었으며, 여덟 명이 추진기와 연결된 크랭크축을 수동으로 돌려 추진하여 4노트의 속력을 낼 수 있었고, 25분간 잠항할 수 있었으며 폭탄 1기를 장착할 수 있었다.

- 최초의 현대식 잠수함 USS 홀런드 〈출처: Naval History and Heritage Comamand〉(위 왼쪽)
- 유보트의 최종 진화형이자 현대 재래식 잠수함의 원형이 된 타입 21 잠수함 〈출처: Wikimedia Commons〉(위 오른쪽)
- I-25는 최초로 미국 본토를 공격한 잠수함이다. (사진은 I-25와 동급 I-26)(가운데)
- 제2차 세계대전 중 가장 많은 전과를 올린 U-48 〈출처: Wikimedia Commons〉(아래)

### 홀런드, 미국

수중에서 작전을 수행하는 군함인 잠수함은, 첫째, 수중에서 추진할 수 있는 시스템을 갖추어야 하고, 둘째, 3차원 기동이 가능해야 하며, 셋째, 일정한 심도까지 잠항할 수 있게 선체가 압력을 견딜 수 있어야 할 뿐 아니라, 넷째, 수중에서도 공격이 가능하게끔 전투 장비로 무장해야 한다. 홀런드[USS Holland VI]함은 이러한 조건을 모두 만족시키고 미국에서 건조된 현대식 개념이 적용된 최초의 잠수함이며, 이후 영국과 일본 잠수함 모형의 근간이 되었다. 따라서 홀런드함은 최초의 현대식 잠수함이자, 미국의 1번 잠수함이다.

설계자 존 홀런드의 이름을 따서 홀런드[USS Holland]로 명했으며, 1900년도에 미 해군에 취역[就役]하였다. 길이 16.4미터, 배수량 수중 74톤, 시험 심도 23미터였으며, 승조 인원은 일곱 명이었다. 추진 시스템으로 가솔린엔진 한 대, 전기모터 160마력짜리 한 대와 60셀로 된 배터리가 장착되어 수상 6노트[11km/h], 수중 5.5노트[10.2km/h]의 속력을 낼 수 있었다. 3노트로 40마일을 항해할 수 있었으며, 18인치[450mm] 어뢰발사관 1문에 어뢰 3기를 탑재하였고, 8.4인치 포[다이너마이터 건] 1문을 장착하였다. 1905년까지 훈련함으로 사용되다 SS1으로 이름이 변경되었고, 1913년 퇴역하였다.

### 타입 21 독일

오늘날 전 세계에서 운용되고 있는 재래식 잠수함들의 원형은 제2차 세계대전 중 독일이 대양작전에 적합한 고성능 잠수함으로 개발한 타입 21이다.

유선형으로 건조된 이 잠수함을 기점으로 잠수함의 수중 속력이 수상 속력을 앞지르게 되었고, 제한된 수중 활동만 가능했던 가잠함[可潛艦]*에서 수중에서 전적으로 작전이 가능한 진정한 잠수함으로 전환되었다. 그러나 타입 21은 제2차 세계대전 말기인 1944년에 건조되어 1945년 종전 시까지 55척이 운용되었지만 큰 전과를 올리지 못했으며 건조 중에 있던 많은 잠수함들이 연합국의 폭격에 의해 파괴되었다. 전후 미 · 영 · 소 연합국은 전리품으로 입수한 이 타입 21을 모방해 미국에서 탱Tang급, 영국에서 포포이즈Porpoise급, 소련에서 위스키Whiskey급, 스웨덴에서 하젠Hajen급 잠수함을 건조하였고, 이후 미국은 핵추진잠수함 설계 모델로 사용하기도 했다. 이를 계기로 전 세계 어뢰발사관 표준 직경이 21인치가 되었다.

승조 인원은 장교 다섯 명을 포함해 58명이었고, 배수량은 수상 1,621톤, 수중 1,819톤이었으며, 21인치 어뢰발사관 6문, 어뢰 23기를 적재할 수 있었고, 20밀리미터 대공포 4문도 탑재하고 있었다. 추진기는 두 개로, 디젤/전기모터를 이용하여 수상 12노트로 11,150마일, 수중 6노트로 285마일을 항해하였다. 속력은 수상 15.5노트, 수중 16노트였으며 6노트로 2일간, 최저속도로 4일간 수중에서 지속 항해할 수 있었고, 작전 심도는 260미터로 당시 다른 잠수함들의 작전 심도의 두 배나 되었다.

### U-48, 독일

제2차 세계대전 중 적 함선을 가장 많이 격침시킨 잠수함은 무엇이고, 과연 얼마나 격침시켰을까? 독일의 잠수함 U-48은 열두 번 출동해 총 51척30만 6,875톤을 격침시키고 세 척2만 9,480톤에 손상을 입혔다.

U-48은 VIIB형으로 1937년 3월 10일 독일 킬Kiel에 있는 게르마니아

* 필요할 때 잠수가 가능한 군함

조선소에서 진수되어 1939년 4월 22일 취역하였다. 이후 초대 함장 헤르베르트 슐체Herbert Emil Schultze 대위, 2대 함장 뢰싱Hans-Rudolf Rösing 소령, 3대 함장 블라이크로트Heinrich Bleichrodt 대위가 열두 차례에 걸쳐 출동해 임무를 수행했고, 승조원 어느 누구도 다치지 않은 가운데 1941년 7월 27일까지 혁혁한 전과를 올렸으며 종전 시까지 격침되지 않고 훈련함으로 살아남은 운 좋은 잠수함으로 남게 되었다. U-48의 함장이었던 이들 세 사람은 모두 기사십자 철십자 훈장을 받았다.

## I-25, 일본

제2차 세계대전 중 일본이 하와이를 공격한 사실은 잘 알려져 있지만, 미국 본토를 공격한 사실은 많이 알려져 있지 않다. 일본은 제2차 세계대전 중 항공기를 탑재한 잠수함을 열한 척 운용했는데, 그중 I-25가 바로 미국 본토를 공격하는 임무를 수행한 잠수함이다.

길이 109미터, 수중 배수량 2,584톤에 승조 인원은 항공기 조종사 포함 97명이었으며, 21인치 어뢰발사관 6문, 어뢰 17기로 무장하였고, 디젤 엔진 두 대로 약 26,000킬로미터를 항해할 수 있었으며, 최대 잠항 심도는 100미터였다. 탑재 항공기는 E14Y 영식소형수상정찰기零式小型水上偵察機로 함교탑 앞의 수밀격납고에 보관하였고 날개는 분리하여 격납고 안에 고정했다. 이륙 시에는 압축공기를 이용하여 항공기를 발진시키고 회수 시에는 수상 착륙 후 크레인으로 갑판 위로 인양하였다.

1942년 여름 일본 해군은 태평양 북서해안의 울창한 숲을 공격해 산불을 일으켜 미국의 관심을 서해안에 집중시킴으로써 태평양상에 분포한 미국 해군 전력을 미국 본토 연안 가까이로 이동시키려 했다. I-25는 1942년 8월 15일 일본 요코스카를 출항해 9월 초 미국 오리건주 해안가에 도착했다. 해상 상태가 양호해지기를 기다린 후 9월 9일 새벽, 조종사 후지타 노부오藤田信雄는 50마일을 비행하여 에밀리산에 폭탄 두 발을 투하했다. 그러나 숲이 젖어 있는 데다 바람 또한 약해서 큰 불로 번지지 못했다. 이는 미국 대륙에 적기의 폭탄이 떨어진 유일한 사건이었다.

9월 29일 I-25 함장은 오리건주 산불 작전을 다시 시도했지만 미국이 등화관제를 실시하는 바람에 폭탄을 투하할 위치를 찾지 못해 작전에 실패하고 어뢰 공격 작전으로 전환했다. 이후 10월 4일 6,600톤급 미국 유조선 캠던Camden호를 격침시키고, 10월 5일 유조선 래리 도니Larry Doheny호를 격침시켰으며 10월 11일에는 모항으로 복귀하던 중 소련 잠수함 L-16을 격침시켰다. 당시 소련은 전쟁에 가담하기 전이었는데 I-25 함장이 미국 잠수함으로 오인했던 것이다. I-25는 1943년 9월 3일 미 해군 구축함 엘렛USS Ellet과 패터슨USS Patterson에 의해 격침당했다.

## I-400 항공모함 잠수함, 일본

핵추진잠수함을 제외하고 역사상 가장 큰 잠수함은 무엇일까? 그것은 일본의 I-400 잠수함이다. 이 잠수함의 배수량은 무려 6,670톤인데, 이는 1960년대 SSBN*이 나오기 전까지 건조된 가장 큰 잠수함이다. 최초의 핵추진잠수함 노틸러스가 4,000톤급이고, SSBN 조지 워싱턴함의 수중 배수량이 6,000톤급임을 감안하면 I-400 항공 잠수함이 얼마나 큰지 짐작할 수 있다.

일본은 이렇게 큰 잠수함이 왜 필요했을까? 일본 해군은 뉴욕, 워싱

* 탄도 미사일 탑재 원자력 잠수함. SS는 잠수함을, B는 탄도 미사일을, N은 원자력 추진을 말한다. SLBM(잠수함발사탄도미사일)을 장착한 잠수함으로, 전략원잠이라고도 부른다.

• 세계 최초의 항공 잠수함이자 가장 큰 재래식 잠수함 I-400급 〈출처: Wikimedia Commons〉(위)

• 세계 최초의 핵추진잠수함 USS 노틸러스 〈출처: Naval History and Heritage Comamand〉(아래)

턴 DC 외 미국의 큰 도시들을 폭격하거나 자살특공대인 가미카제 부대를 통해 미국 항공모함을 공격하기 위해 항공기 탑재 잠수함이 필요했다. I-400은 실행되지는 않았지만 파나마운하 공격 작전에 투입되기도 했는데, 결국 큰 전과 없이 종전되었고, 이후 미군에 양도되었다. 일본은 당초 I-400급 잠수함을 열여덟 척 건조할 계획이었으나 세 척만 건조했다.

I-400 잠수함은 길이가 122미터, 폭이 12미터였고, 수상 18.7노트, 수중 6.5노트의 속력에, 시험 심도는 100미터였고 승조 인원은 144명이었다. 추진 체계로는 각 2,250마력짜리 디젤엔진 네 대와 각 2,100마력짜리 전기모터 두 대가 있었고, 작전 반경은 미국 본토는 물론 지구 어디든 갈 수 있을 정도였는데, 당시 미국 잠수함 대비 두 배나 멀리 항해할 수 있는 거리였다.

이 잠수함은 M6A 세이란 수상 공격기 3대, 533밀리미터 어뢰발사관 8문, 14센티미터 주포 1문, 25밀리미터 부포 3문, 25밀리미터 대공포 1문으로 무장하고 있었다. 항공기 격납고는 고무 개스킷으로 수밀 처리되며 길이가 31미터, 직경이 3.5미터로, 외부 문은 함 내에서 유압으로 열 수도 있었고 함 외에서 수동으로 열 수도 있었다. 항공기 인양용 크레인은 전기로 작동되며 무게는 5톤까지 들어올리고 높이는 8미터까지 올릴 수 있었으며 크레인 팔은 11.8미터까지 연장 가능했다. 80킬로미터까지 탐지 가능한 대공 레이더와 레이더 경보기, 12.2미터 독일산 잠망경 두 개를 장착하고 있었다. 단점으로는, 덩치가 커서 적에게 발각되기 쉽고 긴급 잠항 시간이 56초로 독일 잠수함에 비해 두 배나 길다는 것이었다. 이 잠수함은 흔치 않은 형태라 모형 수집가들에게 인기가 있다.

### USS 노틸러스, 미국

인류가 만들어 놓은 어떠한 기술로도 탐지 불가능한 북극해 얼음 밑에서 전략 무기를 탑재한 잠수함이 활동하다가 유사시 공격할 수 있다는 것은 여러 군사전략가들에게 큰 매력으로 다가왔다. 냉전 시대에 미국과 소련 양국은 북극으로의 경주Polar Race를 벌였는데, 먼저 도착한 나라는 미국이었다. 미국의 노틸러스함이 1958년 8월 3일 북극점을 통과한 반면, 소련의 K-3함은 1962년 6월 17일 북극에 도착했다. 세계 최초의 핵추진잠수함인 노틸러스함은 혁신적인 추진 체계 외에는 재래식 설계로 건조되었지만 당시까지 잠수함 항해 기록을 연이어 갱신했다. 90시간 동안 20노트 속력으로 1,213마일을 잠항 항해한 기록은 당시 최장, 최고속 수중항해 기록이었다.

노틸러스함은 1954년 1월 21일 진수하여 1954년 9월 30일 취역하였다. 길이가 98미터, 배수량이 수상 3,533톤, 수중 4,092톤이었으며, 승조인원은 105명이었다. 21인치 어뢰발사관 6문을 보유하였으며, 최고 속력은 수상 20노트, 수중 23노트였다. 노틸러스함은 1980년 퇴역하여 현재 미국 코네티컷주 그로턴시 박물관에 전시되어 있다.

### USS 스케이트, 미국

만약 북극에 가려면 어떻게 가야 할까? 얼음을 깨면서 가든지, 얼음 위로 걸어서 가든지, 비행기를 타고 가서 뛰어내리든지 해야 할 것이다. 그런데 누군가 잠수함을 타고 북극의 빙하 밑으로 들어간 다음 얼음을 깨고 위로 올라갈 생각을 했는데, 이를 최초로 증명한 것이 미 해군 잠수함USS 스케이트USS Skate, SSN-578함이다.

1955년 7월 미국의 세 번째 핵추진잠수함으로 진수한 스케이트함은

• 북극해의 얼음을 뚫고 부상에 성공한 USS 스케이트 〈출처: Naval History and Heritage Comamand〉

세계 최초로 순수하게 핵추진잠수함을 목적으로 설계된 잠수함이다. 물론 최초의 핵추진잠수함 노틸러스함도 있었지만 노틸러스함은 원자로 탑재에 집중하여 재래식 잠수함 건조 기술로 제작됨으로써 4노트 이상에서 심한 소음이 발생했다.

스케이트함은 최초로 완전 수중으로 대서양을 횡단한 잠수함이기도 하다. 1958년에는 수중에서만 연속 31일 동안 항해하는 기록을 수립했는데, 1958년 7월 30일 출항하여 8월 11일 북극을 통과하였으며, 1959년 3월 17일 최초로 북극에 부상하였다.

스케이트함은 제너럴 다이내믹스General Dynamics사에서 1955년 7월 21일 진수하여 1957년 12월 23일 취역하였으며, 1986년 10월 30일 퇴역하였다. 배수량은 수상 2,550톤, 수중 2,848톤이며, 속력은 수상 15.5노트, 수중 18노트였다. 230미터까지 잠항이 가능했고, 21인치 함수어뢰발사관 6문과 함미발사관 2문으로 무장하였다.

### HMS 컨커러, 영국

적함을 공격해서 실제로 격침시킨 핵추진잠수함이 있을까? 현재까지 역사상 유일하게 어뢰로 적함을 격침시킨 핵추진잠수함은 영국의 HMS 컨커러HMS Conqueror, S48함이다.

HMS 컨커러함은 처칠Churchill급 핵추진잠수함 세 척 중 한 척으로, 1982년 5월 1일 포클랜드 전쟁 개전 시 아르헨티나 순양함 헤네랄 벨그라노ARA General Belgrano를 격침시켜 아르헨티나의 함대가 전쟁이 끝날 때까지 항구 밖으로 나오지 못하도록 했다. 헤네랄 벨그라노를 격침시킴으로써 아르헨티나군은 포클랜드에 해상을 통한 병력과 군수 지원이 불가능하게 되었고, 이는 영국이 포클랜드 전쟁에서 승리할 수 있었던 결정적

• HMS 컨커러는 포클랜드 전쟁에서 아르헨티나 순양함 헤네랄 벨그라노를 격침시킨 최초의 핵추진잠수함이다. 〈출처: Wikimedia Commons〉

원인이 되었다.

HMS 컨커러함은 제2차 세계대전 시 사용하던 구식 Mk8 대함 어뢰 세 발을 발사하여 두 발을 명중시켰고 헤네랄 벨그라노는 323명 승조원과 함께 20분만에 침몰했다. HMS 컨커러함은 승조 인원 116명에 배수량이 수상 4,400톤, 수중 4,900톤이었고, 21인치 어뢰발사관 6문으로 무장했으며, 수상 20노트, 수중 29노트까지 항해가 가능했다. 1969년 8월 28일 진수하여 1971년 취역하였고 1990년 퇴역했다. HMS 컨커러함의 잠망경은 영국 포츠머스에 있는 해군박물관에 전시되어 있다.

## 세계를 놀라게 한 잠수함 함장들

### 사쿠마 쓰토무, 일본

일본은 일찍이 19세기 후반부터 잠수함 도입에 관심을 보이기 시작했다. 1897년 주미 일본대사관 주재 해군무관 이데 대위는 존 홀런드를 만났으며, 1900년 4월 홀런드급 잠수함에 승함해 보기도 했다. 1904년 5월 일본은 개량된 홀런드급 다섯 척을 구매해 1905년 10월 1일 도입했고, 이때부터 일본 잠수함부대의 역사가 시작되었다. 사쿠마 쓰토무佐久間勉대위는 제4 잠수정의 정장이 되었다. 그리고 1908년에는 일본이 잠수정을 자체 건조했는데, 사쿠마 대위는 최초의 일본 잠수정인 제6 잠수정의 정장도 맡았다. 하지만 제6 잠수정은 1910년 4월 15일 히로시마만에서 단독 항해 훈련을 하던 중 실종되고 말았다. 4월 17일 잠수정을 찾아 인양 후 구조대가 함 내로 진입했으나 승조원 열네 명 중 정장을 포함한 열두 명은 모두 자신의 근무지를 이탈하지 않은 채 사망하였고, 자리를 이탈한 두 사람도 파공된 가솔린 파이프 복구 현장에서 숨진 채 발견되어 사람들을 깜짝 놀라게 했다. 사망한 승조원들을 깨끗한 군복으로 갈아입히던 중 사쿠마 대위의 군복 호주머니에서 수첩을 발견했는데, 이를 보고 사람들은 다시 한 번 놀라지 않을 수 없었다. 그것은 동서고금을 통해 유래가 없는 유서였다. 여기에 사쿠마 대위는 잠수정 침몰의 원인, 침몰 후 경과, 잠수함부대의 미래에 대한 걱정, 상관으로서 부하들에 대한 미안함, 선배들에게 보내는 작별 인사 등을 의식이 혼미해져가는 가운데서도 끝까지 기록해 놓았던 것이다. 당시 31세였던 사쿠마 대위의 초인적인 행위는 일본 잠수함 발전에 크게 기여하였으며, 사쿠마 대위는 일본 잠수함 부대의 귀감이 되었다.

### 오토 베디겐, 독일

오토 베디겐Otto Weddigen은 제1차 세계대전에서 가장 유명한 유보트 함장이다. 1882년 독일 헤르포르트에서 출생한 오토 베디겐은 20세에 해군에 입대했다. 1914년 6월 28일 제1차 세계대전이 발발하자 독일 유보트는 영국해상교통로 파괴 작전에 투입되었는데, 1914년 9월 22일 오토 베디겐이 지휘하는 U-9함승조원 20명은 1시간 만에 영국 순양함 아부키르Aboukir, 호그Hogue, 그레시Cressy 세 척을 침몰시켰고, 이로 인해 영국군 1,459명이 사망했다. 이는 해군 역사상 전무후무한 일로, 300년 동안 전 세계 대양을 지배해 온 대영제국의 함대에게는 치욕적인 사건이었다. 당시 영국 해군 참모총장이었던 피셔John Fisher 제독은 "넬슨 제독이 그의 생애 동안 치른 전투에서 희생시킨 병사보다 더 많은 병사를 잃어버렸다"라며 한탄했다. 이후 10월 15일 베디겐 대위는 순양함 호크Hawke를 격침시켜 최초

• 침몰하는 잠수정에서 기록을 남겨 잠수함 승조원들의 귀감이 된 사쿠마 쓰토무(위 왼쪽)
• 제1차 세계대전 당시 독일의 '잠수함 영웅' 오토 베디겐(위 오른쪽)
• '스캐퍼플로의 황소' 귄터 프린(아래 왼쪽)
• 유보트의 위협으로부터 영국을 구한 맥스 호튼 〈출처: Wikimedia Commons〉(아래 오른쪽)

로 '잠수함 영웅'이라는 칭호를 받았다. 하지만 오토 베디겐 대위는 이후 U-29함 지휘권을 인수하여 1915년 3월 18일 영국 근해에서 전함 HMS 드레드노트Dreadnought함과 교전하던 중 잠수함이 침몰하면서 승조원 서른한 명과 함께 사망했다. 독일이 제1차 세계대전에서 패하면서 독일 잠수함부대는 강제 해산되었으나 1935년 10월 1일 칼되니츠 대령을 지휘관으로 재창설되었으며, 이 부대를 '베디겐 전단戰團'이라 명명하며 그의 업적을 기렸다. 또한 그의 이름을 딴 거리, 기념주화 등을 통해 그를 기리고 있다.

### 귄터 프린, 독일

1908년 독일 오스터펠트에서 태어나 라이프치히에서 유년시절을 보냈다. 어려웠던 집안 경제에 도움을 주고자 귄터 프린Günther Prien은 열여섯 살 때부터 선원 생활을 시작하는 한편 선원 학교에 들어가 공부를 병행했다. 1933년 해군에 입대했으며 잠수함 근무를 자원했다. 귄터의 동기생 가운데는 제2차 세계대전 당시 최고 잠수함 에이스였던 오토 크레치머Otto Kretschmer와, 그에 못지않게 명성이 자자했던 요아힘 셰프케Joachim Schepke가 있다. 이들은 귄터와 친구이자 라이벌이었다. 1938년 12월 귄터 프린 대위는 U-47함의 함장이 되었으며, 곧이어 제2차 세계대전이 발발했다. 1939년 10월 14일 귄터 프린 대위의 U-47함은 대담무쌍하게 영국 주력 함대의 모항인 스캐퍼플로Scapa Flow에 침투해 전함 HMS 로열 오크HMS Royal Oak호를 격침시켜 전 세계를 놀라게 하였다. 스캐퍼플로항은 영국의 군항이기도 했지만, 제1차 세계대전 패전 후 79척의 독일 함대가 무장을 해제당한 채 7개월이나 억류되어 있다가 스스로 침몰한, 독일인들에게는 한이 서린 곳이었다. U-47함이 자국의 킬항으로 돌아왔을 때 부두에는 해

• 오토 크레치머의 U-99는 제2차 세계대전 당시 가장 많은 연합국 함선을 격침시켰다.

군 참모총장 레더Erich Johann Albert Raeder 제독이 환영 나왔으며, 귄터 프린과 승조원들은 베를린으로 초청받았다. 이들은 꽃종이를 뿌리며 환호하는 베를린 시민들의 환영을 받은 후 히틀러로부터 직접 기사십자 철십자훈장을 받았다. 스캐퍼플로 작전은 독일인들의 사기를 높여주었고 잠수함의 진가를 전 세계에 인식시켰다. U-47은 1941년 2월 20일 열 번째이자 마지막으로 출동해 3월 7일 호송선단 OB 293을 공격한 뒤 실종되었다. 전쟁 영웅 귄터 프린의 죽음은 5월 23일까지 비밀에 부쳐졌다.

### 오토 크레치머, 독일

제2차 세계대전 당시 가장 많은 전과를 올린 잠수함 함장이 독일의 오토 크레치머다. 그는 U-99 함장으로서 1939년 제2차 세계대전 발발 시부터 1941년 3월까지 채 2년도 되지 않은 기간에 총 47척 27만 4,333톤의 적함을 격침시켰다. 비슷한 조건에서 다른 함장들과 비교해서 그가 탁월한 전과를 올릴 수 있었던 배경에는 그만의 과감한 전술 구사가 있었다. 당시의 전술은 잠수함이 호송선단 진행 방향 함수에 위치해 접근하는 표적을 공격하는 방식이었지만, 오토는 호송선단 접근 시 잠항하여 주력체 근처까지 침투한 다음 부상하여 근접 공격을 한 후 다시 잠항하여 철수하는 전술을 구사했다. 또한 그는 당시 한 척을 격침시키기 위해 세 발의 직주 어뢰를 사용하던 기존 방식에서 탈피하여 '어뢰 한 발당 표적 한 척!'을 표어로 걸고 지휘했다. 그는 자신의 위치를 노출하지 않도록 송신을 하지 않아 '조용한 오토'라는 별명을 얻기도 했다. 오토는 1941년 3월 17일 영국 호송선단과의 교전 중 포로가 되어 영국과 캐나다의 전쟁포로 수용소에 수용되었다가 1947년 12월에 본국으로 돌아왔다. 1953년부터 독일 해군 재창설 준비위원으로 활동했고, 1955년 독일군 재창설 후 해·육상 주요 보직을 거쳤으며, 나토군 해군 참모부장의 직책을 수행하다 1970년 9월 해군 준장으로 전역했다.

### 맥스 호튼, 영국

맥스 호튼Max Kennedy Horton 제독은 영국 해군의 영웅이자 위대한 잠수함 요원으로 평가받고 있다. 1898년 해군에 입대한 그는 제1차 세계대전 발발 시 800톤급 잠수함인 HMS E-9의 함장이었으며, 1914년 독일 경순양함 헬라SMS Hela 600야드까지 접근하여 어뢰 두 발로 적함을 격침시켰다. 그의 근접 공격 전술은 성공을 거듭하여 독일 구축함 S-116함도 격침시켰으며, 31세에 훈장을 받고 중령으로 진급했다. 그가 지휘하는 HMS E-9함은 발트해의 스웨덴-독일 간 철강 해상수송로를 차단하는 데 큰 역할을 하여 독일인들은 그곳을 '호튼의 바다Sea of Horton'라고 부를 정도였다. 1915년 대형 잠수함 HMS J-6함의 함장이 되어 북해에서 작전을 수행했으며, 이어 HMS M-1함의 초대 함장이 되었다.

호튼은 제1차 세계대전 이후 제2차 세계대전 시작 전까지 해·육상 지휘관 및 참모를 역임했으며 중장으로 진급하여 예비함대Reserve Fleet* 사령관 직책을 맡았고, 1940년 대장으로 진급했다. 유보트의 위협으로 영국의 운명이 경각을 다투자 1942년 11월 윈스턴 처칠은 개인적으로 그에게 서측 접근 구역Western approaches** 사령관 임무를 수행해 줄 것을 요청했다. 잠수함 운용 전문가였던 맥스 호튼은 유보트의 장·단점을 간파하여 호송선단에 소형 호위함을 배치하고 소형 항공모함이 중심이 된 지원단대를 구성하였으며, 장거리 공격 항공기를 활용한 '헌터 킬러Hunter-killer' 작전을 성공적으로 수행함으로써 영국을 유보트의 위협으로부터 구했다. 맥스 호튼 제독은 두 차례에 걸친 세계대전에서 영국과 영국 해군을 위해 혁혁한 공을 세운 인물로 추앙받고 있다.

### 리처드 오케인, 미국

1911년 2월 2일 미국 북동부에 위치한 뉴햄프셔의 도버에서 태어났다. 1934년 미국 해군사관학교를 졸업하고 1938년 잠수함 교육을 받은 후 1942년까지 잠수함 USS 아르고넛USS Argonaut함에서 근무했으며, 이후

* 퇴역한 함선들을 전쟁 발발 시 재취역시켜 전투에 투입시킬 수 있도록 관리하는 함대를 의미한다.

** 대서양에 있는 영국 본토의 서쪽 사각형 구역으로, 영국의 주요 항구들이 포함된 핵심 해역이다.

USS 와후USS Wahoo의 부장으로 근무했다. USS 와후에서 혁혁한 공을 세운 리처드 오케인Richard H. O'Kane은 1943년 8월 USS 탱USS Tang의 함장으로 부임하여 1944년 1월 8일까지 다섯 차례 출동해서 총 서른한 척, 배수량 22만 7,000톤을 격침시키고 두 척에 손상을 입혔다. 이는 미 해군 잠수함 역사상 최고의 전과였다. 그는 1944년 9월 24일 다섯 번째로 출항해 열세 척의 적함을 격침했으며, 10월 25일 일본의 대규모 호송선단과의 치열한 수상전에서 마지막 남은 어뢰 두 발을 수송선에 발사했다. 첫 번째 어뢰는 표적에 명중했지만 두 번째 어뢰는 부메랑처럼 USS 탱 쪽으로 되돌아왔다. 최대 속력을 내 긴급하게 피하려 했지만 어뢰는 함미에 명중되고 말았다. 87명 승조원 중 아홉 명만이 탈출에 성공해 여덟 시간의 표류 끝에 일본 구축함에 의해 발견돼 포로로 붙잡혔다. 이들은 도쿄 인근의 비밀감옥에 수감돼 기아와 고문, 강제 노동에 시달려야 했다. 종전 후까지 살아남은 다섯 명의 승조원과 함께 본국으로 귀환한 리처드 오케인은 트루먼 대통령으로부터 명예 훈장을 받았다. 이후 미 해군잠수함학교와 제7잠수함전대를 지휘하는 등 해군에서 복무하다 소장으로 전역했다. 그는 제2차 세계대전 경험담을 실은 책 두 권을 저술했으며 1994년 83세로 사망했다. 그의 전기는 『가장 용감한 인물The Bravest Man』이라는 제목으로 출간되었으며, 미 해군은 알레이버크Arleigh Burke급 스물일곱 번째 구축함에 그의 이름을 붙여 그를 기리고 있다.

### 이진규, 한국

한국에는 세계를 놀라게 한 잠수함 함장이 없을까? 아직 실전에서 실력을 발휘할 만한 기회가 없었지만, 가상전투 훈련에서 그 진가를 발휘한 훌륭한 함장은 있다. 바로 2004년 림팩RIMPAC, Rim of the Pacific 훈련에서 능력

• 리처드 오케인과 자신이 쏜 어뢰에 격침된 USS 탱 〈출처: Wikimedia Commons〉

을 발휘한 장보고함의 이진규 함장이다.

림팩 훈련이란, 미국의 주관하에 태평양을 둘러싸고 있는 여러 나라가 참여하는 세계 최대 규모의 연합 해군 훈련이다. 미국은 항공모함과 공격용 핵추진잠수함을 비롯한 최신예 순양함, 구축함, P-3 대잠 초계기 등 해상 전력뿐 아니라 해병대 등 지상 전력을 동원하며, 다른 나라들도 각자 자랑할 만한 해군 전력을 이끌고 훈련에 참여한다.

연합국은 항공모함 중심의 호송선단을 구성해 방어하고, 장고보함은 공격 임무를 수행했다. 물론 실제로 무기를 사용할 수 없으므로 공격 단계에서는 통신을 사용하지만 모든 기동은 실제로 했다. 장보고함은 들키지 않고 30여 차례 어뢰 공격에 성공했고, 호송단대의 가장 핵심 세력인 9만 7,000톤급 미국 최신예 핵추진항공모함 존 C. 스테니스USS John C. Stennis함까지 공격하는 데 성공함으로써 한국 잠수함의 위력을 과시했다. 공격 잠수함 함장은 사냥꾼과도 같다. 호위 함정을 피해 가장 가치가 높은 항공모함을 공격하는 상상을 하곤 하는데 비록 가상훈련이기는 하지만 이진규 함장이 그것을 해낸 것이다. 이때 장보고함은 끝까지 들키지 않고 살아남음으로써 '완벽한 잠수함'이라는 찬사를 받았다.

## 미래의 잠수함

### 미래에도 잠수함은 있다

잠수함은 전시에는 그 몫을 톡톡히 하다가 막상 전쟁이 끝나면 무대에서 주연의 자리를 양보하는 전철을 밟아왔다. 물속에 들어가면 아예 보이지도 않고 물 밖으로 나와도 단순한 외형으로 선체의 4분의 3을 물속에 숨기고 있기에 상대적으로 외관이 멋있는 수상함에 비해 관심을 끌기에는 역부족이었다. 하지만 잠수함은 수상함 대비 탁월한 은밀성, 적 활동해역에서의 정찰 및 감시 능력, 탐지 능력, 월등한 무장 규모 등으로 인해 그 가치가 점점 더 높아지는 분위기이다.

1950년대와 2000년대의 수상함과 잠수함 보유 국가 자료를 분석해보면, 수상함 보유국은 41개국에서 58개국으로 41퍼센트 증가한 반면 잠수함 보유국은 19개국에서 44개국으로 131퍼센트 증가했다. 미래에는 잠수함의 가치가 더욱 올라갈 것이며 잠수함을 보유하기 위한 각국의 노력으로 그 수량도 증가할 것이다. 이러한 추세는 동남아시아의 말레이시아, 인도네시아, 싱가포르, 베트남, 태국에 이어, 미얀마, 필리핀까지 잠수함 도입에 열을 올리는 것만 봐도 알 수 있다.

## 다양한 형태의 잠수함

1900년 라이트 형제가 비행기를 처음 발명한 이후 항공기는 군용기 중심으로 발달해 왔다. 하지만 민간 항공기와 개인 경비행기, 헬기뿐 아니라 레저용 행글라이더 등 하늘을 나는 특권은 군이라는 어느 한 계층에만 머물러 있지 않았다. 바닷속은 어떠할까? 역시 하늘과 비슷한 추세를 따라가고 있다. 물론 고가의 제작비, 안전에 대한 우려 등으로 항공기에 비해 다양한 계층의 욕구를 실현시키지는 못했지만 이제 잠수함도 그러한 추세를 따라가고 있다. 잠수함도 더 이상 군용 잠수함으로만 머물고 있지

• 최초로 리튬 배터리를 탑재한 일본 소류급 11번 함 오류(おうりゅう) 〈출처: Wikimedia Commons〉

않다.

잠수함의 은밀성에 가장 큰 매력을 느끼는 집단은 어디일까? 그것은 테러 집단이다. 은밀하게 테러 요원을 수송하거나 고가의 표적에 테러를 가하기에는 잠수함이 적격이다. 또한 마약 밀수에도 적극 활용되고 있다. 실제 중남미 지역에서 활동하는 거대 마약 카르텔에서는 잠수함까지 운용하고 있고, 콜롬비아는 마약 퇴치 작전에 잠수함을 동원하고 있다. 또 레저용 잠수함도 늘고 있다. 군용 잠수함보다 더 비싼 초호화 레저용 잠수함도 이미 일반적인 요트에 싫증을 느낀 부호들 사이에서는 인기다. 물속을 보고 싶어 하는 고객을 실어 나르는 관광용 잠수함도 늘고 있고, 물속 자원을 채취하거나 수중 연구를 하기 위한 산업용 잠수정도 기하급수적으로 늘고 있다. 잠수함 건조 기술이 보편화되면서 큰 조선소에서만 잠수함을 건조하는 것이 아니라 개인적으로 잠수정을 건조해 운용하는 사람도 늘고 있다. 제한된 바닷속에서 이토록 많은 수중 물체들이 움직이는데, 항공기에 대해 공역 통제를 하듯 수중에서도 누군가가 수중 공간 통제를 해야 하지 않을까? 하지만 이는 상당히 어려운 문제다. 왜냐하면 눈에 훤히 보이는 항공기에 비해 잠수함은 존재 이유가 뭔가 은밀한 데 있기 때문이다. 잠수함을 운용하는 나라는 모두가 다른 나라의 잠수함을 보고 싶어 하지만 정작 자신의 잠수함은 보여주기 싫어하기 때문이다. 결국 제한된 공간에서 움직이는 잠수함 종류와 그 수는 늘게 될 것이고 잠수함 사고도 당연히 늘 수밖에 없을 것이다.

### 재래식 잠수함은 더 이상 재래식이 아니다

잠수함은 추진 체계를 기준으로 핵추진잠수함과 재래식 잠수함으로 구분해왔다. 하지만 이제는 재래식이라는 말 자체의 의미도 바뀌고 있다.

재래식이라는 말은 과거에도 썼고 지금도 쓰고 있다는 의미이다. 잠수함은 첨단과학의 결정체로 나날이 그 성능을 발전시켜 왔다. 잠수함을 구성하는 많은 요소 중 추진 체계만 가지고 핵추진이냐 재래식이냐 구분해 버리면 최신 기술로 과거에 없었던 신식 잠수함을 만들고도 재래식이라 불리는 디젤전기 추진 잠수함들은 억울할 것이다. 디젤전기 추진을 하지만 새로운 고성능의 배터리를 이용하는 잠수함이나 새로운 추진 체계로 각광받는 AIP 잠수함도 재래식 잠수함이라 불러야 하는지에 대해 의문을 가지게 되었다. 이를 차별화하기 위해 핵추진잠수함과 재래식 잠수함이라는 이분법에서 핵추진잠수함Nuclear Submarine과 비핵추진잠수함Non-nuclear submarine으로 구분하고, 비핵추진잠수함은 다시 AIP 잠수함과 디젤-전기Diesel-electric 잠수함으로 구분하고 있다. 배터리 기술의 향상으로 기존 납축전지보다 성능이 세 배 이상 좋은 리튬 배터리가 실용화되고 있다. 또한 이보다 더 나은 성능의 배터리도 개발되면서 기존 재래식 잠수함의 단점인 제한된 잠항 시간을 늘려갈 것이다. 핵추진잠수함은 아니지만 재래식 잠수함이라고 할 수 없는 첨단 잠수함들이 계속 나올 것이다.

### 연안으로 연안으로

제2차 세계대전 때까지 갑판에 설치되었던 포는 잠수함이 물속에서 활동하는 데 지장을 주므로 오늘날 잠수함에서는 철거되고 어뢰로 대체되었다.

미래에 해전은 전면전보다 국지 분쟁의 형태가 될 가능성이 높으며, 이를 위해 비대칭 전쟁이 보편화될 것이다. 따라서 잠수함도 연근해전, 대테러전, 소형 표적에 대비해야 한다. 어뢰 한 방으로 적의 수만 톤급 수상함을 격침하는 위력을 갖추는 것도 중요하지만 연안에서 테러를 위해 접근하는 수십 톤짜리 선박도 제압할 수 있어야 한다. 하지만 수십 억짜리 어뢰로 저가의 고속선을 공격하는 것은 비용도 아깝고 정확하게 공격하기도 어렵다. 따라서 잠수함에 다시 함포를 장착할 필요를 느끼는 추세다. 하지만 수중 기동성 또한 저해되면 안 되므로 제2차 세계대전 때처럼 갑판 위에 포를 달 수는 없고 마스트mast를 이용해 로켓포를 설치하려 하고 있다.

잠수함이 좀 더 얕은 수심의 연안까지 가려면 배의 크기를 줄여야 하지만 여기에도 한계가 있다. 따라서 생각해낸 것이 바닥에 붙어서 달리는 잠수함이다. 바퀴 달린 잠수함, 007 영화에나 나오는 잠수함도 이제 조만간 보게 될 것이다. 대양으로 항해하고 빙하 밑을 정복한 잠수함은 이제 연안으로 연안으로 접근해 가고 있다.

### 나 홀로 잠수함은 없다

잠수함 영화 '다스 보트Das Boot'에는 아무도 없는 깊은 밤중에 잠수함 승조원들이 은밀히 항구를 벗어나는 장면이 나온다. 그때까지는 함장도 승조원들도 그들이 어디로 가야 할지 모른다. 출항 후 함장은 도장이 몇 개나 찍힌 비밀스러워 보이는 봉투를 뜯고 그들의 임무가 적힌 명령서를 읽는다. 그들이 작전을 마치고 돌아올 때까지 아무도 그들이 어디에서 무엇을 하는지 모른다. 최고 지휘관과 잠수함 함장만 그들의 임무를 아는 가운데 일행은 은밀히 작전을 수행하고 돌아온다. 물론, 이는 실제로 잠수함을 운용할 때의 기본 원칙이었다. 즉, 잠수함 작전은 단독 작전이 기본이었다. 앞으로도 국가에서 운용하는 핵탄도미사일을 탑재한 전략잠수함은 은밀한 단독 작전을 수행하겠지만, 동시 · 통합적 합동작전이 보편화된 미래의 해전에서는 해군이 타 군이나 다국적군에 도움을 줄 수 있는 방법을 모색하듯, 적함선과의 교전을 목적으로 하는 공격 잠수함도 타 전력에 도움을 줄 수 있는 길을 찾지 않으면 안 되게 되었다. 이를 위해 잠수함도 네트워크전에 개입하여 그 존재 가치를 발휘해야 한다. 이를 위해서 다양한 채널의 통신수단을 갖추고 육상 지휘소나 우군의 타 전력과 보안을 유지하면서 정보를 교환할 수 있어야 한다.

### 잠수함과 항공기가 싸우면 누가 이길까?

물속에서는 독보적인 존재이지만, 그런 잠수함도 과거에는 항공기에 들키면 끝이었다. 기동력이 좋은 대잠 항공기는 물속에서 아무리 빨라봤자 고양이 앞의 쥐밖에 되지 않는 잠수함에 대해 일방적인 공격을 퍼부을 수 있었기 때문이다. 항공기는 기체에서 투하하는 부표 형태의 대잠 소노부이sonobuoy를 깔고 대잠무기를 이용해 공격하거나 부상할 것을 강요하는 등 일단 탐지된 잠수함에 대해 일방적으로 공격할 수 있었다. 하지만 막다른 골목에서는 쥐도 고양이를 무는 것처럼 이제는 잠수함도 항공기에 대해 뭔가 대응할 기세다. 잠망경 심도에서 항공기를 쏠 수 있는 대공 로켓포를 장착할 뿐 아니라, 수중에서 항공기를 공격할 수 있는 능력을 갖추게 된 것이다. 대잠 헬기가 대잠 탐지를 하기 위해서는 디핑dipping을 해야 한다. 이때 적의 잠수함이 디핑 소음 방위를 알아내 미사일로 공격하면 공중에 정지해 있는 헬기는 꼼짝없이 당할 수밖에 없다. 또한 저고도로 비행하는 해상 초계기나 헬기의 소음은 물속에 있는 잠수함이 들을 수 있어 표적 방위로 미사일을 발사하면 항공기를 충분히 명중시킬 수 있다. 따라서 앞으로 잠수함은 더 이상 항공기의 먹잇감으로만 남아 있지 않을 것이다.

### 소리 없는 잠수함

잠수함의 가장 큰 장점은 은밀성에 있으므로 조용한 잠수함을 만들기 위한 노력은 이전에는 물론 앞으로도 지속될 것이다. 필자가 현역 시절 미국의 잠수함부대장에게서 직접 들은 이야기에 의하면 이미 미국의 USS 시울프USS Sea-Wolf급 잠수함은 너무나 조용해서 물속에서 전속력으로 달려도 그 소음이 정지해 있는 다른 잠수함의 소음보다도 작다고 한다.

외부로 전달되는 소음의 가장 큰 요인은 선체 저항과 추진 소음이다. 선체 저항을 줄이기 위해 잠수함 설계자들은 선형 개발을 지속적으로 해왔는데, 이제 마지막 장애물인 함교탑을 어떻게 없앨 수 없을까 궁리하고 있다. 함교탑의 크기를 최소화하거나 아예 없앤 잠수함을 설계하는 것이다. 또한 잠수함 밖에서 들리는 대부분의 소음인 추진 소음을 줄이기 위해서도 지속적으로 노력하고 있다. 기존의 프로펠러는 소음이 많이 발생하므로 이미 펌프제트Pump Jet 프로펠러로 바꾼 잠수함도 실용화되었다. 펌프제트 추진 시스템은 덕트duct 내에서 회전자rotor와 고정자stator로 추진함으로써 방사 소음을 줄이고 캐비테이션cavitation을 제거한다.

잠수함 영화 '붉은 10월'에서 등장한 초전도추진 시스템도 연구 분야다. 초전도 잠수함의 추진 원리는 플레밍의 왼손 법칙에 따른다. 즉, 선체에 고정된 초전도 자석에 의해 선체 내를 관통하는 해수관 내에 자장을 형성하고, 그 자장과 직각 방향으로 해수 전류를 흘리면 해수에 전자력이 발생하고 그 반작용으로 잠수함이 추진력을 얻는 것이다. 초전도 잠수함에 관한 연구는 1970년도부터 이미 연구돼 오고 있고 국내에서도 포항공대에서 이를 연구 중인 것으로 알려져 있다.

• 미국의 시울프급 잠수함은 최신 소음억제기술이 적용되어 물속에서 전속력으로 달려도 정지 해 있는 잠수함이 내는 것보다 소음이 작다. 〈출처: Wikimedia Commons〉

## 사람 없는 잠수함, 우주기지 같은 잠수함

현재 운용 중인 잠수함 중에도 이미 무인화가 진행 중인 잠수함이 있다. 사람이 작동하지 않아도 사전 주입된 정보에 따라 일정 속력, 심도와 침로를 유지해 목적지에 도착할 수 있고, 컴퓨터 스스로 적의 표적 소음을 분석 · 식별하고, 저절로 어뢰를 발사해 표적을 명중시키기도 한다. 앞으로는 이러한 무인화 잠수함에서 진일보하여 아예 사람이 없는 잠수함이 나올 예정이다. 인명 피해를 감수하지 않아도 되는 무인 잠수함은 적의 항구까지 들어가 정해진 시간에 정찰 및 감시를 해서 그 정보를 모기지로 전송하고, 원격으로 지시를 받아 적진을 공격하기도 한다.

잠수함은 단독 작전뿐 아니라, 수중에서 움직이는 잠수함 기지와 같은 역할도 하게 될 것이다. 여러 척의 유인 또는 무인 잠수정을 운용하기도 하고 수중에서 드론을 발사하기도 할 것이다.

## 맞춤형 모듈 잠수함

최소의 투자로 최대의 이윤을 창출하고 싶은 욕구는 경제에만 적용되는 것이 아니다. 잠수함을 보유하고 있는 나라들도 이러한 욕구를 가지고 있다. 제한된 예산으로 소수의 잠수함밖에 가질 수 없는 나라들은 어떻게 모든 욕구를 충족시킬 수 있을까? 연안에서 정찰 및 감시, 특수전, 기뢰전도 하면서 대양에 나가 대수상전도 하고 전략무기를 쏘기도 할 방법은 없을까? 잠수함 한 척으로 모든 기능을 충족하려 하다 보면 어느 한 가지도 완벽하게 성능을 발휘하지 못하게 된다. 따라서 생각해낸 것이 모듈식 잠수함이다. 이 모듈식 잠수함은 탈착식 섹션section을 구비하여 특수전을 수행할 때는 특수 요원 침투 및 회수용 장치를 부착하고, 대양에서 작전을 수행할 때는 그 공간에 UUVUnmanned Underwater Vehicle, 무인잠수정를 장착할 수 있다. 작전의 특성에 따라 센서도 맞춤형으로 장착할 수 있어서 모듈식 잠수함은 앞으로 더욱 각광받게 될 것이다.

### 비행기처럼 빠른 잠수함

과연 잠수함의 속력은 어느 정도까지 빨라질 수 있을까? 항공기만큼 빨라질 수 있다고 말하면 믿겠는가? 하지만 가까운 미래에는 그것이 가능해질지 모른다. 물속에서 잠수함 주위를 공기로 싸 버린다면 잠수함은 물속에 있지만 하늘을 나는 비행기처럼 추진할 수 있게 될 것이다. 실제로 러시아를 필두로 이러한 기술을 이용해 200노트 이상의 속력을 내는 초공동어뢰가 이미 개발되었다. 미국은 이 기술을 잠수함에 적용해 개발 중이며 조만간 비행기만큼 빠른 잠수함이 현실화될 것으로 보인다

# 제2장

# 흥미로운 잠수함 기술

## 잠망경에는
## 왜 눈금이 있을까?

잠망경은 잠수함이 가지고 있는 여러 마스트 중 하나이다. 함교탑에는 잠망경뿐 아니라 레이더, 스노켈, ESM, 통신 마스트 같은 마스트들도 설치되어 있다. 잠망경이 함교탑이 아니라 함수 쪽에 설치되어 있으면 어떻게 될까? 함수 쪽 잠망경은 함교탑 잠망경보다 훨씬 길어야 하는데, 그러면 사용 후 그 길이 때문에 함 내로 다 넣을 수가 없다. 따라서 잠망경도 다른 마스트들과 함께 함교탑에 설치하는 것이 일반적이다.

잠수함은 수상 항해나 잠망경 심도에서 항해할 때에는 필요한 마스트를 올리지만, 이보다 깊은 심도에서 항해할 때는 함 내로 완전히 넣을 수

• 잠망경은 여러 마스트 중 하나이다. 〈출처: Wikimedia Commons〉

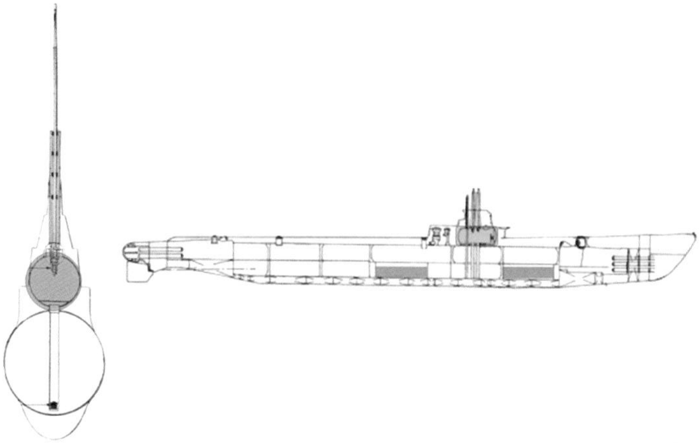

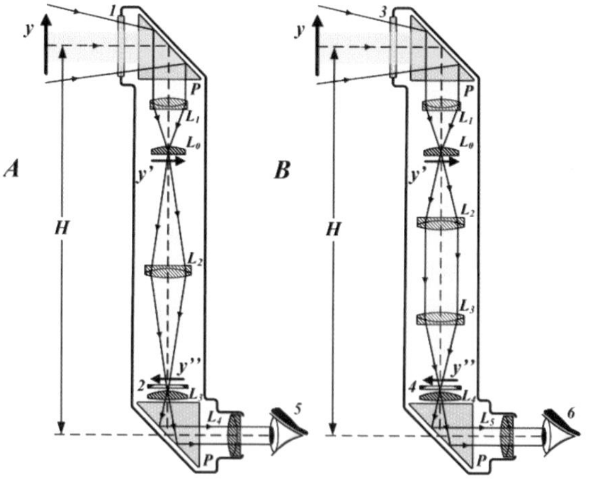


• 코닝타워가 설치된 제2차 세계대전 당시 잠수함 〈출처: Wikimedia Commons〉(위)
• 잠망경 속은 수많은 렌즈들로 복잡하게 구성되어 있다.(아래)

있어야 한다. 마스트가 함 내로 완전히 들어가지 않으면 돌출부가 물속에서 저항을 일으켜서 함의 속도에 지장을 주고, 소음을 발생시킨다. 잠망경을 포함한 마스트들은 수면을 뚫고 항해하며 생기는 저항을 버텨야 한다. 이렇게 수면에서 생기는 물살웨이크은 잠망경 마스트에 많은 힘을 가한다. 그래서 잠망경은 무작정 길게 만들 수도 없고, 저항에 버틸 수 있도록 튼튼하게 만들어야 한다. 또 사용할 때도 일정 부하 이상 힘이 가해지지 않도록 조심해서 운용해야 한다. 잠수함이 긴급 부상할 때는 밖에서 보면 마스트들을 하나도 볼 수 없다 . 정상적으로 부상할 때는 잠망경을 올리고 부상하지만 빠른 속도로 부상할 때는 마스트에 충격을 주어 손상될 수 있기 때문이다.

잠망경의 원리는 아래 위에 거울을 달아 바깥의 빛이 거울에 반사돼서 눈에 전달되도록 하는 것이다. 하지만 그 길이가 10미터나 되는 긴 파이프라면 어떨까? 파이프에 거울 두 개를 단다고 해서 바깥의 빛이 파이프 너머에 있는 사람의 눈까지 전달되지는 않는다. 더구나 적에게 들키지 않기 위해서는 수면 위로 노출되는 부분이 매우 적어야 하므로 뛰어난 기술이 요구된다. 이런 이유로 잠망경은 겉보기에는 긴 파이프같이 생겼지만 속은 오목렌즈, 볼록렌즈 등 수많은 렌즈들이 복잡하게 들어가 있다. 이렇게 뛰어난 기술이 요구되기에 잠망경을 제작할 수 있는 회사는 세계에서 손가락으로 꼽을 만큼밖에 없다.

잠망경을 통해 본 바깥 상황은 전투 정보에 매우 유용하기 때문에 주로 전투정보실에서 잠망경을 운용한다. 따라서 어떤 잠망경을 설치하느냐가 잠수함 설계에 큰 영향을 미친다. 과거 작은 잠수함에는 함 중심에 짧은 잠망경이 한 개 설치되어 있었고 운용자가 앉아서 볼 수 있었다. 하지만 잠수함이 점점 커지면서 잠망경도 길어져야 했는데, 광학 기술의 한계 때문에 잠망경 길이를 충분히 길게 만들 수 없었다. 그래서 함교탑 아래에 코닝타워Conning Tower라는 방을 만들어 잠망경을 운용했다. 이러한 코닝타워는 제2차 세계대전까지 운용되었는데 이후 광학 기술의 발전으로 더 긴 잠망경을 만들 수 있게 되면서 없어졌고 현재 대부분의 잠수함은 함 내 전투정보실에서 직접 잠망경을 운용하고 있다.

오늘날에는 전자 기술의 발전으로 굳이 기계식 잠망경을 설치하지 않더라도 영상을 전달할 수 있게 되었다. 즉 잠망경 대신 CCTV를 달아 밖을 볼 수 있게 된 것이다. 이러한 광학 마스트optronics mast를 설치하면 바깥 영상이 케이블로 전달되기 때문에 꼭 잠망경에 눈을 대고 밖을 보는 것이 아니라 컴퓨터 앞에 앉아서 밖을 볼 수 있다. 잠망경 마스트는 압력선체를 관통하기 때문에 전투정보실이 반드시 함교탑 아래에 있어야 하지만, 광학 마스트는 압력선체를 관통하지 않고 영상 정보를 케이블을 통해 전달하기에 잠수함 내 어디서든지 운용할 수 있다. 즉, 전투정보실을 함 내 어디든지 설치할 수 있다는 말이다. 예를 들어 미국 잠수함인 로스앤젤레스Los Angeles급 잠수함과 버지니아Virginia급 잠수함을 비교해 보면, 로스앤젤레스급 잠수함은 관통형 잠망경이 설치돼 있기 때문에 전투정보실을 최대한 압력선체 상부에 배치할 수밖에 없었지만, 버지니아급 잠수함은 비관통형 광학 마스트를 사용하기 때문에 전투정보실을 공간 활용도가 높은 곳에 배치할 수 있었다.

그렇다면 오늘날 모든 잠수함은 잠망경 대신 광학 마스트를 사용할까? 꼭 그렇지는 않다. 광학 마스트는 설치하기도 쉽고 여러 사람이 동시에 영상을 볼 수 있으며 공간 활용도가 높고 녹화와 편집이 가능하다는 등 많은 장점이 있지만 전원이 차단됐을 때 사용할 수 없고 아무래도 눈으로 직접 보는 잠망경에 비해 화면에서의 현실감이 떨어진다는 단점이 있다.

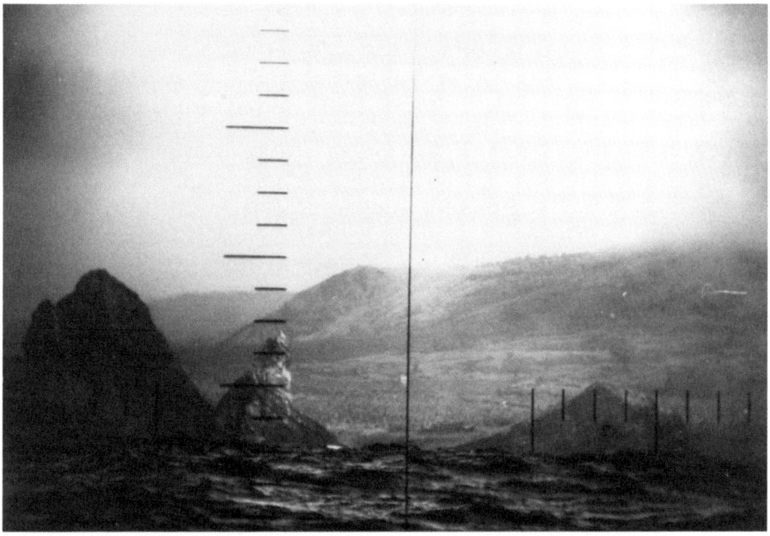

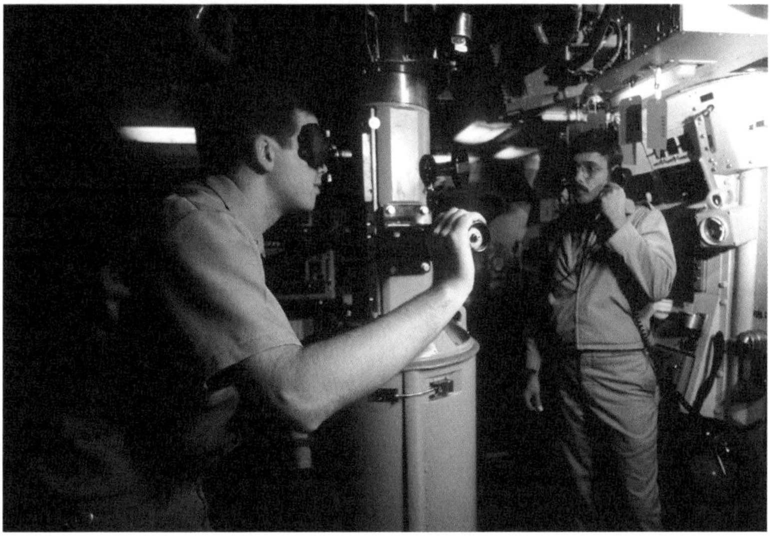

• 잠망경 눈금으로 표적의 거리를 측정한다. 〈출처: Naval History and Heritage Comamand〉(위)
• 잠망경을 운용하는 장교 〈출처: Wikimedia Commons〉(아래)

따라서 현재 운용 중인 잠수함 중에는 잠망경을 그대로 사용하는 잠수함도 있고, 광학 마스트만 사용하는 잠수함도 있고, 잠망경과 광학 마스트 둘 다 사용하는 잠수함도 있다.

잠수함 잠망경에는 눈금이 있는데, 눈금이 없으면 더 잘 보일 것 같은데 왜 눈금을 넣었을까? 그건 바로 표적의 거리를 알기 위해서다. 잠망경에 있는 눈금은 각도를 나타낸다. 삼각함수에서 한 변의 길이와 사이 각을 안다면 나머지 길이도 알 수 있다. 잠망경 수직 눈금으로 각도를 알고 표적의 높이를 넣으면 표적의 거리를 알 수 있다. 그럼 표적의 높이는 사전에 어떻게 알 수 있을까? 잠수함에는 해상에서 만날 수 있는 선박들의 높이 정보가 담긴 자료가 있다. 물론 표적 높이 대신 길이를 알아도 잠망경 눈금의 수평 각도를 이용해 표적의 거리를 알 수 있다. 하지만 표적을 항상 정횡正橫에서 보는 것이 아니고 표적의 방향이 일정치 않으므로 표적의 길이보다 높이를 더 많이 활용한다. 표적을 어느 방향에서 보더라도 높이는 동일하기 때문이다.

잠수함에 잠망경은 몇 개나 있을까? 작은 잠수함에는 한 개가 있지만 잠수함 크기에 따라 두 개 또는 세 개가 있기도 하다. 잠망경이 두 개 이상 있으면 하나는 적진 가까이에서 작전할 수 있도록 노출되는 부분을 최소화해 공격 잠망경으로 운용하고, 다른 하나는 GPS나 ESM 같은 센서를 설치해 탐색 잠망경으로 운용한다. 탐색 잠망경은 노출되는 부분이 넓으므로 상대적으로 좀 더 안전한 곳에서 운용한다.

잠수함의 생명은 은밀성이다. 따라서 잠망경도 상대방에게 들키지 않도록 운용해야 한다. 잠망경을 높이 올리면 멀리까지 볼 수 있지만 적에게 들키기 쉬운 반면, 살짝 올리면 적에게는 잘 안 들키지만 가시거리가 줄어든다. 잠망경 운용자는 잠망경을 수면 밖으로 최대한 낮게, 최대한 짧게 노출해서 바깥 상황을 파악하는 훈련을 한다. 오늘날 잠망경은 안경을 쓰고도 볼 수 있도록 접안경을 만들기도 하고, 시력이 안 좋은 사람이 안경을 벗고도 볼 수 있도록 잠망경 접안경에 시력조절기를 달기도 하다.

## 잠수함의 귀 '소나'

잠수함은 물속에서 항해할 때 장애물을 어떻게 피할까? 잠수함 안에서 밖을 보면서 항해할 것이라고 생각하는 이들이 있지만 이는 관광 잠수정에나 해당되는 이야기이지 군용 잠수함에는 밖을 내다볼 수 있는 창이 없다. 물속에서는 레이더도 사용할 수 없다. 잠수함이 물속에서 항해할 수 있는 것은 바로 잠수함에 귀 역할을 하는 소나sonar가 있기 때문이다. 잠수함에는 소나가 꼭 필요하고, 잠수함의 성능을 이야기할 때 소나의 성능도 중요한 요소가 된다.

소나는 너무나 방대한 분야이다. 필자의 주위에도 일평생을 이 분야에 종사하는 이들이 많다.

그렇다면 소나는 잠수함의 어느 부분에 있을까? 겉으로는 안 보이지만 잠수함에는 여러 종류의 소나들이 설치되어 있다.

먼저 주수동 소나가 있다. 만약 잠수함에 단 하나의 소나만 설치해야 한다면 이 소나를 설치해야 한다. 이 소나는 표적의 소리를 듣고 표적의 방위를 식별하는 소나다. 또 거리 측정 소나가 있다. 이 소나는 여러 개의 분리된 센서들이 한 세트로 작동해 표적의 방위와 거리를 측정한다. 펄스 신호를 수신할 수 있도록 만들어진 인터셉터 소나도 있다. 펄스 신호란, 계속해서 들리는 소리가 아니고 일회성 소리, 즉 적이 능동 소나를 작동했을 때 '핑~' 하고 나는 소리, 수중 폭발음 같은 소리를 말한다. 잠수함 선체 옆구리에 붙어서 저주파를 탐지할 수 있는 현측 선배열 소나도 있다. 소나 센서의 길이가 길어지면 멀리서 더 낮은 주파수대까지 들을 수 있다. 또 현측 선배열 소나보다 낮은 저주파까지 탐지할 수 있는, 배가 끌고 다닐 수 있는 예인형 선배열 소나도 있다.

수상함에는 능동 소나를 주로 사용하지만 잠수함에는 수동 소나를 주로 사용한다. 그렇다고 능동 소나가 전혀 없는 것은 아니다. 전방을 탐지할 수 있는 능동 소나도 있다.

하나씩 좀 더 자세히 알아보겠다.

**주수동 소나** | 잠수함에서 기본이 되는 소나다.* 잠수함 자체 소리의 간섭을 최대한 피해서 소리를 가장 잘 들을 수 있는 위치에 설치해 표적의 소음을 잘 듣고 그 소리의 방위도 알아야 한다. 그래서 주수동 소나는 원 모양으로 둥글게 배열해서 어느 방향에서 소리가 들려오는지 알 수 있도록 한다. 그 소리의 방향이 표적의 방향이기 때문이다. 소리의 방위를 정확하게 알려면 소나의 크기가 클수록 좋다. 그래서 가능하면 큰 소나를 설치할 수 있도록 공간을 많이 확보하려 한다. 과거에는 주수동 소나를 함교탑에 설치한 적도 있지만 이곳은 공간이 좁기 때문에 최근에는 함수에 설치하는 추세이다. 그런데 잠수함의 함수는 무장발사관을 설치하기

* 소나의 종류에는 소리를 발생하여 반향음으로 표적을 찾는 능동 소나와, 표적에서 발생하는 소리를 듣고 표적을 찾아내는 수동 소나가 있다.
* 주로 함수에 설치하므로 함수 소나(Bow Array)라고도 한다.

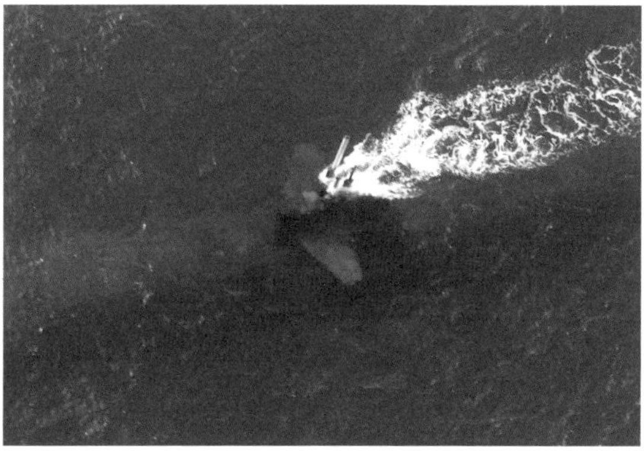

• 잠수함이 물속에서 항해할 수 있는 것은 소나가 있기 때문이다.

에도 가장 적합한 곳이다. 소나 설계자들은 함수를 최대한 소나 공간으로 이용하려 하지만 무장발사관 설계자들 역시 이곳에 최대한 많은 발사관을 넣고 발사관 관련 장치를 설치하려 한다. 그래서 적절한 선에서 타협해 소나와 무장발사관을 둘 다 설치하는 방안을 찾는다. 무장발사관을 피해 소나를 잠수함 외부 갑판 위에 붙이기도 하고 아래에 붙이기도 한다. 하지만 이런 형태는 잠수함의 기동성에 지장을 주기 때문에 최근에는 돌출된 형태가 아니라 대부분 선체 안쪽에 설치하는 추세다.

선체 안쪽에 넣을 때도 무장발사관과 배치를 잘해야 한다. 발사관 아래에 넣기도 하고 발사관 위에 설치하기도 하는데, 소나가 발사관 위에 있으면 잠항 중에는 물속에 잠겨 있다가 부상하면 공기와 접촉되기에 젖었다 말랐다를 반복하면서 소나의 수명이 단축된다는 단점이 있고, 소나 센서에 이상이 있을 때 수상에서 정비하기가 쉽다는 장점이 있다. 반대로 소나가 발사관 아래에 있으면 소나 센서가 항상 수면 아래 잠겨 있어서 수명이 길어지고 수상 항해를 하면서도 소나를 사용할 수 있다는 장점이 있지만, 정비를 하려면 잠수함을 상가대*에 올려야 하는 불편함이 있다.

주수동 소나는 약 세 가지 종류가 있다. 형태에 따라 원통 모양 소나cylindrical array sonar, 공 모양 소나spherical sonar, 말발굽 모양 소나conformal sonar로 분류한다.

• 원통 모양 소나: 가장 일반적인 소나다. 이 소나는 가장 경제적이고 보편적으로 사용되고 있지만 표적의 방위만 알 수 있고 고각을 알 수 없다는 특징이 있다. 즉 접촉된 표적이 나보다 위에 있는지 아래에 있는지는 알 수 없다. 수상 표적이야 당연히 수면에 있다고 볼 수 있지만 잠수함 같은 수중 표적의 경우 고각을 알 수 없다는 단점이 있다.

• 공 모양 소나: 공 모양 소나는 표적의 방위뿐 아니라 고각도 함께 알 수 있다. 잠수함이 수중에서 다른 잠수함이나 어뢰를 감지하면 그 표적이 나보다 위에 있는지 아래에 있는지 아는 것이 중요하다. 그래서 원통 모양 소나보다 공 모양 소나가 더 유용하다. 하지만 공 모양 소나는 비싸고 넓은 설치 공간이 필요하다. 잠수함 함수에는 어뢰발사관이 있기 때문에 공 모양 소나를 설치할 수 있는 충분한 공간이 나오지 않는 경우가 많다. 일부 대형 잠수함은 어뢰발사관을 측면으로 빼고 앞쪽 모든 공간을 소나에 할당하여 공 모양 소나를 설치하기도 한다.

• 말발굽 모양 소나: 또 최근에는 공간 문제도 해결하고 소음 접촉 능력도 키울 수 있도록 함수에 말발굽 모양 소나를 설치하기도 한다. 이 소

* 함정을 정비하기 위해 육상으로 올리는 설비

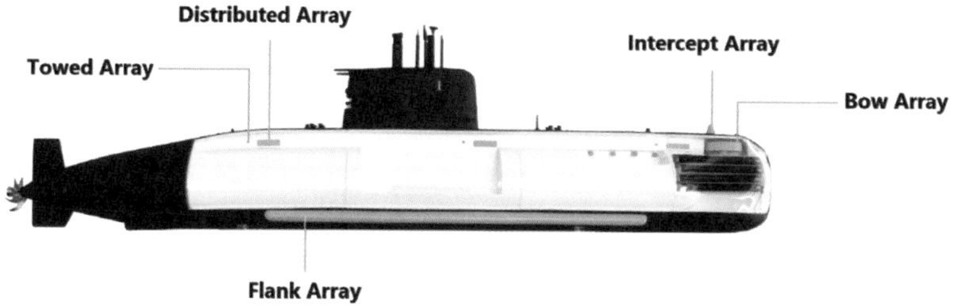


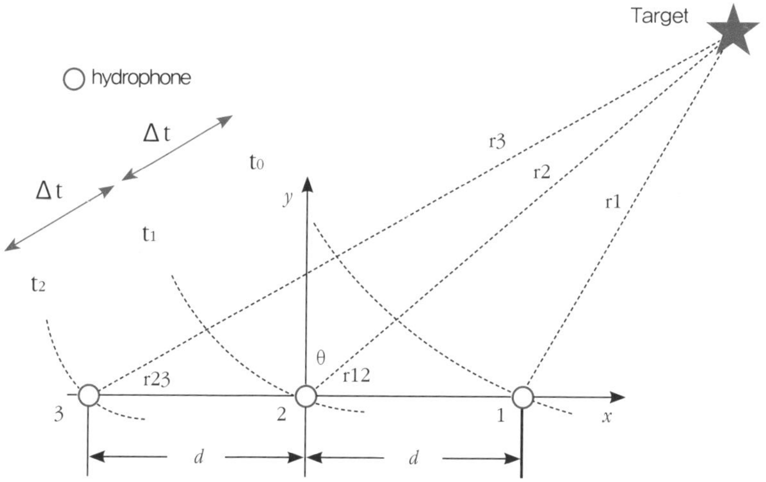


• 잠수함에 설치된 여러 종류의 소나(위)

• 수동 거리 측정 소나는 센서 간의 거리와 수신 시간 차를 이용하여 표적의 방위와 거리를 산출한다.(아래)

나는 잠수함 설계자가 가장 좋아하는 형태의 소나다. 잠수함은 최대한 스텔스형으로 만들고 그 선체에 맞추어 말발굽 모양 소나를 설치하면 되기 때문이다. 하지만 고급 기술이 필요하고 함미 쪽 탐지 범위가 줄어든다는 단점이 있다.

**거리 측정 소나** | 거리 측정 소나 센서는 주로 좌현에 세 개, 우현에 세 개 설치되어 있다. 표적의 거리를 알려면 두 개의 상수를 알면 된다. 각 소나 센서들 간의 거리는 사전에 지정되어 있다. 또 표적의 소음은 이 소나들에 수신될 때 시차가 생긴다. 이렇게 소나 센서 간의 거리$^{d}$와 수신 시차$^{\Delta t}$를 이용해 표적의 방위와 거리를 알 수 있다.

**현측 선배열 소나** | 소나의 길이가 짧으면 고주파음밖에 못 듣지만 소나가 길면 저주파음까지 들을 수 있다. 고주파음은 멀리 가지 못하지만 저주파음은 멀리 가기 때문에 잠수함은 가능하면 긴 소나를 장착하려고 한다. 이렇게 길게 배열하는 소나를 선배열 소나라고 하는데 현측 선배열 소나는 평평하게 일직선으로 설치해야 하므로 잠수함의 길이가 어느 정도 길어야 한다.

원통 모양 소나나 공 모양 소나는 소리가 들어온 방향으로 표적의 방향을 바로 알 수 있지만 선배열 소나는 저주파음을 들을 수 있는 장점은 있지만 표적의 방위를 바로 알지는 못한다. 여기에도 거리 측정 소나와 마찬가지로 신호 처리 기법이 필요하다. 그래서 일정 간격으로 소나를 배열하여 센서 간의 거리$^{d}$를 1차 상수로 두고 소리가 들어오는 시차$^{\Delta t}$를 2차 상수로 하여 표적의 방위를 계산한다.

**예인형 선배열 소나** | 수중에서 예인용 긴 줄을 넣었다 뺐다 하려면 불편하기도 하고 꼬리를 달고 다니면 아무래도 함의 기동에 신경이 쓰인다. 하지만 그런 단점에도 불구하고 예인형 선배열 소나를 운용하면 잠수함 자체 소음에 간섭을 받지 않고 아주 멀리서 들리는 작은 소리도 잡을 수 있기에 불편을 감수한다.

예인형 선배열 소나의 표적 방위 계산 기법은 앞의 현측 선배열 소나의 원리와 같다. 소나 센서 간의 거리$^{d}$를 1차 상수로 두고, 소리가 들어오는 시차$^{\Delta t}$를 2차 상수로 하여 표적 방위를 계산하는 것이다. 그런데 한 가지 문제가 생긴다. 이렇게 표적 방위를 계산하면 표적 방위는 자함의 침로 기준 오른쪽 아니면 왼쪽으로 두 가지 경우가 산출된다. 신호가 좌우 대칭해서 나타나기에 이를 거울효과[mirror effect]라고 한다.

현측 선배열 소나는 양쪽 현측에 있기 때문에 표적이 있는 현측 소나에 더 센 신호가 들어오기에 거울효과를 식별하는 데 문제가 없다. 하지만 예인형 선배열 소나는 센서가 한 줄밖에 없는데 표적 방위가 왼쪽인지 오른쪽인지 어떻게 알 수 있을까? 바로 다른 센서가 접촉한 신호를 통해 알 수 있다. 하지만 다른 센서가 접촉하지 못하는 신호라면 변침[變針]을 해보면 된다. 가능성 1과 2가 있었지만 변침 후 가능성 1은 그대로 남아 있는 반면 가능성 2는 그 방위에서 사라지고 없다면 가능성 1이 진짜 표적인 것이다. 예인형 선배열 소나는 잠수함이 변침하여 센서가 휘어져 버리면 표적의 방위를 알 수 없다. 잠수함의 변침이 끝나고 일정한 침로와 속력을 유지한 뒤 센서가 완전히 펴지고 안정되어야 표적의 방위를 알 수 있다.

**인터셉터 소나** | 인터셉터 소나는 표적의 펄스 신호를 접촉해서 식별

하기 위한 소나다. 군함이 달고 있는 능동 소나와 어선이 달고 있는 능동 소나는 신호의 종류가 다르다. 또 군함 중에서도 구축함과 소해함에 장착된 능동 소나는 특징이 다르다. 인터셉터 소나는 이 신호를 분석해서 표적을 바로 식별해 낸다. 군함에는 상대방의 레이더 신호를 잡아서 표적의 방위를 알아내는 ESM이라는 장비가 있다. 물속에서 이 ESM과 같은 역할을 하는 것이 인터셉터 소나다.

**기뢰 회피 소나** | 소나에는 능동 소나와 수동 소나가 있다. 위에서 소개한 소나는 모두 수동 소나였고, 기뢰 회피 소나는 능동 소나에 속한다. 잠수함에서 능동 소나를 사용하면 적에게 들킬 수 있다는 단점이 있기 때문에 능동 소나 사용은 지양하는 편이다. 적이 부설해놓은 기뢰를 탐지할 때처럼 꼭 필요한 경우에만 사용한다.

잠수함 소나에 대해서 대략적으로 알아보았다. 필자는 가끔 다음과 같은 질문을 받곤 한다. "최첨단 잠수함도 물속에서 소리 없는 표적을 잡을 수 없나요?" 이론적으로 얼음덩어리 같은 것이 물에 뜨지도 않고 가라앉지도 않고 수중에 떠 있다면 최첨단 잠수함일지라도 수동 소나만 이용해서는 피할 도리가 없다. 그래서 아무리 최첨단 잠수함이라 해도 하늘에 운을 맡기기도 한다. 잠수함에서 소나의 중요성은 아무리 강조해도 지나치지 않는다. 관심 있는 잠수함이 어느 곳에 어떤 소나를 장착했는지를 보고 그 배경을 추측해 본다면 잠수함에 대한 흥미가 배가될 것이다.

## TMA

잠수함은 물속에서 표적이 어디로 움직이는지를 어떻게 알까? 표적의 움직임을 분석하는 것을 TMA(Target Motion Analysis), 우리말로 '표적 운동 분석'이라고 한다. 잠수함에서는 널리 통용되는 말이고, 잠수함 관련 게임을 할 때도 나오는 용어다. 표적 운동 분석이라는 말 자체가 생소해서 그렇지 실상 우리는 움직일 때마다 이 표적 운동 분석을 하고 있다. 사람들이 어떻게 서로 부딪히지 않고 걸어다닐 수 있을까? 그것은 상대방이 어떻게 움직이는지를 눈으로 보고 뇌가 계산하기 때문이다. 가까이 다가오는 사람을 보며 그 앞으로 지나갈지 뒤로 지나갈지를 계산하는 것이다. 이렇게 관심 있는 상대의 이동 정보를 분석하는 것을 표적 운동 분석이라고 한다.

군함에서는 표적의 이동을 정확히 분석해야만 자신의 안전을 보장하고 전투에서 이길 수 있다. 아무리 좋은 장비로 무장하고 있어도 표적이 어디로 움직이는지 알아야 명중시킬 수 있다. 표적 운동 분석을 수학적으로 표현하면 표적의 네 가지 성분, 즉 표적의 방위와 거리, 그리고 침로와 속력을 알아내는 것이다.

군함은 레이더를 이용하여 표적의 위치를 알 수 있다. 즉, 나로부터 방위와 거리를 산출한다. 일정 시간 뒤에 다시 표적의 위치를 찾으면 해당 시간 동안 움직인 방향과 거리가 나오므로 표적의 방위, 거리, 침로, 속력이 모두 해결된다. 잠수함에도 레이더가 있지만 물속에서는 레이더를 사용할 수 없다. 레이더는 물 밖에서 전파를 이용하는 장비이다. 물속에서는 전파가 통하지 않기 때문에 음파를 이용해야 한다. 앞에서도 설명했듯이 소나에는 능동 소나와 수동 소나가 있다. 능동 소나는 레이더의 원리

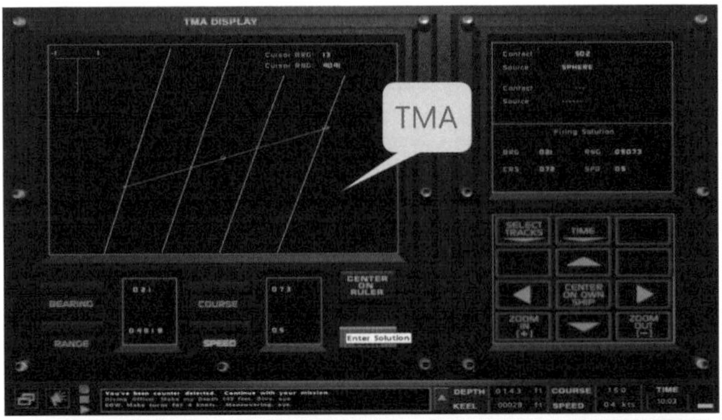


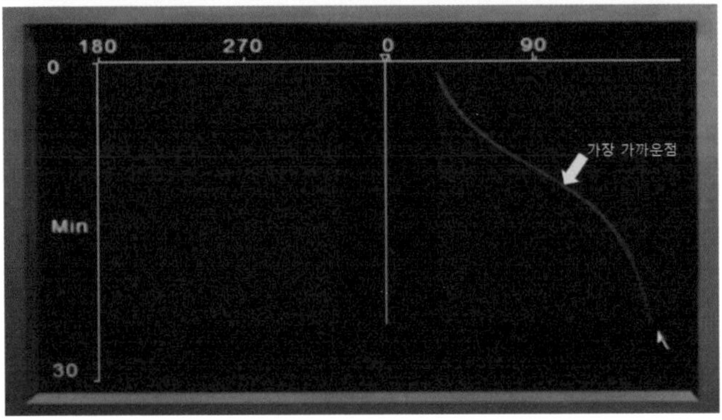


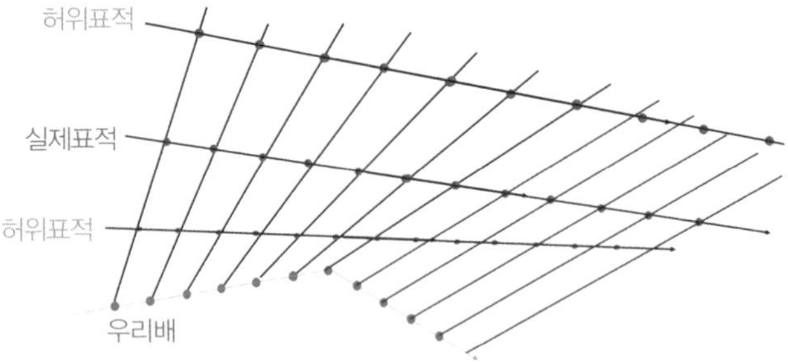


• 잠수함 시뮬레이터 게임 'Sub Command'에서의 TMA 〈출처: 필자 제공〉(위)
• 방위-시간 그래프에서 표적이 가장 가까운 점(가운데)
• 표적 방위선만으로 하는 표적 운동 분석법 〈출처: 필자 제공〉(아래)

와 같다. 내가 소리를 보내면 표적의 반향음으로 표적의 방위와 거리를 알 수 있다. 문제는 나의 위치가 노출되기 때문에 이 능동 소나는 꼭 필요한 경우에만 사용하고 평상시에는 사용하지 않는다.

잠수함에서 표적 운동 분석에 사용할 수 있는 센서들은 레이더와 능동 소나 외에도 많이 있다. 잠망경은 사람 눈으로 직접 표적을 보는 것이기에 어떤 정보보다도 신뢰성이 높다. 신형 잠망경에는 레이저를 쏘아서 표적의 거리를 알 수 있는 장비도 있다. 이 장비가 있으면 표적의 방위 거리를 알 수 있고 두 번 이상 측정하면 침로 속력까지 알 수 있다. 물론 최신 수상함에는 상대가 쏘는 레이저를 수신하는 장비도 달려 있기에 조심해서 사용해야 한다. 또 잠수함에도 표적의 레이더파의 방위와 주파수를 수신하는 ESM 장비가 있다. 이 장비를 이용해도 표적의 방위를 알 수 있다. 그리고 통신장비를 이용해 우군이 사용하는 네트워크에 접속하면 인근에 있는 우군 세력이 보내주는 표적의 표적 운동 분석 정보들이 있어서 활용할 수도 있다.

그러나 잠망경, ESM과 통신장비는 수상이나 잠망경 심도에서는 사용할 수 있지만 이보다 깊은 심도에서는 사용할 수 없다. 따라서 깊은 심도에서의 표적 정보는 전적으로 소나에 의존하게 된다. 모든 움직이는 물체들은 소리가 있다. 잠수함은 움직이는 물체의 소리를 듣는 여러 종류의 수동 소나가 있다. 이 수동 소나에 소리가 점점 크게 들리면 표적이 가까워진다는 것이고, 소리가 점점 작게 들리면 표적이 멀어진다는 것이다. 그리고 수동 소나로 그 소리의 방위를 알 수 있다. 그런데 소리의 방위만 가지고 어떻게 표적의 거리, 침로, 속력까지 알 수 있을까? 여러 수학자들이 표적의 방위 정보만 가지고 표적 운동을 분석하는 기법을 개발하였다.

표적 방위는 한 개의 정보지만 여러 개의 방위 정보를 받으면 더 많은 정보를 얻을 수 있다. 내가 서 있는 곳 오른쪽에서 차가 온다고 가정하고 1초 간격으로 계속 표직 방위를 그려 본다고 치자. 차가 멀리 있을 때는 방위 변화가 거의 없지만 내 가까이에서 지나갈 때는 방위 변화가 크다는 것을 알 수 있다. 그리고 멀어지면서 다시 방위 변화가 작아지다가 나중에는 변화가 거의 없다. 이를 가로축을 방위, 세로축을 시간으로 해 그래프로 그려보면 표적이 나와 가까워질 때는 선이 점점 굽는 모양이 되고, 나와 멀어질 때는 점점 펴지는 곡선이 된다는 것을 알 수 있다. 그리고 이런 곡선이 점점 굽었다가 다시 펴지기 시작하는 지점이 표적이 나와 가장 가까워진 지점이다.

또 표적의 방위 정보만 가지고도 거리와 침로, 속력을 계산할 수 있다. 일정한 시간 간격으로 방위선을 그으면 표적이 대략 어떻게 움직이는지 알 수 있다. 표적이 어느 방향으로 움직이는 것은 알지만 아직 속력을 모르기 때문에 표적의 거리가 가까울 수도 있고 멀 수도 있다. 이때 내가 변침, 즉 침로를 한 번 바꿔 본다. 그러면 실제 표적의 거리, 침로, 속력을 알 수 있다. 이렇게 하면 표적 운동 분석이 끝난다.

수상함이 지그재그 기동을 한다는 말을 들어보았을 것이다. 이는 수상함이 일정한 침로 속력으로 계속 가게 되면 잠수함이 표적 운동 분석을 쉽게 할 수 있기 때문에 이를 방해하기 위해서다. 그러면 잠수함은 침로를 바꿔야만 표적 운동 분석을 할 수 있을까? 꼭 그렇지는 않다. 표적의 방위 정보가 있을 때 변침하기 전이라도 표적의 거리를 안다면 표적 운동 분석이 가능하다. 수동으로 표적 거리를 분석할 수 있는 수동 거리 측정 소나가 있는 잠수함은 변침을 하지 않더라도 표적 거리를 알 수 있기 때문에 표적 운동 분석을 쉽게 할 수 있다.

이런 방법 외에 수동으로 표적 거리를 계산하는 여러 가지 방법이 있다. 몇 가지 예를 들면, 저주파 소나를 이용해서 표적의 기계 소음을 잡아서 그 시간별 주파수 변화를 가지고 표적 거리를 계산하는 방법이 있다. 가로축을 주파수로하고 세로축을 시간으로 기점을 하면 가까워질 때는 주파수가 줄어들고 멀어지면 주파수가 늘어나기에 그 정도를 가지고 표적 거리를 계산하는 방법이다.

그리고 표적에서 발생하는 순간 소음을 가지고 직진파와 해저에 반사되어 들어오는 반사파의 시차를 이용해 표적 거리를 계산하는 방법도 있다. 또 1분 동안 변화하는 표적의 방위를 방위 변화율이라고 하는데, 이 방위 변화율을 가지고 수동으로 표적 거리를 계산하는 기법도 있다. 간단한 예를 한 가지 들면, 내가 270도 방향으로 5노트로 움직이고, 표적이 090도 방향으로 10노트로 움직이며, 표적의 방위 변화가 1분 동안 1도였다면 표적의 거리는 5+10/1마일, 즉 15마일이 된다.

표적의 속력을 수동으로 산출하는 방법도 있다. 수동 소나로 표적의

여러 가지 수단으로 산출되는 표적 운동 분석

| 방위 | 거리 | 침로 | 속력 |
|---|---|---|---|
| 외부 정보 | 외부 정보 | 외부 정보 | 외부 정보 |
| 레이더 | 레이더 | 레이더(2회 이상) | 레이더(2회 이상) |
| ESM | 능동 소나 | 능동 소나(2회 이상) | 능동 소나(2회 이상) |
| 능동 소나 | 수동 거리 측정 소나 | 잠망경(시각 확인) | 수동 거리 측정 소나 |
| 수동 소나 | 잠망경레이저 | 수동 계산 | 수동 계산 |
| 수동 거리 측정 소나 | 잠망경 눈금 계산 | | |
| 잠망경 | 수동 계산 | | |

프로펠러가 1분당 몇 바퀴 회전하는지 계산하여, 표적의 1노트당 프로펠러 회전 속도를 가지고 현재 속도를 계산할 수 있다.

이렇게 여러 가지 방법으로 산출되는 표적의 방위, 거리, 침로, 속력을 표로 나타내 보면 다음과 같다. 개략적으로 방위와 거리는 일곱 가지 수단으로, 침로와 속력은 다섯 가지 수단으로 그 값을 산출할 수 있다.

이와 같이 잠수함으로는 상황별로 여러 가지 종류의 표적 정보가 계속 들어온다. 이렇게 들어온 정보 중에는 신뢰도가 높은 것도 있고 상대적으로 낮은 것도 있다. 컴퓨터를 이용한 필터링을 통해 표적별로 가용한 정보를 수집하고 우선순위를 정해서 정확도가 높은 것은 받아들이고 정확도가 낮은 것은 버리는 작업을 한다.

따라서 표적 운동 분석을 위해서는 표적의 정보를 수집하는 센서가 좋아야 하고, 이를 처리해주는 컴퓨터 처리 능력이 좋아야 하며, 이를 수동으로 분석하는 승조원들의 숙련도가 높아야 한다. 이러한 것들이 모두 충족될 때 표적 운동 분석을 보다 빠르고 정확하게 할 수 있고 전투력 높은 잠수함이 되는 것이다.

## 엑스형타와 십자형타

일반적으로 배라고 하면 필수적으로 있어야 하는 것이 타기이다. 배가 아무리 커도, 또는 아무리 작아도 타기가 있어야 배를 원하는 방향으로 조종해서 갈 수 있다. 잠수함은 좌우 이동뿐 아니라 상하 이동도 해야 하기 때문에 수상함이 가지고 있는 타기와 동일한 기능을 하는 수직타방향타

• 최초의 엑스형타 잠수함 USS 알바코어 〈출처: Wikimedia Commons〉(위)
• 잠수함의 십자형타(아래 왼쪽)와 엑스형타(아래 오른쪽)

외에도 수평타를 함수와 함미에 장착하는 것이 기본이다. 이전의 모든 잠수함은 타기를 십자형으로 배치한 십자형타를 가지고 있었는데, 최근에는 엑스형타를 사용하는 잠수함들이 나오기 시작했고 점차 늘어나는 추세이다.

엑스형타는 1960년대 초 미 해군 시험 잠수함 알바코어USS Albacore에 처음 사용되었다. 1953년 취역하여 1972년 퇴역한 알바코어는 미 해군의 눈물방울형 잠수함의 모체가 된 잠수함이다. 알바코어는 초기에는 십자형타를 가지고 있었지만 1960년 엑스형타로 개조했다. 여기서 엑스형타는 기존 십자형타보다 천해淺海에서 훨씬 양호한 기동성을 보여주었다. 하지만 제어를 위한 컴퓨터를 사용해야 한다는 사실 때문에 후속 미국 잠수함에는 사용되지 않았다.

최초로 작전 잠수함에 적용된 엑스형타는 1967년 진수된 스웨덴의 스요르먼Sjoeormen급 잠수함이다. 이후 넥켄Näcken급, 베스터고틀란드Västergötland급, 고틀란드Gotland급, 블레킹에Blekinge급 등 스웨덴의 모든 잠수함에 사용하였고, 지금 개발되고 있는 잠수함에도 모두 엑스형타를 사용하고 있다.

네덜란드는 1979년부터 건조된 발루스Warlus급에 엑스형타를 사용했고, 유고슬라비아는 연안 작전에 적합한 우나Una급 소형 잠수함 여섯 척에 엑스형타를 적용했다. 스웨덴 잠수함 기술로부터 영향을 받은 호주의 콜린스Collins급과 일본의 소류そうりゅう급 잠수함에도 엑스형타가 적용되었고, 독일과 이탈리아의 212급에도 적용되었다.

연근해용 중형 잠수함에 적합한 것으로 알려졌던 엑스형타는 점차 대형 잠수함에도 적용되어 미 해군의 차세대 SSBN 콜롬비아Colombia급과, 영국 해군의 차세대 SSBN 드레드노트급, 그리고 프랑스 해군의 SSN 쉬프랑Suffren급으로 확대되고 있다. 이뿐 아니라 무인 잠수정에도 엑스형타를

• 엑스형타가 적용된 네덜란드의 발루스급 잠수함(위)과 일본 해상자위대의 소류급 잠수함(아래) 〈출처: Wikimedia Commons〉

적용하고 있다.

그렇다면 엑스형타에는 어떤 장점이 있을까? 엑스형타의 가장 큰 장점은 타효, 즉 타의 효과가 좋다는 것이다. 함미를 오른쪽으로 보내고자 할 때 십자형타는 수직타만 왼쪽으로 꺾고 수평타는 기능하지 못하는 반면, 엑스형타 타는 모든 타를 사용할 수 있다. 마찬가지로 함미를 위로 보내고자 할 때 십자형타는 수평타만 아래로 꺾고 수직타는 기능하지 못하는 반면, 엑스형타는 이때도 모든 타를 사용할 수 있다. 이와 같이 십자형타는 수평운동과 수직운동 타가 분리되어 있는 반면, 엑스형타는 수평운동이든 수직 운동이든 모든 타를 다 사용할 수 있다.

십자형타, 엑스형타, 와이형타로 선회 시험을 해본 결과가 있다. 와이형타는 십자형타와 엑스형타의 혼합형이다. 잠수함 함미 타 기동 분석 자료에 의하면, 동일한 조건에서 타각 10도로 선회한 결과 가장 크게 원을 그린 것은 십자형타이고, 가장 작게 원을 그린 것은 엑스형타였다. 엑스형타가 십자형타에 비해 작은 원을 그린다는 것은 배 앞에 갑자기 위험물이 나타나거나 전시에 적의 어뢰가 날아올 경우 보다 빨리 안전하게 피할 수 있어 함의 생존율을 높일 수 있다는 의미다. 이 시험 결과에 따르면 십자형타를 35도 선회하는 것과 엑스형타를 20도 선회할 때의 타효가 같다.

엑스형타의 두 번째 장점은 공간 활용성이 좋아 타기를 크게 만들 수 있다는 것이다. 타기를 크게 만들면 타효가 더 좋다는 것은 상식이다. 동일한 공간이라면 엑스형타는 십자형타에 비해 41퍼센트나 더 크게 설치할 수 있다. 그렇다면 십자형타를 더 크게 만들면 되지 않을까 하고 생각하는 사람도 있을 것이다. 물론 십자형타를 더 키우면 타효가 더 좋아진다. 그런데 십자형타를 크게 만들면 몇 가지 제한사항이 발생한다. 먼저 아랫부분이 커지면 해저에 착저할 수가 없다. 연근해용 잠수함은 해저에

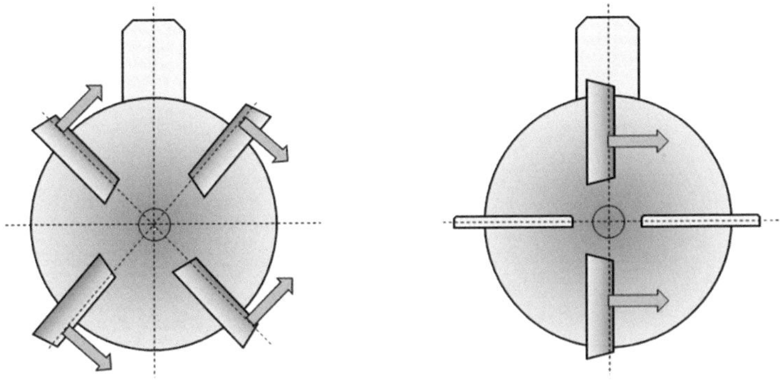

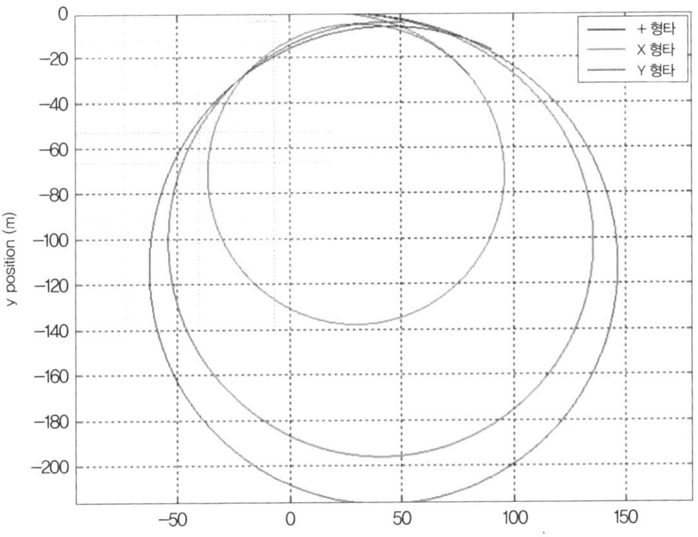


- 엑스형타는 모든 타를 사용해 방향 전환을 할 수 있다.(위)
- 엑스형타의 선회 반경이 가장 좁다. 〈출처: 필자 제공〉(아래)

• 엑스형타(위), 십자형타(아래) 부두 접안 모습 〈출처: Wikimedia Commons〉

낮게 붙어서 작전을 수행해야 하는데 타기가 밑으로 돌출되어 있으면 그렇게 할 수 없게 된다. 또한 얕은 수심이나 부두에 입항할 때도 지장을 받게 된다.

그리고 수평타가 길 때도 단점이 있다. 예를 들어 잠수함이 부두에 계류할 때 엑스형타는 완충을 위한 방현재fender만 있고 바지barge는 없어도 되는 반면, 십자형타는 바지가 필요하다. 바지가 없으면 돌출된 수평타가 부두에 부딪칠 수 있기 때문이다.

엑스형타의 또 다른 장점은 타기가 고장 났을 때도 안전하다는 것이다. 그 이유는 십자형타는 수평타가 한 개의 구동부로 되어 있어 고장 났을 때 대체할 수 있는 타기가 없는 반면, 엑스형타는 네 개의 구동부로 되어 있고, 타기 한 개 한 개가 모두 상하좌우 운동을 할 수 있으므로 한 개가 고장나더라도 다른 세 개를 이용해 제어할 수 있기 때문이다.

제어 얘기가 나온 김에 참고로 설명하자면, 항간에 십자형타는 조작인원이 두세 명 필요하고, 엑스형타는 한 명만 있어도 된다는 말이 있는데, 이는 타기 형태의 장점이라기보다 타기 제어 시스템의 차이로 보아야 한다. 엑스형타도 두 사람이 조종해야 하는 잠수함이 있고 십자형타도 한 사람이 조종해야 하는 잠수함이 있다. 최근에는 잠수함 승조원 수를 줄이기 위해 엑스형타, 십자형타 관계없이 타수를 한 명으로 줄이는 추세다.

물론 엑스형타에도 단점이 있다. 십자형타는 침로를 담당하는 수직타와 심도를 담당하는 수평타에 연결된 로드rod를 밀고 당기면 되기에 조작이 간편하다. 그에 비해 엑스형타는 각 타기에 연결된 네 개의 로드를 각각 제어해야 하므로 복잡한 알고리즘이 내장된 소프트웨어가 있는 컴퓨터로 통제해야 한다. 그런데 이 컴퓨터가 고장 날 경우 수동으로 작동하기 어렵다는 단점이 있다. 또한 제어 시스템이 복잡하기 때문에 이를 구비하기 위한 기술력이 필요하고, 상대적으로 비용이 많이 든다는 것도 문제다.

타기뿐 아니라 잠수함 구성 요소 중 어떤 것도 절대적으로 좋다고 단정할 수 있는 것은 없다. 자국의 잠수함 운용 개념과 잠수함 설계 · 건조를 위한 기술 인프라, 산업에 미치는 영향, 후속 군수 지원, 예산 등 여러 가지를 고려해서 선택해야 하는 부분이다.

## 잠수함 리튬 배터리는 다르다

배터리 시장에서 상용 리튬 이온 배터리가 각광받기 시작하면서 잠수함 시장에서도 리튬 이온 배터리가 탑재된 잠수함이 주목받고 있다. 이미 일본은 리튬 이온 배터리가 탑재된 잠수함을 전력화시켰고, 우리나라를 비롯한 각국에서 잠수함에 리튬 이온 배터리를 탑재할 계획을 세우고 있다.

잠수함에서 기존에 쓰고 있는 납 배터리에 비해 리튬 배터리는 무게는 75퍼센트 적게 나가고, 부피는 45퍼센트 작으며, 수명은 세 배나 길다. 납 배터리는 친숙하고 가격이 싼 반면 리튬 배터리는 성능과 공간 활용도, 수명 주기와 가격 측면에서 많은 장점이 있다. 하지만 이는 일반적인 차이라는 것이지 단순하게 수치로 비교하는 것은 무리가 있다. 왜냐하면 리튬 배터리에도 너무나 많은 종류가 있기 때문이다.

리튬 배터리는 양극재, 음극재, 전해질, 분리막 그리고 케이스로 구성되어 있다. 이 중 전해질이 액체냐 고체냐에 따라 리튬 이온액체, 리튬 이온

폴리머[겔], 리튬 폴리머[전고체*]로 나뉜다. 현재 액체 전해질은 상용화된 상태이나 전고체 배터리는 개발 단계로, 현재 많은 투자가 이뤄지고 있다. 미래 자동차 시장을 석권하기 위해 전고체 배터리가 하나의 대안으로 제시되고 있기 때문이다.

전해질이 액체면 케이스의 움직임에 따라 하중 방향이 바뀌게 되므로 동일한 밀도를 유지하지 못하게 된다. 따라서 이를 고체로 바꾸면 움직임이 있더라도 동일한 밀도를 유지해 출력을 일정하게 유지할 수 있다. 또 외부 케이스가 깨질 경우 액체면 전해질이 새어 나와 화재나 폭발의 위험이 있을 수 있지만 고체면 흘러나오지 않는다. 즉 전고체 배터리는 안전성이 높고 동일한 공간에서 많은 에너지를 낼 수 있다. 하지만 공정 난도가 높고, 가격도 비싸며 효율은 떨어지고 수명도 줄어드는 단점이 있어서 이러한 단점을 극복하기 위해 많은 연구가 진행되고 있다.

또 양극재나 음극재의 특성에 따라 여러 가지로 분류된다. 우리가 리튬 배터리라고 하는 이유는 바로 이 양극재와 음극재의 성분이 리튬이기 때문이다. 그런데 이 극재라는 것은 순수한 리튬이 아니고 다른 화학성분과 결합되어 있다. 어떤 화학성분과 결합되느냐에 따라 리튬 배터리는 NMC[니켈, 망간, 코발트 산화물], NCA[니켈, 코발트, 알루미늄 산화물], LMO[리튬, 망간 산화물], LFP[리튬, 철, 인산염], LCO[리튬, 코발트 산화물], LTO[리튬, 티탄 산화물] 등으로 구분된다. 이것들은 각기 다른 특성을 가지고 있는데, 그 특성을 분류하는 기준은 다음과 같다.

- 비에너지[specific energy]: 높을수록 에너지 효율이 좋아 적은 공간에서 많

* 양극과 음극 사이를 고체 전해질로 채워 만든 이자 전지

리튬 배터리의 구성

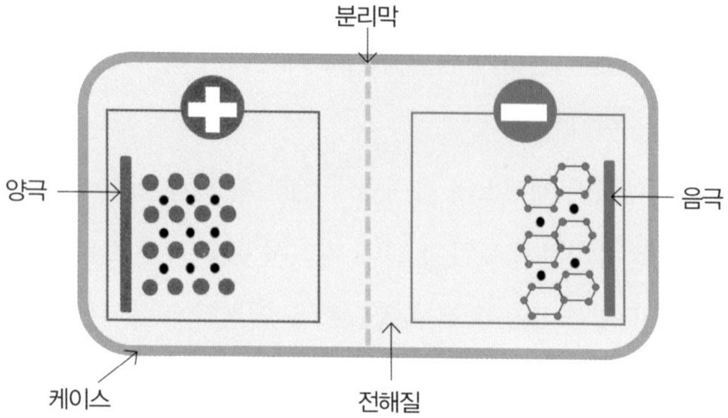


은 에너지를 낸다.

- 비출력specific power: 높을수록 순간 출력이 높다.
- 안전성safety: 높을수록 안전도가 높다.
- 성능performance: 높을수록 지속가능한 성능이 좋다.
- 수명life span: 높을수록 수명이 길다.
- 비용cost: 높을수록 가격이 싸다.

그러나 어느 배터리도 완벽하게 위의 여섯 가지 요소를 충족하는 것은 없다. NCA는 비에너지와 비출력도 효율이 좋고 수명도 길지만, 비용이 높고 안전성이 떨어진다. LTO는 수명이 길고 성능이 좋고 안전성도 높은 반면 비용이 많이 들고 비에너지 효율이 떨어진다. LCO는 휴대폰 배터리로 많이 사용되는 리튬 배터리이다. 비에너지 효율이 아주 높다. 휴대폰처럼 작은 배터리를 사용해도 높은 에너지를 낼 수 있어 오랫동안 사용할 수 있다는 말이다. 비용도 적당하다. 하지만 수명이 짧고 안전성이 떨어진다. 휴대폰 배터리 화재사고가 종종 일어나는 것도 그 때문이다.

사람들은 휴대폰 리튬 배터리를 생각하고 잠수함에 리튬 배터리를 실으면 위험하다고 생각한다. 안전을 최우선해서 LTO 같은 배터리를 잠수함에 넣으면 안전하긴 하겠지만, 그럴 경우 많은 양의 배터리를 탑재해야 하고 비용이 엄청 올라가게 된다. 그래서 리튬 배터리라고 다 같은 것이 아니며, 각각의 잠수함이 요구하는 성능에 따라 맞춤형으로 만들어야 한다. 배터리실 공간이 좁으면 고효율 배터리를 탑재해야 하고, 예산이 충분하다면 안전성 높고 비싼 배터리를 싣고, 장시간 사용하려면 수명이 긴 배터리를 실어야 한다. 즉 사용 목적, 사용 환경, 설치 공간 등에 따라 선택해야 한다.

여섯 가지 대표적인 리튬 배터리 중 NMC와 LFP가 가장 많이 사용되고 있다. LFP는 중국에서 주로 생산하며 중국을 제외한 대부분의 나라에서는 NMC를 사용한다. 우리나라에서도 NMC를 주로 생산한다. NMC는 여섯 가지 기준을 고루 만족시켜 보통 이상의 성능을 가지고 있으나, LFP는 안전성과 수명 측면에서 매우 강세인 반면 비에너지가 낮다는 특징이 있다.

그런데 NMC라고 해서 다 같은 것은 아니다. NMC에도 여러 가지가 있다. NMC 배터리 자체는 화학성분이 동일하지만 어떻게 조합하는가에 따라 출력을 많이 내게 할 것인가, 에너지를 많이 내게 할 것인가를 정할 수 있다. 즉 동일한 공간에 촘촘하게 많은 셀을 넣으면 저항이 줄어들어 출력이 올라가고 수명도 길어지지만 에너지 밀도는 떨어지고 비용은 올라간다. 이를 HP[High Power] NMC라고 한다. 반면 동일한 공간에 큼직한 셀을 넣으면 셀 개수는 줄어들지만 높은 에너지를 낼 수 있다. 이를 HE[High Energy] NMC라고 한다. HE는 공간이 한정되어 있지만 많은 에너지를 내야 하는 경우, 즉 선박이나 잠수함 등에 적합하고, HP는 ESS 같은 육상 전력 저장장치 또는 큰 트럭 같은 특수차량에 적합하다. 그리고 출력이나 에너지의 정도에 따라 HP와 HE도 얼마든지 만들어낼 수 있으므로 무한대의 NMC가 있다고 할 수 있다.

이상과 같이 리튬 배터리의 특성을 이해하면 잠수함에 휴대폰이나 전기차의 리튬 배터리를 그대로 넣어서는 안 되고 잠수함의 용도에 맞게 맞춤형으로 만들어야 한다는 것을 알 수 있다. 현재까지 알려진 중·대형 잠수함에 탑재된 리튬 배터리는 일본 잠수함이 유일하다. 중국도 리튬 배터리를 잠수함에 탑재한다고 하지만 아직 정확한 정보는 없다.

앞으로 디젤잠수함의 납 배터리는 모두 리튬 배터리로 대체될 것이라는 게 관계자들의 일반적인 판단이다. 그런데 이렇게 좋다는 것을 알면서도 디젤잠수함에 당장 리튬 배터리를 탑재하지 못하는 이유는 무엇일까? 구체적으로 어떤 리튬 배터리를 탑재할지도 결정해야 하고, 안전성에 대해 보장할 만큼 아직 외국의 사례가 많지 않으며, 체계 통합과 같은 기술적인 문제도 해결해야 하고, 초기 연구개발과 시험 비용이 포함된 고가의 투자 비용을 해결해야 하기 때문이다.

리튬 이온 배터리를 잠수함에 탑재하려고 하는 나라들은 위험을 감수하고 당장 리튬 배터리를 탑재해 세계 디젤잠수함 시장에서 기술적으로 우위에 설 것인지, 아니면 다른 나라들의 실적을 지켜보면서 안전성을 확보한 뒤 천천히 탑재할 것인지를 고민하고 있다. 또, 리튬 이온 배터리 기술이 급속히 발전하고 있으므로 더 기다렸다가 리튬 이온 배터리가 아니라 전고체 리튬 배터리 같은 고성능 배터리가 상용화되는 시점에 잠수함 체계에 맞춰 탑재할 것인지도 고려한다. 하지만 전고체 배터리는 잠수함을 위해 개발되는 것이 아니다. 거대한 자동차 시장을 선점하기 위해 엄청난 투자를 하고 있는 것이고 풀어야 할 문제도 많다. 전고체 배터리가 상용화되었다 할지라도 이를 잠수함용 시스템으로 구축하는 데는 또 많은 투자가 필요하다. 또 일본과 같이 리튬 배터리만 탑재할 것인가, 아니면 AIP와 리튬 배터리 조합형으로 탑재할 것인가도 큰 고민거리 중의 하나이다.

이와 같이 잠수함에 리튬 이온 배터리를 탑재하는 것이 결코 쉬운 일은 아니다. 어떤 잠수함에 어떤 리튬 이온 배터리를 어느 시점에 탑재할 것인가는 잠수함 건조 시장의 흐름을 좌우하는 큰 결심이므로 잠수함 분야만의 문제가 아니고 국가적 판단이 필요한 일이다.

우리나라에는 세계 디젤잠수함 시장을 선도할 수 있는 좋은 인프라가 있다. 리튬 배터리 시장의 선두주자 중 하나인 우리가 최고 성능의 리튬 배터리 탑재 디젤잠수함을 만들어 세계 시장에 내놓을 날을 기다려본다.

## 잠수함 드론

요즘 주위에 드론을 취미로 운용하는 이들이 많다. 또 드론을 개발하는 이들도 많다. 잠수함 탑재용 드론 개발 사업을 하고 싶어 하는 이들을 만나봤는데, 그들은 드론 개발 분야에서는 전문가지만 잠수함에 대해서는 이해가 부족하다는 것을 느꼈다. 잠수함 드론에는 물속에서 운용하는 AUV Automatic Under Vehicle 와 공중에서 운용하는 UAV Unmanned Aerial Vehicle 가 있는데, 이번 주제는 UAV이다.

수상함에서 드론을 운용하는 방식은 육상에서와 유사하다. 갑판 위에서 드론을 론칭하고 안테나를 이용해 컨트롤하고 다시 갑판으로 회수하면 된다. 이에 비해 물속에 있는 잠수함에서는 드론을 론칭하기가 어렵고, 론칭하더라도 하늘을 나는 드론을 통제하기 위해서는 마스트를 수면 위로 노출해야 한다. 마스트를 노출하지 않으려면 임무를 다한 드론을 다시 회수하면 되는데 잠수함에서 바로 회수하기는 기술적으로 매우 어렵다. 그래서 잠수함에서 드론을 운용하는 것은 수상함에 비해 많은 제약이 있다. 그럼에도 불구하고 오늘날 잠수함 개발자들은 드론을 탑재하기 위해 많은 투자를 하고 있다. 왜 그럴까?

잠수함의 장점은 적에게 노출되지 않고 은밀하게 적지 가까이 갈 수 있다는 것이다. 적지 가까이 가서 은밀하게 적의 정보와 첩보를 수집하고 필요하면 타격도 할 수 있다. 그러나 아무리 잠수함일지라도 적 해안 가까이 무한정 다가갈 수는 없다. 해안 근처에는 선박 통행량이 많아 들키기 쉽기 때문이다. 또한 얕은 바다에는 어망, 어초 등 수중 항해를 방해하는 것들이 많다. 또 적이 설치해 놓은 보호 기뢰와 잠수함 방호시설도 있기에 연안에 접근하기가 쉽지 않다. 따라서 드론을 운용할 수 있다면 잠수함은 연안에서 떨어진 안전한 곳에서 드론을 통해 실시간으로 영상 정보나 전자파 정보를 획득할 수도 있고, 적의 전자파를 교란시킬 수도, 주요 공격 목표을 식별하고 상륙 작전이나 특수 요원 침투를 위한 지형 정보를 획득할 수도 있으며, 필요하면 드론에 설치된 폭탄을 투하하거나 폭탄을 탑재한 채 주요 표적을 향해 자폭하게 할 수도 있다. 그리고 이런 정보를 위성을 통해 육상 지휘소로 보낼 수도 있다.

잠수함에서 드론을 운용하면 이렇게 많은 장점이 있지만 잠수함에 적용하기 위해서는 고민해야 할 문제들도 많다. 먼저, 어디에 탑재해서 발사할 것인가를 고민해야 한다. 드론 개발자 입장에서만 본다면 공간이 넓은

• 미국에서 개발하고 있는 잠수함 발사 무인 드론 〈출처: Wikimedia Commons〉

곳이 좋다. 드론도 커야 더 많은 기능을 갖출 수 있고, 공간이 넓으면 설치도 쉽게 할 수 있다. 수직발사관이 있다면 제일 좋을 것이다. 아니면 어뢰발사관을 이용해도 좋을 것이다. 하지만 몇 개 되지 않은 발사관을 드론에 할당하기에는 힘들 수 있다. 그렇다면 드론 전용 마스트를 하나 설치하는 방법도 있다. 또 기만기欺瞞器 발사대 같은 별도의 발사 장치를 설치할 수도 있다. 그러나 별도의 장치를 설치하려면 함의 설계를 변경해야 하고 타 장비와의 간섭을 고려해야 하는 등 일이 복잡해진다. 그렇다면 잠수함에 이미 설치되어 있는 다른 시설을 이용할 방법은 없을까? 가능한 방법은 쓰레기 배출기나 신호탄 발사기를 이용하는 것이다. 대부분 잠수함에는 수중에서 쓰레기를 밖으로 버릴 수 있는 쓰레기 배출기가 있고, 신호탄을 쏘는 신호탄 발사기가 있다. 이들은 별다른 설계 변경 없이 운용할 수 있다는 장점이 있지만, 쓰레기 배출기는 하중을 이용해 아래로 떨어뜨리는 용도라서 방향이 아래를 향하게 되어 있고, 신호탄 발사기는 직경 10센티미터, 길이 약 1미터의 원통형 공간밖에 안 된다는 단점이 있다.

두 번째는 방수형으로 만들어 본체가 직접 수중에서 물과 수압을 받도록 만들 것인가, 아니면 캐니스터canister 안에 넣어서 보호하고 공중에서만 운용할 것인가를 결정해야 한다. 방수형으로 하면 부피가 큰 드론을 만들 수 있으나 무거운 드론을 수중에서부터 공중으로 쏘아 올릴 수 있는 고출력의 사출 시스템이 필요하다. 캐니스터 안에 넣으면 구조가 보다 정교해져야 하고, 공중에서 사출되며 날개가 펼쳐지게 하기 위해 매우 섬세하게 제작해야 한다.

세 번째는 회수할 것인가, 말 것인가, 즉 회수용인가 소모용인가를 결정해야 한다. 소모용으로 만든다면 드론을 조종해서 실시간 정보를 획득한 후 폐기해야 한다. 이렇게 하면 회수 문제를 쉽게 해결할 수 있는 반면, 드론 통제용 안테나와 잠망경을 지속 노출해야 하는 문제가 있다. 잠수함의 마스트를 노출하지 않으려면 드론을 사전 입력된 값으로 비행하도록 하고 비행이 끝나면 회수해서 드론 내에 저장된 자료를 분석하면 된다. 드론 자체도 실시간 통제 방식에 비해 많은 데이터 저장이 가능하다는 장점이 있어서 좋아 보이지만, 잠수함 내에서 드론을 회수하는 고난도의 기술이 요구된다.

네 번째, 어떤 신호를 처리할 것인가를 결정해야 한다. GPS 신호와 저해상도의 영상 정보를 처리한다면 드론의 크기가 작아도 되지만, 높은 해상도와 적외선 정보처리에 전자파 신호처리, 추가해서 자폭 기능까지 넣는다면 드론의 크기가 커야 한다. 드론이 커지면 고출력의 사출 시스템과 고출력의 비행 능력이 필요하다.

다섯 번째, 드론을 잠수함에서 직접 유도할 것인가, 선입력 프로그램으로 자체 비행토록 할 것인가를 결정해야 한다. 직접 유도하기 위해서는 잠망경과 통신 안테나가 노출되는 문제가 있고, 자체 비행 방식은 회수의 문제가 있다.

2021년 3월 9일 미 해군은 2021년 8월부터 2023년까지 총 120개의 잠수함용 드론 블랙윙Blackwing을 확보할 계획이라고 밝혔다. 이는 미국 버지니아급 공격용 잠수함에 사용될 것으로 보인다. 신호탄 발사기에서 발사 가능한 직경 3인치의 소형 드론으로, 1시간 이상 비행 가능하고, 전자광학 및 적외선 기능, GPS 디지털 데이터 링크 기능을 가지고 있으며, 옵션에 따라 근거리 폭격도 가능하다고 한다. 이는 현재까지 공개된 최초의 전력화된 잠수함용 드론이다. 더 많은 정보가 공개되지 않았지만, 발사는 기존 신호탄 발사기를 이용하며 캐니스터, 소모용, 저용량, 직접 유도 방식으로 보인다.

살펴본 것처럼 잠수함용 드론은 여러 탑재 방식이 있으며 그에 따라 고려해야 할 요소가 많다. 그럼에도 불구하고 잠수함 드론은 앞으로 지속 발전할 것으로 보인다. 기술 발전으로 더 소형화될 가능성이 있기에 드론의 역할도 더욱 증대될 것이다.

드론 개발자들은 본인이 개발한 드론을 잠수함이 활용해 주길 바랄 것이다. 하지만 잠수함을 설계하고 운용하는 사람들은 기존의 잠수함 시스템에 적용 가능한 드론을 선호한다. 이러한 추세는 미국의 블랙윙 드론 도입 계획에서 확인할 수 있다. 결국 잠수함 탑재 드론 개발을 하고 있는 이들은 탑재할 잠수함의 기존 시스템에 부합하는 드론을 개발해야 승산이 있을 것이다.

## 잠수함에도 닻이 있을까?

모든 배에는 닻이 있다. 이러한 닻은 해상에서 선박 위치를 고정하는

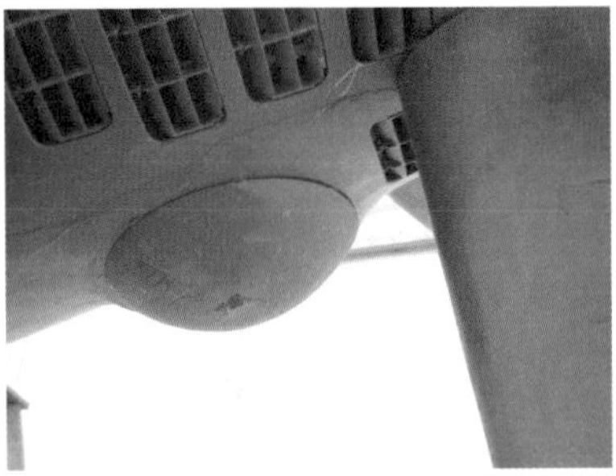

- 유보트 외부에 설치된 닻 〈출처: Wikimedia Commons〉(위)
- 버섯형과 플루크형 닻 〈출처: 필자 제공〉(가운데)
- 잠수함 닻의 위치와 모양(아래)

데 사용된다. 그럼 잠수함에도 닻이 있을까?

제2차 세계대전 당시의 유보트는 밖에서도 닻이 보인다. 그런데 오늘날의 최신형 잠수함에는 닻이 보이지 않는다. 잠수함에도 닻이 필요하다고 생각하는 사람들은 잠수함도 부상하면 수상함과 똑같으므로 닻이 필요하다고 한다. 기관이 고장 난 상태에서 잠수함이 파도나 해류에 의해 해안으로 밀리고 있을 때 안전장치로 사용할 수 있는 가성비 좋은 보험이라고 말한다. 이에 반해 잠수함에 닻이 필요 없다고 생각하는 사람들은 잠수함은 물 위에 있는 것보다 물속에 있는 시간이 많으므로 닻을 쓸 일이 거의 없고, 닻을 설치하면 안 그래도 비좁은 잠수함 공간을 불필요한 장치에 할애해야 하고, 닻이 잘 고정되지 않아 소음이라도 발생하면 작전에 치명적이며, 함 내에서 조작하기 위해서는 복잡한 시스템을 만들어야 하고, 오늘날 잠수함 형태에는 설치하기도 어렵다고 한다.

어떤 말이 맞을까? 답은 간단하다. 잠수함에 닻이 필요한 것은 운용자들의 입장이고, 없어도 되지 않을까 하는 것은 설계자들의 희망 사항이다. 결국 운용자가 요구하면 설계자는 그 요구에 맞추어 개발하게 된다.

미국의 최신예 공격 핵추진잠수함 버지니아급을 포함해서 대부분 잠수함에는 닻이 있다. 잠수함은 수중뿐 아니라 수상에서도 안전장치가 있어야 한다. 자동차도 풋 브레이크가 고장 나면 핸드 브레이크를 사용하듯이 잠수함도 추진 시스템이 고장 나서 급제동해야 할 경우에는 닻을 내려 전진 타력을 잡아야 한다. 그리고 수상함에 비해 자주 사용하지는 않더라도 안전한 수상 상태에서 닻을 내릴 필요가 있다. 소요가 많고 적고를 떠나 잠수함의 닻은 있어도 되고 없어도 되는 장식품이 아니라 꼭 필요한 안전장치다. 그래서 만약 닻이 고장 나면 잠수함이 출항할 수 없는 조건이 된다. 수상함과 같이 잠수함에서도 출·입항을 할 때 만일에 있을지 모를 기관 고장에 대비해 닻을 내릴 비상 요원을 배치한다.

그럼 왜 오늘날의 잠수함에서는 닻을 볼 수 없는 걸까? 과거 잠수함들은 외형이 브이자형의 수상함형이라 밖에서 볼 수 있지만, 최신 잠수함은 둥근 외형이라 밖에서 보이는 곳이 아닌 바닥에 설치하기 때문이다. 대표적으로 버섯형과 플루크형의 닻이 있다.

잠수함 닻이 수상함과 다른 점이 있다면, 수상함은 닻이 두 개 이상인 배도 많은데 잠수함은 통상 한 개라는 것, 수상함은 외부에서 작동할 수 있지만 잠수함은 함 내에서 작동해야 한다는 것이다. 잠수함 닻은 최대한 소음을 방지하고 유체저항을 일으키지 않도록 배 바닥에 설치하는데, 선체와 최대한 밀착시킨다. 또한 닻과 체인은 항상 물에 젖어 있기에 부식 방지와 정비를 위해서는 분해와 조립이 용이해야 한다.

잠수함 닻의 구조는 다음과 같다. 캡스턴capstan, 클러치, 브레이크와 체인 로커 등은 대부분 압력선체 외부, 해수가 통하는 곳에 설치되어 있고, 캡스턴 드라이브는 압력선체 내부에서 작동한다. 작동 동력으로는 압축공기, 유압 또는 전기모터가 사용된다.

결론적으로 일부 연구용 잠수함, 소형 잠수정, 일부 군사용 잠수함을 제외하고는 잠수함에도 닻이 있다.

## 왜 어떤 잠수함 함교탑에는 유리창이 있을까?

우리나라 잠수함에는 없지만 일부 외국 잠수함의 함교탑에는 유리창이 있다. 특히 러시아나 중국 잠수함에 유리창이 있는 경우가 많은데, 그

용도가 관측용인지, 아니면 환기용인지, 또 이런 유리창이 있으면 수압 때문에 깨지지는 않는지 궁금해 하는 사람이 많다.

이 유리창은 함교탑 내부에서 밖을 보기 위한 용도다. 이 유리창이 없다면 함교탑 위에서 비바람과 추위에 노출된 상태에서 경계 근무를 서야 하므로 상대적으로 편안한 실내에서 근무할 수 있도록 만든 외부 관측용 유리창이다. 과거 미국, 이탈리아 잠수함에도 이와 유사한 유리창이 있는 잠수함들이 있었지만 오늘날 서방국가에서는 이런 유리창을 두지 않는다. 하지만 주로 추운 곳에서 작전을 수행하는 공산권 국가에서는 오늘날에도 사용하고 있다. 베트남은 날씨가 춥지는 않지만 보유한 잠수함이 러시아산 킬로Kilo급이다 보니 유리창이 있다. 또 러시아의 영향을 받은 북한의 로미오Romio급, 신포新浦급 잠수함에서도 유리창을 볼 수 있다.

함교탑 안은 잠항을 하면 물이 들어오는 곳이다. 그래서 이곳에는 수상 항해 시에만 인원이 배치된다. 밖으로 보이는 잠수함 선체가 수압의 영향을 받는 것은 아니다. 공을 물속에 넣으면 압력을 받아 부피가 줄어들지만 철판을 물속에 넣는다고 해서 변형이 생기는 것은 아니다. 잠수함에도 공기를 담고 있는 압력선체가 있고, 물이 자유롭게 드나드는 자유 충수 구역이 있다. 함교탑 유리창 설치 공간은 자유 충수 구역인 것이다.

그럼 함교탑 유리창이 있는 내부는 어떻게 생겼을까? 러시아산 킬로급 잠수함을 예를 들면, 앞쪽에 유리창이 보이고, 앉아서 근무할 수 있는 공간이 있다. 직접 잠수함을 조정할 수 있는 자이로스코프gyroscope가 있고, 함내와 통신할 수 있는 함 내 통신기도 있다. 미국 박물관에 전시돼 있는 구 소련의 폭스트롯Foxtrot급 잠수함에도 역시 함교탑에 유리창이 있고, 그 내부에 항해에 필요한 기기들이 있다. 러시아 타이푼Typhoon급 잠수함의 함교탑 내부도 유사하다. 이 잠수함의 경우 전면에 있는 유리창 몇 개는 개

• 유리창이 있는 함교탑과 그 내부 〈출처: Wikimedia Commons〉

폐식으로 되어 있다.

그렇다면 추위와 파도를 막아주는 유리창이 없는 것보다 있는 것이 더 좋을 텐데, 왜 모든 잠수함이 유리창을 만들지 않는 걸까? 함교탑은 작을수록 좋다는 것이 일반적인 관점이고, 함 내에서도 잠망경으로 볼 수 있기에 공간을 중시하는 서방국가들은 일반적으로 유리창을 설치하지 않는 것이다. 러시아에서도 소음과 저항을 최소화하기 위해 함교탑을 작게 만든 잠수함에는 유리창을 설치하지 않는다. 잠수함 설계자들은 함교탑에서의 편의성보다 소음을 더 중시하여 함교탑의 크기를 작게 만드는 추세이기 때문에 앞으로는 이러한 유리창을 보지 못할 가능성이 높다.

## 로미오급 함교탑에는 왜 돌출부가 있을까?

어느 독자분이 이런 질문을 한 적이 있다. "로미오급 잠수함의 함교탑을 보면 스노켈이랑 잠망경 수납부가 혹처럼 불룩 나와 있던데, 그 이유가 유체저항에 의한 강도 부족으로 페어링을 한 것인가요?"

이 질문은 간단한 것 같아도 사실 이와 관련해서는 박사 논문을 몇 편 써도 될 만큼 연구해야 할 것이 많은 주제다. 바로 함교탑의 형상과 관련된 문제이기 때문이다. 이 부분에 대해 살펴보자.

먼저 잠수함에는 함교탑이 꼭 있어야만 할까?

잠수함이 물속을 잠항하려면 아마도 함교탑이 없는 것이 저항도 없고 더 좋을 것이라 생각하기 쉽다. 그런데 오늘날 대부분 잠수함에는 함교탑이 있다. 그 이유는 잠수함이 물속으로만 다닌다면 당연히 함교탑이 없는

• 중국의 63형(로미오급) 잠수함. 함교탑 상단에 돌출부가 나와 있다. 〈출처: Wikimedia Commons〉

것이 좋겠지만, 수중에 있을 때 밖으로 내놓아야 할 잠망경, 스노켈 마스트, 통신 마스트, 레이더 마스트 등이 많기 때문이다. 함교탑이 있으면 마스트를 설치하기 쉽고, 마스트를 올렸을 때 유체저항으로부터 보호도 되고, 깊은 심도에서도 마스트를 올릴 수 있어서 함 기동이 안정되고 적으로부터 탐지될 확률도 줄어든다. 더구나 요즘에는 압력선체 비관통형 마스트들을 많이 사용하는데, 함교탑이 없다면 마스트를 저장할 공간도 문제가 된다.

그렇다면 잠수함 함교탑의 형태는 어떻게 변해 왔을까? 잠수함의 형태도 가지가지지만 함교탑 모양도 여러 가지다. 그만큼 잠수함의 함교탑 형태는 잠수함 설계자들에게 매우 중요한 부분이다.

본론으로 들어가서 로미오급 잠수함에는 왜 특이한 구조물이 있는지 알아보자. 로미오급 잠수함의 돌출된 이 구조물 안에는 스노켈과 잠망경이 있다. 로미오급은 구소련에서 1957년도에 처음 생산한 잠수함인데, 이후 중국에서 기술을 이전 받아 소련보다 오히려 더 많이 만들었고, 북한에서도 조립 · 생산했다. 이와 거의 동일한 형태로 중국의 밍明급 잠수함이 있고, 유사한 형태로는 퀘벡Quebec급 잠수함이 있다. 이러한 구조가 필요한 이유는 한마디로 마스트를 보강하기 위해서다. 만약 이러한 구조물이 없을 경우 수중에서 잠망경을 올리고 항해하면 유체저항을 많이 받게 되고, 속력을 더 높이면 더 큰 저항을 받게 될 것이다.

그런데 잠망경에는 다른 마스트들에는 없는 보호대가 있다. 어째서 잠망경에는 보호대가 필요한 걸까? 다른 마스트들은 상하 운동만 하고 잠망경은 상하 운동뿐 아니라 선회도 하기 때문에 마스트를 고정시키기가 어렵다. 더구나 다른 마스트들은 조금 흔들리더라도 기능에 지장이 없지만, 잠망경은 흔들리면 운용자가 볼 수가 없기 때문에 잠망경으로서의 기능을 할 수가 없다. 이런 문제 때문에 이전부터 잠망경이 흔들리지 않게 하기 위한 노력을 많이 해왔다. 제2차 세계대전 당시 사용했던 가토Gato급 미국 잠수함을 보면 마스트를 보호하기 위해 구조물을 많이 사용하였다. 미국은 종전 후 제2차 세계대전 때 사용했던 잠수함을 구피Guppy급으로 개조했지만 여전히 높은 함교탑을 가지고 있다.

그런데 함교탑이 크고 복잡하면 어떤 문제가 있을까? 짐작하겠지만 수중에서 높은 속력을 낼 수가 없다. 제2차 세계대전 때 잠수함 기술 발전을 선도한 독일의 유보트들은 발전을 거듭해 종전 무렵에는 타입 21과 타입 23을 만들었는데, 이 잠수함들의 수중 속력이 수상 속력을 능가하면서 이전의 '잠수 가능한 배submersible boat' 상태, 즉 가잠함에서 진짜 잠수 상태에서 작전을 수행할 수 있는 '잠수함submarine'으로 진화시켰다.

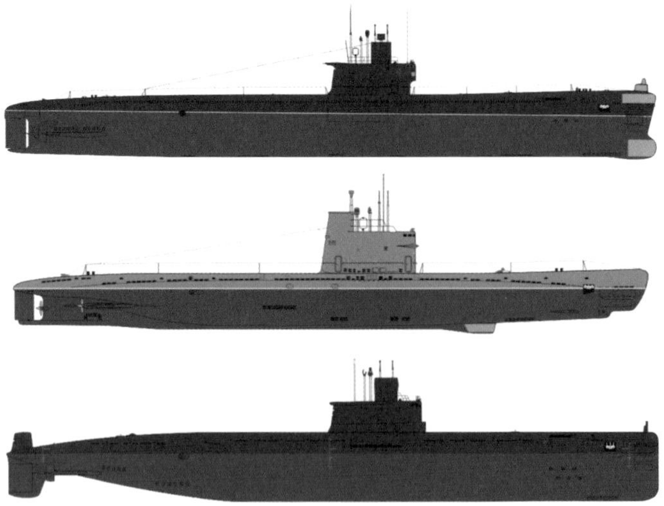

• 독특한 마스트를 가진 로미오급, 퀘벡급, 밍급 잠수함 〈출처: Wikimedia Commons〉

제2차 세계대전 시 미 해군의 주력 잠수함 발라오Balao급과 전쟁 후 이를 개조한 구피급 모두 수상 속력이 수중 속력보다 높았다. 미국은 독일의 타입 21 기술을 적용하여 1951년 탱급을 취역함으로써 가잠함에서 잠수함 시대로 진입하였다. 소련은 제2차 세계대전 후 자체 기술로 잠수함을 개발하던 중 전리품으로 획득한 독일의 타입 21의 기술을 활용하여 위스키급을 개발했다. 이후 개선 발전시킨 로미오급까지 복잡한 함교탑 구조를 유지하다 폭스트롯급부터 단순한 형태의 함교탑 구조로 바꾸었다. 중국은 소련의 기술을 이전 받아 위스키급과 로미오급을 운용하다 1974년 자체적으로 로미오급을 발전시킨 밍급을 건조하였고, 이후 밍급을 여러 차례 개조하였는데, 035G부터는 함교탑을 단순한 형태로 개선하였다. 따라서 밍급은 가잠함에서 잠수함으로 가는 전환기의 잠수함이라 할 수 있다.

이상 각국에서 함교탑의 형태를 발전시켜 가는 과정을 살펴봤는데, 그럼 다시 원점으로 돌아가서 잠수함에서 함교탑은 정말 꼭 있어야만 하는 것일까? 수중 기동성이 좋도록 함교탑 없는 잠수함을 만들 수는 없는 걸까? 실제로 이러한 노력은 일찍부터 있어 왔다. 미국과 소련은 냉전시대에 이미 함교탑 없는 잠수함을 설계한 바 있다. 중국도 2018년 함교탑 없는 잠수함을 진수했다. 프랑스는 미래형 함교탑 없는 잠수함 개념도를 선보였는데 고정형 마스트가 아니고 케이블 예인형 센서들이 마스트를 대신함으로써 함교탑을 제거한 형태가 미래형 잠수함으로 매우 현실성이 있어 보인다. 미국도 차세대 공격 잠수함에 양강식함교탑*을 고려하고

* 함교탑 전체가 마스트처럼 올라갔다 내려갔다 하는 방식

있다. 아마 가까운 미래에는 함교탑이 없는 잠수함들이 활약할 것으로 보인다.

## 이중선체냐,
## 단일선체냐

잠수함의 단일선체single hull와 이중선체double hull에 대해 알아보겠다. 이중선체란 말 그대로 선체가 이중으로 되어 있다는 것인데, 잠수함뿐 아니라 수상 선박 중에도 이중으로 된 선체가 있다.

최초의 이중선체 선박은 1858년 건조된 영국의 증기선 그레이트이스턴Great Eastern으로, 당대 가장 큰 선박이었다. 1862년 해도에 표기되지 않은 암초에 좌초되어 선체 밑바닥이 2.7미터 폭에 25미터 길이로 찢어졌는데, 이는 타이타닉 대비 60배나 큰 구멍이었음에도 불구하고 내부 선체가 손상을 입지 않은 덕에 침몰되지 않았다고 한다. 오늘날에는 유조선이나 화물선의 충돌로 인한 기름 유출 사고가 자주 일어나자 모든 선박에 이중선체를 도입하도록 법제화하고 있다.

잠수함의 이중선체는 수상 선박의 이중선체와 유사하면서도 다르다. 수상 선박은 외부 선체가 없어도 배의 기능을 하지만, 잠수함은 잠항과 부상을 위한 밸러스트 탱크가 있어야 하기에 반드시 외부 선체가 있어야 한다. 이 외부 선체가 내부의 압력선체를 완전히 감싸는 구조를 이중선체라고 부른다.

잠수함 이중선체 구조는 내부 선체와 외부 선체로 구성되어 있다. 이중 압력선체는 내부 선체이고 외부 선체는 내압 구조가 아니다. 물이 드

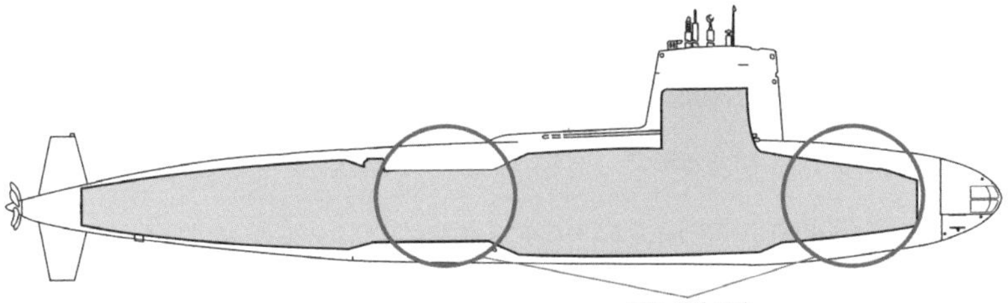


- 잠수함의 단일선체(위 왼쪽)와 이중선체(위 오른쪽) 〈출처: 필자 제공〉(위)
- 부분 이중선체 구조를 가진 잠수함(아래)

나드는 구멍이 나 있고 외부 압력이 내부에 미친다. 그래서 이중선체 잠수함은 밖에서 보았을 때 수면 위로 드러나는 부분이 크고 선체에 구멍이 많이 나 있는 것을 알 수 있다.

제2차 세계대전까지 대부분 잠수함은 수상함형 형태의 가잠함으로 발전되었기에 이중선체일 필요가 없었고, 밸러스트 탱크를 함수와 함미에 위치시켜서 단일선체로 발전해왔다. 제2차 세계대전 종전 전에 독일은 수상 속력보다 수중 속력이 높고 수중 기동성을 우선한 진정한 잠수함을 만들었는데, 이것이 타입 21이다. 그리고 이 타입 21의 선체는 대부분 구역이 이중선체로 되어 있었다. 제2차 세계대전이 끝나고 소련은 독일의 타입 21을 모방해 위스키급을 이중선체 구조로 만들었고, 이후에는 계속 이중선체로 잠수함을 만들어왔다.

제2차 세계대전 이후 미국도 잠수함의 덩치를 점점 키우면서 실험용 잠수함 USS 알바코어에 이중선체를 적용했다. 하지만 이후 대부분 미국 잠수함은 단일선체를 중심으로 잠수함을 건조해 왔다. 아이러니한 것은 미국 및 대부분 서방 잠수함은 단일선체 방식을 유지해왔고, 독일도 단일선체 방식을 중심으로 발전시켜 왔는데, 독일의 타입 21을 모방한 소련은 이중선체를 중심으로 발전해 왔다는 것이다.

오늘날 나라별로 건조하는 대표적인 잠수함 형상을 보면 대부분 나라들이 단일선체를 선호한다는 것을 알 수 있다. SSBN 같은 대형 잠수함을 미국은 단일선체로, 러시아는 이중선체로 만드는데, 러시아가 이중선체를 선호하는 배경은 다음의 몇 가지 때문이라고 알려져 있다.

먼저, 미국은 양질의 선체 조달이 가능해서 단일선체로 대형 잠수함을 만들 수 있었지만, 소련은 상대적으로 얇은 강판으로 선체를 경량화해 큰 잠수함을 만들어야 했기에 이중선체를 선호했다는 것이다. 또 다른 이유로, 대형 잠수함에는 이중선체가 단일선체보다 적합한데, 소련은 싸고 양질의 인력 동원이 가능했기에 이중선체를 만들 수 있었던 반면 미국은 인건비가 비싸서 건조 비용을 절약하기 위해 단일선체를 선호했다고 한다. 그리고 북극 해역에서의 작전이 중요했던 소련은 북극의 두꺼운 얼음을 깨고 나와 미사일을 쏘려고 할 때 선체 손상을 방지하기 위해 이중선체를 선호했다고 한다.

그럼 이제 이중선체 잠수함의 장단점에 대해 알아보겠다.

먼저 장점은, 충격에 강하다는 것이다. 잠수함 선체의 강도는 수압을 버텨야 하고 폭발에도 견딜 정도로 충격에 강해야 하며 기타 선체 진동에 강해야 하는데, 이중선체는 충격 강도에 강하다. 잠수함 손상 시 압력선체

러시아의 타이푼급 잠수함은 여러 개의 압력선체가 있다. 〈출처: Wikimedia Commons〉

를 보호할 수 있으므로 생존에 강하다고 할 수 있다. 압력선체 내부의 소음을 외부 선체가 차단해 주므로 스텔스 기능이 좋으며, 단일선체 대비 필요 시 충분한 부력을 얻을 수 있다. 그리고 압력선체 형태와 관계없이 외형을 매끈하게 만들 수 있으므로 선체의 유체저항을 줄일 수 있다. 잠수함 압력선체에는 강도를 높이기 위해 원형 프레임이 부착되는데 단일선체는 압력선체 내부에 프레임을 부착할 수밖에 없지만, 이중선체는 압력선체 밖에 프레임을 부착할 수 있고, 또 가능한 장비를 내 · 외부 선체 사이로 뺄 수 있으므로 압력선체 내부 공간 활용도가 좋다.

이에 비해 단점은, 선체 외부의 크기에 비해 내부 공간이 협소하고, 선체가 커서 큰 동력이 필요하기에 이로 인해 소음이 크고 적에게 잘 발각된다는 점과 용접, 가공 등 훨씬 더 많은 수작업이 필요하므로 건조 비용이 많이 든다는 점이다.

그런데 위에서 열거한 이중선체의 장점들에도 불구하고 이중선체인 러시아 잠수함은 왜 단일선체인 미국 잠수함에 비해 사고도 많이 나고, 시끄럽고, 승조원 거주시설도 열악하다고 하는 것일까? 앞에서 말한 장단점은 단일선체, 이중선체별로 단순 비교한 결과이지 이것만으로 잠수함의 특성을 모두 결정지을 수는 없다. 잠수함의 성능을 결정하는 요인에는 선체 형상, 선체 재질뿐 아니라 선체에 들어가는 각종 설비, 선체 용접 기술 등 많은 관련 요소들이 있다.

그러면 모든 잠수함을 단일선체, 이중선체로 구분할 수 있을까? 모든 잠수함 선체를 이렇게 단순하게 나누기는 어렵다. 단일선체와 이중선체 중간쯤에 해당되는 말안장형도 있다. 옆구리가 불룩한 유보트 타입 7이 그러한 형태에 해당한다. 그런가 하면 유보트 타입 9를 보면 외부 선체가 말안장보다는 크지만 완전한 이중선체에는 못 미친다. 단일선체는 아니고, 이중선체에 가깝지만 그렇다고 이중선체도 것도 아니다.

러시아 타이푼급을 예로 들어보면, 타이푼은 여러 개의 압력선체가 있어서 한 개의 압력선체가 파손되더라도 나머지는 온전해서 함의 생존성이 높다. 이런 선체는 큰 외부 선체가 여러 개의 내부 압력선체를 둘러싸고 있어서 이중선체라 할 수는 없고 다중선체multiple hull라 한다. 이러한 다중선체는 네덜란드의 돌핀Dolfijn, 포츠비스Potvis급에서도 찾아볼 수 있다.

이밖에 현존하는 잠수함 중에는 특이한 형태의 잠수함도 많다. 러시아에서 2,000미터까지 심해 잠항을 할 수 있도록 만든 특수 목적의 잠수함 로샤릭Losharik은 내부 압력선체가 여러 개의 공을 붙여놓은 듯한 형태로 되어 있는데, 이런 선체는 단일선체나 이중선체에는 해당되지 않는다.

그리고 선체의 한 부분만 이중선체인 잠수함도 있다. 길이가 서로 다른 여러 압력선체를 붙여놓은 잠수함도 있는데, 어뢰발사관이나 추진축, 파이프라인 관통구가 모여 있는 곳에 직경이 작은 압력선체를 사용해 외부 압력을 잘 견딜 수 있도록 하는 경우다. 미국의 스킵잭Skipjack급이 이런 형태다. 또 압력선체 직경이 짧은 미국의 스케이트급, 일본의 소류급도 부분 이중선체 구조다.

미국 잠수함은 주로 단일선체인데, 대표적인 단일선체를 USS 로스앤젤레스 급이라고 한다. 그러면 로스앤젤레스급 잠수함을 완전한 단일선체라고 할 수 있을까? 물론 단일선체를 기반으로 한 잠수함이라는 데는 이견이 없지만, 부분적인 이중선체 잠수함이라는 견해도 있다. 바로 앞뒤 부분이 이중선체라는 것이다. 그렇게 따진다면 우리가 일반적으로 단일선체라고 말하는 디젤잠수함들도 이런 부분은 이중선체라고 보아도 무방하지 않을까? 또 이중선체로 알려진 러시아 잠수함 알파Alpha급도 일부분은 단일선체라고 할 수 있다. 따라서 어떤 잠수함이 이중선체, 또는 단일

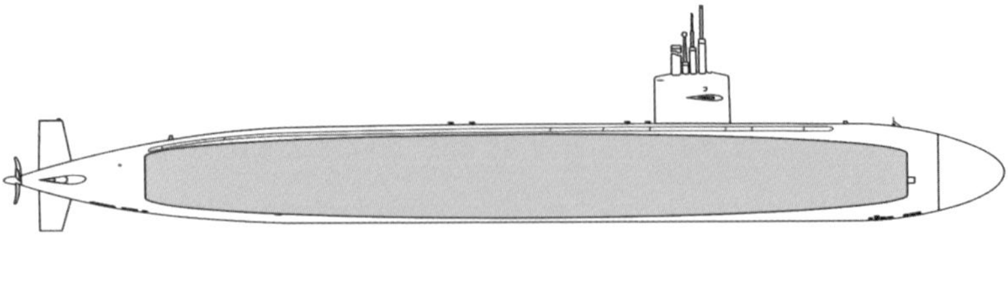

• 소련의 빅터급 공격 잠수함 〈출처: Wikimedia Commons〉(위)
• 미국의 로스앤젤레스급 잠수함도 완전한 단일선체라 볼 수 없다.(아래)

선체를 기반으로 한다고 말할 수는 있지만, 전적인 이중선체 잠수함, 또는 단일선체 잠수함이라고 정의하기는 무리가 있을 수 있다.

흔히 '미국을 중심으로 한 서방국가들은 단일선체고, 러시아의 영향을 받은 공산권 국가들은 이중선체다'라든가, '소형 잠수함은 단일선체고, 대형 잠수함은 이중선체다'라고 말들하지만, 이 말들은 일반적으로는 맞지만 예외의 경우도 많기 때문에 항상 논란이 되고 있다.

결론적으로, 어떤 잠수함 선체가 단일선체 혹은 이중선체를 기반으로 만들어졌다고 말할 수는 있지만, 어떤 잠수함이 100퍼센트 단일선체 혹은 이중선체라고 말할 수는 없다. 잠수함의 외부 선체가 잠수함의 외형을 만든다. 밖에서 보이는 이 외형 속 내부를 상상해 보는 것도 잠수함을 알아가는 재미 중 하나일 것이다.

## 잠수함 비음향센서

물속에 있는 잠수함을 어떻게 탐지할 수 있을까? 잠수함에서 발생하는 소리를 잡는 수동 소나나 음파를 쏘아서 반향음으로 잡아내는 능동 소나에 대해서는 앞에서 얘기했다. 소나는 수동이든 능동이든 소리, 즉 음향신호를 이용하는데, 소나 이외의 탐지 센서들을 비음향센서non-acoustic sensor라고 한다. 수상함, 항공기, 인공위성 등에서 이런 비음향센서 탐지 기술들이 개발되고 있다. 그럼 잠수함에도 비음향센서가 있을까?

1980년대 후반 소련의 빅터Victor급 공격 잠수함 K-147은 6일 동안 미국의 SSBN 시몬 볼리바르USS Simon Bolivar함을 추적했다고 밝혔다. 당시 많은 군사 전문가들이 불가능한 일이라고 했지만, 최근 기밀 해제된 CIA 보고서에서 소련 잠수함이 비음향센서로 미국 잠수함을 추적했다고 결론지었다. 소련 잠수함은 소나를 사용하지 않고 수중에 있는 표적 잠수함을 어떻게 추적할 수 있었을까?

잠수함 비음향센서의 원리는 표적 잠수함이 수중에서 항주하며 남기는 흔적을 찾아가는 것이다. 잠수함이 지나가면서 일으키는 물살은 잠수함 뒤에서 대략 원뿔 모양으로 확장되며, 길이와 시간에 따라 강도가 약해지다 소멸된다. 이 물살은 기존에 있던 물의 성분을 변화시키는데, 잠수함의 비음향센서는 물의 성분 변화를 감지할 수 있다. 그럼 감지할 수 있는 성분 변화에는 어떤 것들이 있을까?

움직이는 모든 잠수함은 뒤에 작은 거품을 남긴다. 세심한 설계와 정밀한 제작으로 잠수함 프로펠러의 캐비테이션을 줄이기 위한 많은 기술적 발전이 있었지만, 회전하는 프로펠러 주변의 물에 생기는 기포를 완전히 제거하지는 못한다. 이때 발생한 기포는 몇 시간 동안 수중에 머무른다. 또한 프로펠러 회전으로 발생하는 소용돌이로 인해 물이 섞이면서 염도, 밀도, 압력에 변화가 생긴다. 그리고 잠수함이 지나가면 수중에 있는 해양 미생물을 자극해 빛이 발생하게 된다. 또 핵추진잠수함은 원자로에서 발생하는 매우 약하지만 독특한 방사능을 방출한다. 가장 큰 변화는 아마 해수 온도의 변화일 것이다. 디젤잠수함은 스노켈 후에 디젤엔진에서 가열된 해수를 배출한다. 그리고 핵추진잠수함은 원자로 냉각에 사용하는 온수를 지속적으로 방출한다. 미국 발표에 의하면 대형 핵추진잠수함은 분당 1만 리터 이상의 냉각수를 필요로 한다. 원자로에서 열을 식히기 위해 사용하는 이 물은 주변 해수보다 10도는 더 높을 수 있다고 한다. 이렇게 발생한 온기는 잠수함이 통과 한 후 몇 시간 동안 남아 있다. 마지막으로, 물을 통과하는 선박은 그 뒤에 뚜렷한 화학적 흔적을 남긴다. 여기에는 선박의 부식을 줄이기 위해 장착된 성분이나 작은 페인트 입자, 녹 및 아연이 포함될 수 있다. 또 물을 전기분해해서 산소를 생산하는 잠수함에서는 화학반응 후에 수소도 생성한다.

그런데 과연 이러한 비음향센서가 효용성이 있을까? 이러한 비음향센서도 소나 센서가 환경의 영향을 받는 것처럼, 해양환경이나 다른 선박에 의해 간섭을 받을 수 있기에 실효성에 의문이 제기돼 왔다. 하지만 오늘날 컴퓨터 신호처리와 AI 기술의 발전으로 감지기의 성능이 급속도로 발전하면서 비음향센서의 효용성이 점차 더 부각되고 있는 추세다.

비음향센서들은 왜 필요할까? 가장 큰 이유는 잠수함들이 갈수록 조용해지고 있기 때문이다. 핵추진잠수함도 소음 감소 시스템을 도입해 매우 조용해지는 추세이며, 디젤잠수함도 AIP를 탑재해 더욱 더 조용해졌다. 서방에서는 러시아의 최신형 킬로급과 라다Lada급이 매우 조용해서 수동 소나로 감지하는 데 한계가 있다고 발표하기도 했다. 또 수동 소나는 수중해양환경의 영향을 많이 받는다는 것도 비음향센서들을 개발하는 이유라 할 수 있다.

러시아는 잠수함 비음향센서 개발과 운용에 가장 적극적인 나라다. 1969년 소련 노벰버November급 잠수함 K-14에 SOKSSystem Obnarujenia Kilvaternovo Sleda로 알려진 항적 추적 장치를 설치했는데, 이것이 최초의 비음향센서로 알려져 있다. 미국은 1969년 소련 잠수함의 SOKS 존재를 알게 되었지만, 그 실용성은 극히 제한적일 것이라고 판단했다. 하지만 지금은 러시아 잠수함이 SOKS를 이용해 미국 SSBN을 추적할 수 있는 능력이 있다는 것을 인정하고 있다. 소련은 비음향 탐지 기술을 계속 발전시켜 방사능 원소의 흔적을 감지하는 기술도 축적했다고 한다. 이후 러시아는

SOKS에 대한 개발을 지속적으로 추진하여 최신형 공격용 핵추진잠수함 아쿨라Akula급과 야센Yassen급에 최신 버전을 장착한 것으로 알려져 있다.

서방국가에서는 영국이 약 30년 전부터 공격용 핵추진잠수함에 비음향센서를 설치하여 시험해온 것으로 알려졌다. HMS 트라팔가르HMS Trafalgar함이 2006년 8월 포츠머스에 입항하는 사진을 보면 함교탑 앞쪽에 여러 형태의 비음향센서가 있고, 함교탑 우현에도 두 쌍이 있었다. 이 센서는 2009년까지 장착된 상태로 유지되었다. 비슷한 시기에 HMS 토베이HMS Torbay는 함교탑 왼쪽에 비음향센서를 장착했는데, 2010년경까지 운용 후 제거했다. 이후에도 트라팔가르급 공격용 핵추진잠수함에서 비음향센서들이 많이 발견되었다. 영국의 아스튜트Astute급 신형 공격용 핵추진잠수함은 처음 설계될 때부터 비음향센서가 설치된 것으로 알려져 있다. 외관상 보이지 않지만 접이식으로 되어 있거나 흘수선 아래에 설치된 것으로 추측된다.

아직까지 잠수함의 비음향센서 관련 정보는 정확히 공개되지 않아, 외부에 노출된 센서들 사진들을 보며 추측하는 정도이다. 비음향센서 관련 주제는 아직 보편화되지는 않았지만 중요한 연구 주제인 것은 확실해 보

1960년대 후반 노벰버급(K-14)에 설치된 항적 추적 장치

• 최초의 잠수함 비음향센서

인다. 물속의 극히 적은 양의 성분 변화를 감지할 수 있는 과학기술이 급속도로 발전하고 있는 추세로 볼 때, 조만간 비음향센서는 기존의 소나와 연계하여 잠수함 탐지를 위해 유용한 수단이 될 것이다.

## 잠수함 추진기

잠수함을 구성하는 요소는 많지만, 이 중 없으면 불편한 것이 있고, 없으면 안 되는 것이 있다. 자동차에 바퀴가 없으면 자동차 기능을 못 하듯이 없으면 잠수함으로써 기능을 못 하는 것이 바로 추진기이다. 많은 독자들이 선박을 접하기가 어렵고, 잠수함은 더더욱 접하기 어렵기 때문에 잠수함 추진기 관련 질문이 많은 것 같다. 지금까지 필자가 받았던 잠수함 추진기 관련 질문들을 종합해 열 가지로 정리해 보았다.

### 프로펠러, 스크류, 추진기의 용어상 차이

프로펠러propeller와 스크류screw 그리고 추진기propulsor는 어떤 차이가 있을까? 일반적으로 같은 말로 쓰지만 굳이 구분하자면, 프로펠러는 날개의 회전을 통해 추력을 얻는 장치를 말하며, 선박이나 항공기에서 사용한다. 선박에서는 프로펠러와 스크류를 같은 말로 사용한다. 하지만 항공기에서는 프로펠러라는 말만 사용하고 스크류는 사용하지 않는다. 추진기는 프로펠러를 포함해 반동 추진 엔진thruster, 물 분사waterjet 등 선체에 추력을 부여하는 장치를 통칭하는 말이다.

개방형, 덕트형 펌프제트 프로펠러 〈출처: Wikimedia Commons〉

### 잠수함 추진기의 종류

잠수함 추진기에는 일반적으로 알려진 개방형 프로펠러 말고도 여러 가지가 있다.

**개방형 프로펠러** | 수상 선박뿐 아니라 잠수함에서도 가장 많이 사용하는 추진기다. 잠수함 중 일반적으로 작은 잠수함들에서는 거의 다 사용한다고 보면 되고, 큰 잠수함들도 일부 사용한다. 개방형 프로펠러에도 여러 형태가 있는데, 잠수함 후부 선체의 유체 흐름에 적합하게 만들어진다. 수상함이나 잠수함 모두 소음과 캐비테이션을 최대한 줄일 수 있도록 만든다.

**덕트형 추진기** | 프로펠러 외부에 덕트를 씌운 형태를 말한다. 덕트의 앞쪽은 직경이 길고 뒤쪽은 직경이 짧다. 덕트를 씌우면 추진기 쪽으로 유체 속력을 증가시켜 추진 효율을 높인다. 덕트와 프로펠러 끝단 간극은 최소화해야 한다. 덕트는 수직타와 연결되어 수직타가 선회할 때 같이 선회함으로써 선회를 도와주기도 한다. 덕트 프로펠러의 가장 큰 이점은 저

속에서 추력을 증대시킨다는 것이다. 잠수함에 이를 사용하면 어망에 걸리지도 않고 프로펠러도 보호되는 장점이 있다. 하지만 덕트를 사용하면 프로펠러의 직경은 짧아지게 된다. 일반적으로 덕트 사용의 장점보다 프로펠러 직경을 늘릴 때의 장점이 더 크므로 오늘날 잠수함에서는 덕트형 추진기를 잘 사용하지 않는다.

**펌프제트** | 수상함에서는 사용하지 않고 잠수함과 어뢰에서 사용하는 추진기다. 일반적으로 날개의 두 단으로 구성되는데, 한 개는 고정자이고, 한 개는 회전자이다. 양쪽 다 둥근 덕트로 감싼다. 펌프제트의 장점은 조용하고, 고속에서 캐비테이션을 획기적으로 줄인다는 것이다. 고정자가 펌프제트 안에서 유체 흐름을 적절히 흘려주기 때문에 유체 손실이 없어 프로펠러보다 5~20퍼센트 추진 효율이 좋다고 한다.

개선된 로스앤젤레스급 잠수함 이후 미국 잠수함은 펌프제트 형태이며, 버지니아급에 장착되어 있고, 앞으로 콜롬비아급에도 설치할 예정이다. 단점은 개방형 프로펠러보다 훨씬 무겁고 복잡하다는 것이다. 따라서 소형 디젤잠수함에서는 거의 사용하지 않는다. 디젤잠수함 중에는 최근에 러시아의 킬로급 알로사Alrosa함에 설치되었다. 디젤잠수함도 점차 대형화되는 추세이므로 앞으로 디젤잠수함에도 점차 많이 설치될 것으로 보인다.

### 잠수함 프로펠러와 수상함 프로펠러의 차이

잠수함도 선박의 한 종류이므로 기본적으로 프로펠러의 기능은 수상함과 동일하다. 추진 효율이 좋아야 하고, 추진기에서 발생하는 소음이 적어야 한다. 하지만 외형과 임무의 차이로 인해 몇 가지 차이가 있다.

추진력과 저소음 중에서 우선순위를 둔다면 잠수함은 저소음 쪽에, 수상함은 추진력에 더 큰 비중을 둔다. 잠수함 프로펠러는 일반적으로 수상함 프로펠러보다 크다. 잠수함 외형으로 인해 수상함보다 직경의 제한이 없기 때문이다. 프로펠러가 크면 추진 효율을 높일 수 있다. 따라서 잠수함은 큰 추진기를 한 개 설치하는 경우가 많고, 수상함은 상대적으로 작지만 두 개 혹은 세 개를 설치하는 경우가 많다.

수상 선박에서도 덕트형 프로펠러를 사용한다. 하지만 수상 선박은 효율성을 고려해서 펌프제트 추진기를 사용하지 않는다. 대신 주로 고속 수상 선박에 워터젯 추진기를 사용한다. 워터젯은 펌프를 통해 선체 하부에서 물을 끌어와 노즐을 통해 배출함으로써 그 반동을 이용해 추진력을 얻는 추진기이다. 잠수함에는 효용성이 입증되지 않아 아직 사용하지 않고 있다.

### 잠수함 프로펠러를 가리는 이유

잠수함을 육상에 올려놓을 때 추진기에 커버를 씌어놓는 경우가 있다. 다른 곳은 보여줘도 추진기는 보여주기 싫다는 것인데, 왜 그럴까? 프로펠러의 외형을 보면 대충 소음이 어떻게 날 것인지를 알 수 있기 때문이다. 날개 수는 표적을 식별하는 데 큰 도움이 된다. 그리고 이 추진기가 몇 바퀴 돌면 속력이 몇 노트 나올지에 대한 계산을 할 수 있기 때문이다.

### 프로펠러의 크기

프로펠러 직경은 길수록 더 효율적이다. 하지만 잠수함 선체 구조와 여유 공간 등에 의해 제한을 받는다. 그리고 아무리 직경을 늘려도 프로펠러 끝이 물 밖으로 나오지 않아야 하고, 해저에 착저했을 때나 입항했을 때 프로펠러가 바닥에 닿지 않아야 하기 때문에 무한정 키울 수만은 없다.

### 잠수함 프로펠러의 날개 수

과거에는 날개 세 개짜리 프로펠러를 많이 썼다. 일반적으로 날개가 많을수록 적은 회전수로 높은 속도를 낼 수 있고 조용하기에 이후 날개 수를 늘려 왔다. 그렇다고 날개를 무한정 많이 만들 수는 없다. 많다고 해서 효율이 훨씬 좋은 것이 아니고, 제조비용이 많이 들기 때문이다.

보통 잠수함 함미는 수직타와 수평타가 십자형으로 되어 있는데, 날개가 네 개일 경우 규칙적인 공진이 발생해 소음을 유발하기 때문에 다섯 개 또는 일곱 개짜리 날개를 만들어 왔다. 그런데 요즘 프로펠러는 날개 끝을 휘게 만든 카펠Kappel형이라 새로운 이론들도 많이 나오고 있다. 프로펠러는 날개 일곱 개짜리보다 여덟 개나 여섯 개짜리가 소음이나 효율성 면에서 더 좋다는 것이다. 따라서 프로펠러 날개 수는 꼭 홀수여야 되는 것은 아니다.

### 잠수함 프로펠러의 형태

프로펠러 날개는 별도로 만들어 몸체에 용접해서 붙이면 비용도 싸고, 쉽게 제작할 수 있다. 하지만 강도가 약해지기 때문에 제작 공정이 어렵더라도 하나의 큰 쇠를 깎아 일체형으로 만든다. 이런 일체형 프로펠러는 신뢰성이 높고 강도도 높지만, 용접에 비해 비용이 많이 들고, 날개 하나만 다쳐도 전체를 다 바꿔야 하는 단점이 있다. 최근에는 날개를 한 개 한 개 분리 결합할 수 있으면서도 프로펠러 강도를 유지하는 기술도 선보이고 있다. 이렇게 되면 날개 한 개가 손상되었을 때 수리하는 시간과 비용

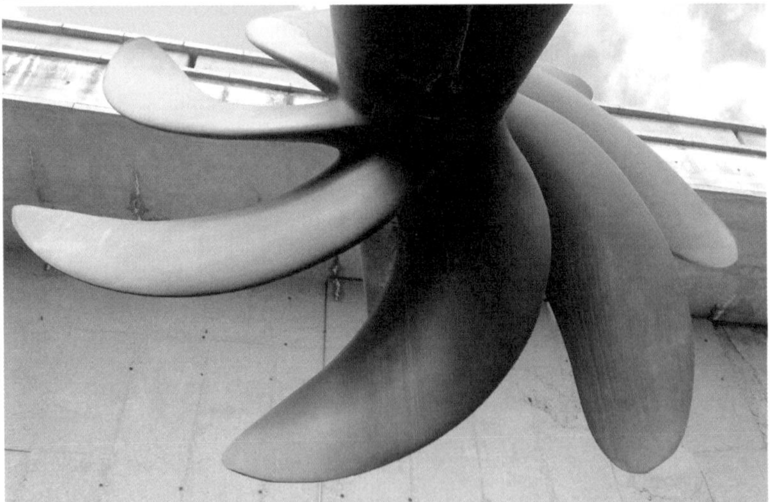

• 프로펠러를 가린 러시아 잠수함 〈출처: Wikimedia Commons〉(위)
• 프로펠러 날개 끝을 휘게 만들어 소음을 줄일 수 있다. 〈출처: Wikimedia Commons〉(아래)

을 줄일 수 있다.

### 잠수함 프로펠러 개수

잠수함은 프로펠러가 어망에 걸리거나 손상되면 꼼짝하지 못하고 좌초되게 된다. 그렇다면 프로펠러를 두 개로 만들면 좋을 것이라 생각할 수도 있다. 실제 추진기가 두 개 이상 달린 잠수함도 있다. 덩치가 큰 잠수함에는 여러 개의 프로펠러를 설치할 수 있다. 또 제2차 세계대전 잠수함 같이 가잠함들은 수상 항해를 많이 해야 했으므로 추진기를 두 개 달기도 했다.

하지만 일반적으로 잠수함 선체 특성상 작은 추진기 두 개가 양쪽에 있는 것보다는 큰 추진기 한 개가 중앙에 있으면 훨씬 추진 효율이 좋기에 단일 추진기를 사용하는 것이 일반적이다. 또 단일 프로펠러는 높은 추진 효율 외에 저 회전수에서 추진 손실을 최소화하고 직경 제한이 없으며 물살로부터의 간섭이 없다는 장점이 있다.

### 프로펠러 날개 끝 처리

잠수함 프로펠러는 추진 효율도 좋으면서 소음이 발생하지 않도록 설계 · 제작하는 기술을 개발해 왔다. 프로펠러의 직경을 무한정 늘릴 수 없기에 주어진 직경 내에서 날개를 휘게 만들어 마치 직경을 늘린 것과 같은 효과를 내도록 하였다. 또 그냥 휘게만 한 것이 아니라, 선체의 유체 흐름을 고려해 가장 적합한 각도로 휘게 함으로써 소음을 줄이고 캐비테이션을 최대한 없앴다.

프로펠러 설치 위치

프로펠러를 수직타 앞에 두는 잠수함도 있고, 뒤에 두는 잠수함도 있다. 타기를 추진기 뒤에 두면 타기 성능이 좋아지지만 추진 효율이 떨어지고, 추진기 웨이크와 타기와의 간섭으로 인해 소음이 발생하기 때문에 최근에는 추진기를 제일 뒤에 두고 있는 추세다.

잠수함의 추진기를 정할 때는 추진 효율과 진동, 소음을 고려해야 하고, 그 잠수함이 어떤 임무와 역할을 수행할 것인지 알아야 한다. 거기에 맞추어 추진기의 종류를 결정해야 하고, 프로펠러의 직경과 날개 수, 비틀림 모양, 끝단 처리는 어떻게 할지 등 수많은 사항을 고려해야 한다. 여기서는 잠수함 추진기에 대해 일반 상식 수준에서 설명했지만, 이 분야는 잠수함이 더 조용하게, 더 빨리 갈 수 있는 방안에 대한 새로운 설계와 이론이 끊임없이 발표되고 있는 매우 깊고 심오한 분야이다.

## 제2차 세계대전 어뢰와 오늘날 어뢰는 무엇이 다른가?

제2차 세계대전 어뢰를 오늘날 잠수함이 사용한다고 해도 일반 상선이나 어뢰 대항 기능이 없는 저속 군함들은 속수무책으로 당할 것이다. 실제 1982년 포클랜드 해전에서 영국 잠수함 HMS 컨커러는 Mk8 어뢰 세 발을 쏘아 아르헨티나 순양함 헤네랄 벨그라노를 격침시킨 바 있다. 이 Mk8 어뢰는 제2차 세계대전 당시부터 사용되어 온 신뢰성이 입증된 직주 어뢰였다.

잠수함 어뢰의 표적이 되는 수상함도 어뢰에 대한 대응책을 지속적으로 개발해 왔다. 오늘날 수상함은 제2차 세계대전 당시에 비해 어떻게 달라졌을까?

수상함은 과거에 비해 획기적으로 조용해졌다. 잠수함은 수중에서 표적을 탐지해야만 어뢰를 쏠 수 있는데, 소나로 표적이 내는 소음을 탐지할 수 없다면 당연히 어뢰를 발사할 수 없다. 설사 잠수함이 탐지했더라도 어뢰의 자체 소나가 표적을 탐지하지 못한다면 표적을 맞출 수 없게 된다.

또 수상함 속력이 빨라졌다. 제2차 세계대전 당시 어뢰는 25노트만 되어도 충분했으나 오늘날 대부분 군함은 30노트 이상으로 빨라졌다. 당연히 군함이 빠르면 속력이 느린 어뢰는 이를 따라갈 수 없다. 수상함은 속력과 더불어 기동성도 좋아지고 군함 형태의 발전으로 순간 증속은 물론 선회도 쉽게 할 수 있게 됐다.

그리고 수상함의 잠수함 탐지 센서가 비약적으로 발전했다. 능동 소나뿐 아니라 수동 소나의 발전으로 조용한 잠수함을 탐지할 수 있는 기술이 발전하였고, 적의 어뢰가 접근하면 탐지할 수 있는 센서들이 장착되었다.

이와 같은 수상함의 비약적인 성능 개선과 함께 적의 잠수함이 쏜 어뢰에 대한 대응책도 발전하였다. 제2차 세계대전 때 연합국은 이미 독일의 호밍homing 어뢰에 대응하여 폭서Foxer라는 조음기를 만들었다. 한마디로 어뢰를 속이고 기만하는 것인데, 이러한 기술들 또한 급속도로 발전하였다.

기만기에는 재머Jammer와 디코이Decoy가 있다. 재머는 폭서와 같이 수상함이 발생하는 추진 소음보다 훨씬 큰 소음을 내 그 큰 소음이 표적 소음을 감싸버림으로써 적의 잠수함이 쏜 어뢰의 수동 소나가 표적을 찾지 못하게 하는 것이다. 디코이는 재머에서 한발 더 나아가 표적과 유사한 소음을 묘사하여 그쪽으로 어뢰를 유도하는 것이다. 어뢰의 수동 소나에 대응하여 꼭 진짜 같은 표적 소음을 내기도 하고 어뢰의 능동 소나에 대응하여 어뢰의 소나 핑이 들어오면 반향음과 도플러doppler까지 만들어낸다.

이러한 재머와 디코이는 유선으로 끌면서 작동시킬 수도 있고 무선으로 발사해놓고 수상함은 철수할 수도 있다. 이렇게 발사된 디코이는 지정된 수심에 머물러 있을 수도 있고, 일정 침로와 속력으로 기동할 수도 있다. 수상함의 소나 운용자가 적의 어뢰를 탐지하고 디코이를 발사한다면 대응 시간이 늦을 수 있기 때문에 소나가 탐지하면 자동으로 발사되도록 하는 시스템이 있다. 또한 수상함이 적의 잠수함이 쏜 어뢰를 쏘아서 직접 폭파시키는 어뢰anti-torpedo torpedo도 있다.

그럼 창과 방패의 싸움에서 이러한 수상함의 진일보한 방패에 대응하여 잠수함의 창은 어떻게 변화되어 왔을까?

먼저, 수상함이 조용해졌지만 잠수함은 더 조용해졌다. 잠수함의 추진 소음과 기기 소음 같은 방사 소음이 줄어들도록 소음 감소 대책이 마련되었으며, 잠수함 어뢰도 펌프제트 추진 방식을 적용하는 등 획기적으로 조용해졌다. 그리고 제2차 세계대전의 주 어뢰가 20노트대인데 반해 오늘날 어뢰는 특수전지와 화학물질 개발로 50노트까지 가능하게 되었다. 그 이상의 높은 속도를 내는 어뢰들도 많다. 그리고 수상함의 기동력이 좋아졌다지만 어뢰는 표적의 움직임을 읽고 더 빨리 접근할 수 있는 컴퓨터 로직이 도입되었다.

또 수상함의 표적 탐지 센서 기술이 좋아진 만큼 잠수함과 어뢰의 센서도 비약적으로 발전했다. 어뢰의 항주 거리도 증가했다. 제2차 세계대전 어뢰는 항주 거리가 대개 10킬로미터 이내였지만 오늘날 어뢰는 약

50킬로미터까지 증대되었다.

마지막으로 수상함은 잠수함 어뢰 대항책으로 기만기를 발전시켰고 잠수함 어뢰 또한 수상함의 기만기인 재머와 디코이에 대응할 만한 기술을 발전시켰다. 재머는 광대역廣大域 소음은 만들어내지만 협대역狹帶域 소음은 만들지 못한다. 광대역 소음이란 전 주파수대가 다 섞인 소음을 말하고, 협대역 소음이란 특정 주파수의 소음을 말한다. 오늘날 잠수함은 협대역 소음을 추적하여 진짜 표적 소음을 찾아내고 어뢰를 표적 쪽으로 유도할 수 있다.

수상함의 디코이에 대해서는 더 많은 조치가 필요하다. 디코이가 표적과 같은 소리를 내기 때문에 마지막 공격 단계에서 표적의 진위를 식별하기 위해 어뢰 소나를 능동 소나로 전환한다. 능동 소나 핑의 반향음을 통해 표적이 디코이인지 진짜 표적인지를 구분한다. 그런데 디코이 중에는 능동 소나 핑이 들어오면 반향음을 내고 도플러 효과까지 내는 것도 있다. 여기에 대응하여 웨이크 호밍 어뢰가 나왔다. 웨이크 호밍은 표적의 항적을 따라 추적하여 공격하는 어뢰를 말한다. 어뢰의 수동 호밍에 능동 호밍, 웨이크 호밍까지 피할 수 있는 수상함은 거의 없다.

오늘날 잠수함 어뢰의 특징은 명중률을 높이기 위해 잠수함과 어뢰를 선으로 연결하는 선 유도 어뢰를 사용한다는 것이다. 이 선은 아주 얇은 광섬유로 되어 있어 수십 킬로미터까지 연결할 수 있으며, 이를 통해 운용자가 어뢰를 조종할 수 있다. 운용자는 잠수함의 소나와 어뢰의 소나를 비교해가면서 표적 쪽으로 어뢰를 유도할 수 있다. 그리고 마지막 단계에서 어뢰의 호밍 기능으로 표적을 정확하게 명중시킨다.

오늘날 어뢰 중에는 일반적이지 않은 특별한 어뢰들도 있다. 먼저, 슈퍼 캐비테이션 어뢰가 있는데, 우리말로는 초공동超空洞 어뢰라고 한다. 러

• 시크발 초공동 어뢰 〈출처: Wikimedia Commons〉(위)
• 러시아의 포세이돈 핵추진 어뢰(아래)

시아, 영국, 이란, 독일 등에서 개발하였는데, 이 중 러시아의 시크발Shkval 어뢰는 속력이 200노트 이상이다. 그리고 어뢰인지 기뢰인지 구분이 안 되는 어뢰들이 있다. 잠수함에서 어뢰같이 생긴 기뢰를 발사하면 이 기뢰가 어뢰와 같이 항주하여 적 해안의 지정된 곳에 가라앉아 있다가 기뢰와 같은 역할을 한다. 또 여기에서 더 발전한 것으로 캡터 기뢰CAPTOR Mine라는 것이 있는데, 어뢰를 내장한 캡슐을 해저에 설치하여 표적이 탐지되면 어뢰를 발사하여 표적을 공격하는 기뢰의 일종이다.

2015년 러시아는 포세이돈Poseidon이라는 핵추진 어뢰를 공개했는데, 이는 직경 6피트, 길이 65피트, 무게 약 100톤으로 보통 잠수함용 중어뢰보다 30배나 큰 핵추진 어뢰다. 일종의 수중 드론으로, 핵폭탄을 장착하고 핵추진으로 무한대로 항해할 수 있다고 알려져 있다. 러시아의 신형 다목적 잠수함 벨고로트Belgorod급에 6기씩 탑재되는 것으로 알려져 있다. 그리고 마지막으로, 적의 어뢰가 날아오면 그 어뢰를 맞추는 어뢰도 개발되고 있다.

수상함이 어뢰 대항책을 개발하고 있지만 잠수함의 어뢰 또한 그 이상 진보하고 있기에 잠수함 어뢰는 여전히 수상함을 공격하는 핵심 수단으로 남을 것이다.

## 포클랜드 전쟁 당시* 잠수함전

포클랜드 전쟁은 1982년 영국과 아르헨티나가 포클랜드의 영유권을 두고 벌였던 전쟁이다. 아르헨티나 바로 앞에 있지만 영국령인 포클랜드를 둘러싼 양국의 영유권 분쟁이 오랜 기간 지속되다가 무력충돌로 이어진 이 전쟁은 전쟁사를 연구하는 이들에게 많은 교훈을 준다. 이 전쟁은 제2차 세계대전 이후 드문 국가 간 전쟁이었고, 해양 도서 지역의 영유권 분쟁이 빈번한 오늘날 외세의 개입 없이 양국 간 무력충돌이 일어난 사례이기에 연구해 볼 가치가 있다. 유엔이 화해의 압력을 가하는 상황에서도 양국은 본토 공격이나 핵무기 사용 등 전면전으로 확대하지 않고 포클랜드 섬의 영유권에 국한하여 해양력을 총동원하여 싸웠다.

이 전쟁에서 잠수함들도 중요한 역할을 수행했다. 먼저 이 전쟁에 참전한 양국의 잠수함 전력은, 영국은 스위프트셔Swiftsure급 HMS 스파르탄HMS Spartan, HMS 스플랜디드HMS Splendid, 밸리언트Valiant급 HMS 밸리언트, 처칠급 HMS 컨커러, HMS 커레이저스HMS Courageous 등 핵추진잠수함 다섯 척과 오베론Oberon급 디젤잠수함 HMS 오닉스HMS Onyx가 참가했다.

아르헨티나는 미국에서 구입한 구피급 디젤잠수함 산타페ARA Santa Fe와 산티아고ARA Santiago 그리고 독일제 209급 살타ARA Salta와 산루이스ARA San Luis 등 총 네 척을 보유하고 있었는데, 살타는 심하게 고장이 나서 종전될 때까지 작전에 투입되지 못했고, 산티아고는 이미 퇴역해 정박 훈련함으로 사용 중이어서 잠항을 할 수 없는 상태였기에 결국 사용 가능한 잠수함은 산타페와 산루이스 두 척밖에 없었다.

전쟁은 다음과 같은 양상으로 진행되었다.

- 1982년 4월 2일 아르헨티나는 영국 잠수함 출항 소식을 듣고 포클

* Harper, Steven. Submarine Operations During the Falklands War, US Naval War College, 1994.

랜드를 점령했다. 이때 산타페는 특수 요원 열 명을 침투시켰다.

- 4월 19일 영국의 잠수함 HMS 컨커러가 사우스조지아 북쪽 해안에 특수 요원을 상륙시켰다.
- 4월 25일 영국은 사우스조지아를 재탈환했다. 당일 아르헨티나 잠수함 산타페는 영국 헬기의 공격을 받아 기동 불능 상태가 되어 배를 좌초시키고 이함했다.
- 5월 8일과 10일 아르헨티나는 산루이스로 세 차례 어뢰 공격을 했지만 모두 실패했다.
- 5월 21일 영국 상륙 부대가 포클랜드 섬에 상륙했고, 6월 13일 아르헨티나는 영국에 항복했다.

전쟁 기간 중 양국의 잠수함 운용 계획은 어땠을까? 영국은 수상 기동전단 도착 전에는 먼저 도착한 잠수함들에게 경비구역을 할당하여 정찰 및 감시 작전을 수행하게 하고 수집한 정보를 통해 수상 기동전단의 작전 계획을 구체화하고, 수상 기동전단 도착 후에는 잠수함들을 수상함과 같이 해상통제권 장악을 위한 전투에 투입하고, 상륙 부대가 섬을 탈환하면 잠수함들은 적의 동태를 감시하고 조기 경보를 발령할 계획을 세웠다.

아르헨티나는 전쟁 후에도 주변국과의 분쟁에 대비해야 했으므로 함대의 결전을 회피하고 함대 유지 전략을 세웠다. 따라서 주 공격 임무를 항공기와 잠수함에 맡겼다. 잠수함은 산타페와 산루이스만 가용했는데, 산타페는 특수 요원 육상 침투작전 지원과 군수지원 임무를 한 뒤 영국 해상교통로 차단 작전에 참가케 하고, 산루이스에는 포클랜드 북쪽을 경계하고 경비구역으로 침투하는 영국 함정을 공격하는 임무를 부여할 계획이었다.

• 포클랜드 전쟁 당시 영국의 잠수함 전력 〈출처: Wikimedia Commons〉(왼쪽 위부터 시계 방향으로 HMS 오닉스, HMS 스플랜디드, HMS 밸리안트, HMS 스파르탄, HMS 컨커러, HMS 커레이저스)

그렇다면 실제 잠수함들의 작전 결과는 어땠을까?

영국 HMS 스파르탄은 포클랜드 스탠리 근방에서 경비를 서며 아르헨티나 해상 전력을 감시했다. 4월 12일 아르헨티나 상륙함이 기뢰 부설 작전을 하는 것과, 4월 29일 세 척의 아르헨티나 구축함이 이동하는 것을 확인하고 사령부에 보고했다. 이때까지는 교전이 허락되지 않았으므로 공격 행위는 없었다. 5월 1일 수상 기동전단이 도착한 후에는 포클랜드 섬 북동쪽에서 경비 임무를 수행했다.

HMS 스플랜디드는 아르헨티나 해안과 포클랜드 섬 사이 경비 임무를 수행하다 수상 기동전단이 도착한 후 포클랜드 섬 북서쪽에서 경비 임무를 수행했다.

HMS 컨커러는 4월 19일 특수 요원을 사우스조지아 북쪽 해안에 상륙시키고 그 구역에서 경비 임무를 수행했다. 영국 수상 기동전단이 도착했을 때 HMS 컨커러는 포클랜드 남쪽 구역으로 경비구역을 재지정 받았다. 5월 1일 아르헨티나 순양함 헤네랄 벨그라노를 접촉하여 사령부로부터 공격 승인을 받고 세 발의 Mk8 어뢰를 발사했다. 이 중 두 발이 헤네랄 벨그라노에 명중하여 침몰하고 다른 한 발은 호송함에 명중했지만 폭발하지 않아 함정에 손상을 가하지 못했다. 헤네랄 벨그라노는 어뢰에 피격될 때까지 영국 잠수함의 존재를 알지 못했다. 헤네랄 벨그라노 침몰 후 아르헨티나 함대는 자국 영해 12마일 안쪽으로 이동했다.

나머지 세 척의 영국 잠수함 HMS 커레이저스, HMS 밸리언트, HMS 오닉스는 종전에 임박하여 현장에 도착해 경비 임무를 수행했으며 전과는 없었다.

아르헨티나 잠수함 작전 결과를 보면, 산타페는 포클랜드 공격에 참가한 유일한 잠수함이었다. 4월 2일 새벽 2시, 포클랜드 동쪽 케이프 펨브

룩 등대 북쪽 해안에 특수 요원을 상륙시켰다. 산타페는 4월 8일 마르델 플라타Mar del Plata에서 스무 명의 이송 인원과 군수품을 싣고 사우스조지아로 출발했다. 4월 24일 밤 10시, 컴벌랜드 만, 사우스조지아에 부상해서 해안으로 이동하여 이송 인원과 보급품을 섬으로 옮기고 잠항 가능한 해역을 향해 수상 항해를 하던 중 영국 헬기에 발각되어 로켓 공격을 받았다. 잠항할 수 없을 정도로 손상된 산타페는 킹에드워드만까지 자력으로 이동한 후 함을 포기하고 이함하였다.

산루이스는 4월 8일 출항하여 포클랜드 섬 북쪽에서 경비 임무를 수행하던 중 영국 함정에 세 번의 공격을 가했다. 5월 1일 영국 헬기 탑재 대잠함 HMS 브릴리언트HMS Brilliant와 HMS 야머스HMS Yarmouth 두 척을 소나로 접촉하고 독일제 SST-4 대함 어뢰 한 발을 쏘았지만 명중시키지 못했다. 5월 8일 산루이스는 잠수함 표적을 발견하고 Mark 37 대잠수함 어뢰를 발사하고 12분 후 표적 방위에서 폭발음을 들었지만 영국의 잠수함 피해는 없었다. 5월 10일 소나로 영국 구축함 HMS 애로우HMS Arrow와 HMS 아라크리티HMS Alacrity 두 척을 발견하고 독일제 SST-4 대함 어뢰 한 발을 발사하여 6분 후 표적 방위에서 작은 폭발음을 들었다. 그러나 나중에 영국 구축함 HMS 애로우함이 예인형 어뢰기만기를 회수했을 때 손상을 입은 것을 발견한 것 말고는 함정의 손상은 없었다.

전쟁 기간 동안 수중에 있는 잠수함을 접촉한 대잠 전력은 없었다. 4,900톤 HMS 컨커러가 1만 3,645톤 헤네랄 벨그라노를 구식 직주 어뢰를 쏘아 명중되는 순간까지 헤네랄 벨그라노와 이를 호위하던 두 척의 구축함은 전혀 탐지하지 못했고, 심지어 헤네랄 벨그라노가 어뢰에 맞아 침몰하고 있을 때에도 호위 구축함들이 이 사실을 몰랐다. 헤네랄 벨그라노의 침몰은 아르헨티나 수상 전력이 자국의 영해 12마일 안으로 들어간

후 못 나오게 만들었다. 한 척의 영국 잠수함이 전체 아르헨티나 수상 전력을 마비시키는 결과를 낳은 것이다.

아르헨티나 산루이스는 충분한 수리를 하지 못하고 전장에 나온 고장 난 디젤잠수함이었고, 위성 정보나 다른 잠수함들로부터 적의 위치 정보를 받을 수 없었지만 40일 이상 수중 전투 임무를 수행했다. 세 번의 공격 기회를 잡았지만 모두 실패했다. 산루이스가 영국 함정을 한두 척이라도 격침시켰다면 전쟁의 양상은 바뀌었을 것이다. 하지만 산루이스는 전 기간 자유롭게 항해했고 영국 전력들은 산루이스 한 척 때문에 긴장을 늦추지 못하고 대잠 방어를 해야 했다. 영국은 산루이스의 공격에 대비해 한 척의 순양함, 열한 척의 구축함, 다섯 척의 핵추진잠수함, 한 척의 디젤잠수함, 스물다섯 대의 헬기를 동원했다. 그럼에도 불구하고 산루이스는 끝까지 영국 대잠 전력에 탐지되지 않았고, 영국은 잠수함으로 오인한 허위 표적에 아홉 번 실제 공격을 가하고 200발 이상의 대잠 탄약을 사용했으며 헬기가 2,253회 출격해야 했지만 성과는 없었다. 이로써 디젤잠수함일지라도 최신예 대잠 전력들이 탐지하기 어렵고, 여전히 위협적인 존재임이 증명되었다.

아르헨티나의 가용 잠수함 두 척 중 한 척인 산타페의 소실은 아르헨티나 해군 지휘부의 오판 때문이었다. 산타페가 상륙전에 동원된다는 사실이 사전에 영국 측에 노출된 것이다. 반면, 아르헨티나는 영국군의 통신 내용을 감청하지 못했다. 적의 의도를 모르는 상태에서 위치가 노출된 산타페를 인원과 물자 수송에 동원한 것은 좋은 판단이 아니었다. 더구나 적이 있는 해역에 잠항도 할 수 없는 수심까지 수상 항해로 수송하는 임무를 부여한 것은 지휘부의 큰 실수였다 할 수 있다. 산타페의 소실은 그나마 이용 가능한 잠수함 두 척 중 한 척이 소실되고, 영국의 항공모함을 비롯한 주력함을 공격할 기회를 잃는 결과를 낳았다. 아르헨티나에 잠수함만 제대로 준비되어 있었어도 포클랜드 전쟁을 제대로 치뤄볼 만하지 않았을까 하는 것이 필자의 생각이다.

포클랜드 전쟁에 참가한 양국의 잠수함 총 여덟 척 중 상대방에게 무장 공격을 가한 잠수함은 영국의 HMS 컨커러함, 아르헨티나의 산루이스함 두 척뿐이다. HMS 컨커러함과 산루이스는 상대에게 어뢰를 세 발씩 쏘았는데 HMS 컨커러함은 아르헨티나 헤네랄 벨그라노함을 침몰시켰고, 산루이스는 어떤 표적도 명중시키지 못했다. 이 어뢰들에 어떤 일들이 있었는지 살펴보겠다.

우선, 잠수함 어뢰에 대해 간단히 알아보면, 잠수함 어뢰는 수상함 어뢰보다 훨씬 크고 딘 한 발로도 웬만한 표적을 침몰시킬 수 있을 정도로 그 위력이 대단하다. 이러한 잠수함 어뢰에도 여러 종류가 있는데, 크게는 직주 어뢰, 호밍 어뢰, 선 유도 어뢰가 있다.

직주 어뢰란 어뢰 안에 자이로가 있어서 지정한 침로를 따라 직선으로 그대로 가는 어뢰다. 호밍 어뢰는 직주 어뢰보다 진보된 어뢰로, 표적

직주 어뢰와 호밍 어뢰

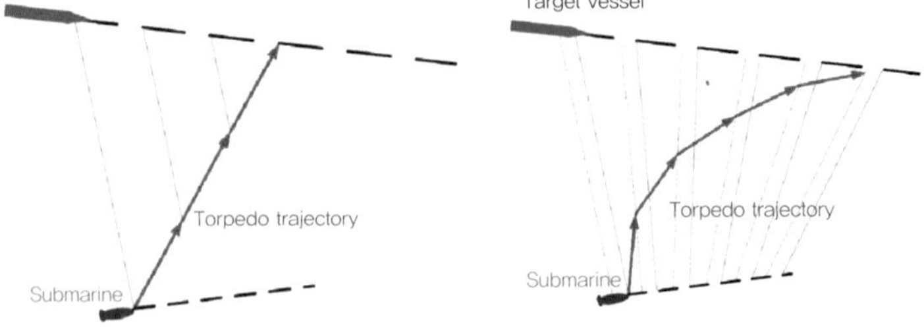

이 어디로 가든 따라가서 맞추는 어뢰인데, 일반적으로 표적의 소음을 따라간다. 선 유도 어뢰란, 기술적으로 가장 발전된 어뢰로 잠수함과 어뢰가 유도 선으로 연결되어 있어서 마치 유선 드론과 같이 어뢰를 발사한 후에도 운용자가 어뢰의 침로나 심도, 속력을 조종할 수 있다.

이 어뢰들에는 각각 장단점이 있는데, 먼저 직주 어뢰는 표적이 계속 움직이고 있으므로 어뢰가 명중되는 시점의 표적 위치를 정확히 예측해서 쏴야 하는 어려움이 있다. 표적과의 거리가 가까울수록 명중률이 높기에 표적 가까이 접근해야 하는 단점이 있고, 멀리서 쏘거나 표적이 변침하면 명중률이 낮아지기 때문에 표적 방위와 표적 앞뒤 쪽으로 여러 발을 쏴야 한다. 하지만 기능이 단순하므로 많은 장약을 넣을 수 있어서 파괴력이 크고 싸다는 장점이 있다.

호밍 어뢰는 통상 표적보다 어뢰의 속력이 빠르므로 표적이 침로를 바꾸거나 속력을 높여 도망가도 소리를 쫓아가서 표적을 명중시킬 수 있다. 하지만 표적이 표적보다 더 큰 소리를 내는 기만기를 달고 가거나 기만기를 발사해서 더 큰 소음을 발생시킬 경우에는 호밍 어뢰가 표적이 아닌 기만기를 따라서 표적을 명중시키지 못할 수 있다. 또 표적을 찾아서 따라가는 탐색기seeker가 제대로 작동해야 하므로 직주 어뢰에 비해 기술적 난도가 높다.

선 유도 어뢰는 기만기가 있더라도 피해갈 수 있고, 진짜 표적으로 유도할 수 있다. 만약 유도 선이 끊어지면 호밍 어뢰와 같이 표적을 따라가게 돼 있다. 명중률이 매우 높은 반면, 전투 체계와 연동되어야 하고 평상시 유도 선 등을 정비 · 유지하기가 어렵고 기술적 난도가 높아 고가인 점이 단점이라 할 수 있다.

직주 어뢰, 호밍 어뢰, 선 유도 어뢰는 어뢰가 어떻게 항주하는가에 따른 분류이고, 이들 어뢰가 실제 폭발하기 위해서는 어뢰에 충격 신관과 근접 신관이 상작돼야 한다. 어뢰는 크게 두 가지 경우에 폭발한다. 먼저 표적에 부딪혔을 때다. 그리고 군함에는 자성이 있으므로 이를 감지해 점점 자성이 커지다가 작아지기 시작하는 곳이 표적 바로 밑이므로 여기서 터지면 표적에게 가장 큰 타격을 줄 수 있다. 천안함 폭침 이후 세간에 알려진 버블제트 효과가 이와 관계가 있다. 결국 어뢰는 표적을 명중시켜도 터지고, 표적 바로 밑에서도 터지게 되어 있다.

그럼 영국 잠수함 HMS 컨커러가 어뢰를 발사한 상황으로 돌아가 보자. 1982년 5월 2일 HMS 컨커러의 함장 크리스 워퍼드 브라운Chris Wreford-Brown은 현지 시각 15시 13분, 항박일지에 작전 의도를 이렇게 썼다.

"나는 TG 79.3 기동전단 왼쪽 아래에 위치해 있고 나의 표적인 헤네랄 벨그라노함은 좌현에 있다. 나의 의도는 1,800야드까지 접근해서 Mk8 Mode4 어뢰를 동시에 세 발 쏘는 것이다. 어뢰 항주각 100도 방향으로 자이로 각도 0도로 쏘는 것이다. 발사 후 남동쪽으로 이탈하겠다."

실제로 HMS 컨커러함은 15시 51분, 잠망경으로 표적 확인 후 발사 준비를 지시하고, 15시 54분, 마지막으로 잠망경을 통해 표적을 확인했으며, 15시 57분, 거리 1,400야드에서 어뢰 세 발을 3초 간격으로 발사했다.

첫 발은 헤네랄 벨그라노에 맞지 않았지만 인근에 있던 호위함 히폴리토 부샤르Hipolito Bouchard의 소나 돔을 명중시켰다. 하지만 어뢰는 폭발하지 않았다. 충격 신관도 어느 정도 충격이 가해져야 하는데 빗맞으면서 충분한 충격을 가하지 못했거나, 정확히 맞았지만 충격 신관이 고장 나서 제대로 작동하지 않았을 것으로 추정된다. 두 번째 어뢰는 함수 끝단 기준 뒤쪽 15미터에 있는 앵커 체인 저장고 쪽을 때려 제대로 터졌지만 헤네랄 벨그라노를 침몰시킬 정도의 손상을 입히지는 못했다. 일반적으로 함수부는 방수문과 격벽이 많기에 동일한 파괴력에도 함미 쪽에 비해 피해가 적다. 세 번째 어뢰는 헤네랄 벨그라노 중앙의 약간 뒤쪽을 때렸고, 기관실 후부에 큰 폭발을 일으켰다. 함 내는 연기가 가득했고 헤네랄 벨그라노는 점점 좌현으로 기울었다. 함미 쪽에 있던 넓은 기관실이 순식간에 침수되었고 2차 폭발이 일어나 그곳에 있던 승조원은 전원 즉사했다.

16시 24분 헤네랄 벨그라노의 함장 헥토르 본조Hector Bonzo는 배를 버릴 것을 명령했다. 그리고 20분 후 대서양의 깊은 바다 속으로 침몰했다.

HMS 컨커러함에는 대수상함 전용 직주 어뢰 Mk8 mode4 대함 어뢰와 대수상함 · 대잠수함 선 유도 어뢰 Mk24 타이거피시Tigerfish가 있었는데, 왜 신식 선 유도 어뢰를 쏘지 않고 구식 직주 어뢰를 쏘았을까?

HMS 컨커러함 함장은 사전에 발사관 여섯 개에 직주 어뢰 세 개와 선 유도 어뢰 세 개씩을 탑재하고, 표적에 따라 어뢰를 선별해서 바로 쏠 수 있도록 준비했다. HMS 컨커러함이 신식 선 유도 어뢰를 쏘지 않고 구식 어뢰를 쏜 이유는 다음과 같이 판단된다. Mk8 어뢰는 제2차 세계대전 당시부터 사용해 오던 신뢰성이 입증된 직주 어뢰였고, 타이거피시는 당시 신뢰성에 의문이 많았다. 1982년 당시 이 타이거피시 어뢰는 발사 후 수시로 와이어가 절단되는 경우가 많았고, 전투체계와의 연동이 불량해서 운용자가 어뢰를 유도하지 못하는 경우도 많았으며, 어뢰 탐색기가 작동되지 않아 어뢰가 표적을 못 잡는 경우가 많았다. 그리고 근거리 표적에는 직주 어뢰가 유리하고, 원거리 표적에는 선 유도 어뢰가 유리하다. 이에 HMS 컨커러함 함장은 Mk8 어뢰만으로도 표적에 접근하는 데 문제가 없다고 판단했다. 당시 헤네랄 벨그라노는 영국이 선언한 전쟁 구역 밖에 있었기에 공격당할 위험이 없다고 판단해 방심하고 있었고, HMS 컨커러함은 1,400야드까지 접근해 어뢰를 쐈다. 또 HMS 컨커러함 함장은 Mk8 어뢰는 기능이 단순한 반면 폭약 양이 많아 헤네랄 벨그라노같이 큰 표적을 가라앉히기에 더 적합할 것으로 판단했다.

당시 헤네랄 벨그라노함 옆에는 호위 구축함 두 척이 있었다. 어뢰 세 발이 날아오는 동안 이들은 어떤 조치를 취했을까? 독자들은 아마 아르헨티나 군함들이 경보를 울리고 회피기동을 하고 난리였을 것으로 상상할 것이다. 하지만 실제로는 어뢰에 명중되는 순간까지 헤네랄 벨그라노도, 주위에 있던 호위함들도 어뢰가 오는지 몰랐다. 심지어 호위함들은 헤네랄 벨그라노가 두 발이나 맞고 침몰 중일 때도 이 사실을 알지 못하다가 침몰 후에야 인명 구조에 나섰다. 첫 번째 어뢰에 소나 돔이 맞은 호위함 히폴리토 부샤르도 자함이 어뢰에 맞은 줄 몰랐고, 나중에 어뢰에 접촉한 흔적을 보고서야 알았다.

다음은 포클랜드 전쟁에서 아르헨티나 잠수함 산루이스가 쏜 어뢰에 대해 알아보겠다. 산루이스는 대수상함용 SST-4 어뢰 10기와 대잠수함용 Mk-37 어뢰 14기를 보유하고 있었다. SST-4 어뢰는 대수상함 선 유도 어뢰로, 독일 AEG사현재의 Atlas Elektronik사에서 개발한 21인치 어뢰인데 세 발까지 동시 유도가 가능했다. Mk-37 어뢰는 대잠수함 능동 · 수동 음향 호밍 어뢰로, 미국에서 개발한 19인치 어뢰인데 최대 속력은 36노트이며, 2만 3,500야드까지 항주가 가능하다.

산루이스함에는 세 번의 공격 기회가 있었다. 5월 1일 산루이스는 수중에서 소나로 수상함과 헬기 소음을 접촉하고 잠망경 심도로 올라오지 않고 수중에서 정숙 접근 기동을 했다. 당시 해당 해역에는 아르헨티나 군함이 없었기에 표적 소음은 영국 군함의 소음이라 확신했다. 이 군함들은 헬기 탑재 대잠함 HMS 브릴리언트와 HMS 야머스였다. 산루이스함은 거리 1만 야드에서 독일제 SST-4 대함 어뢰 한 발을 쏘았다. 209급 산루이스함은 어뢰발사관 안에서 어뢰가 구동되어 발사되는 스윔 아웃swim out 방식의 어뢰 발사 시스템을 갖추고 있다. 어뢰는 자체 추진을 이용해 나가므로 고압공기를 이용한 강제 사출 방식보다 소음이 적다. 표적들은 어뢰를 인지하지 못했고 회피 기동도 하지 않았다. 발사 2분 후 어뢰유도수가 주먹으로 콘솔을 꽝 치면서 "유도 선이 끊어졌습니다!"라고 떨리는 목소리로 보고했다. 선 유도 어뢰의 유도 선이 끊어지면 어뢰는 자체 프로그램에 의해 음향 호밍 어뢰가 되어 가장 큰 소음을 따라간다. 그러나 이후 어뢰의 행방은 추적되지 않았고 명중된 어떠한 표적도 없었다. 함장은 당시 어떤 소음도 들리지 않았던 상황에 대해 "생각하기도 힘든 경험이었고, 극도의 당혹감을 느꼈다"라고 기록에 남겼다.

두 번째 공격은 5월 8일, 산루이스함의 음탐사는 함미 쪽에서 이상 소음을 접촉하고 어뢰 소음이라고 보고했다. 산루이스함은 어뢰 회피 기동을 한 후 다시 소음을 접촉하고 잠수함이 접근하고 있는 것으로 판단했고, 21시 42분 함장은 Mk37 대잠수함 어뢰를 쏘라고 명령했다. 그리고 발사 16분 후 표적 방위에서 폭발음이 들려왔다. 하지만 명중된 표적은 없었고, 폭발음 발생 후 표적 소음도 들리지 않았다. 전쟁 후 분석가들은 산루이스함이 허위 표적을 접촉했고, 쏜 어뢰는 고래를 맞추었거나 해저를 때렸을 것으로 짐작했다.

참고로, 대수상함용 어뢰는 사전 지정된 심도로 주행하면서 충격이나 자기신관으로 폭발하지만, 대잠수함용 어뢰는 수동 또는 능동 소나를 이용하여 표적의 심도로 접근하도록 설계되어 있다.

5월 11일 밤 0시 30분경, 수중 항해 중 산루이스의 음탐사는 군함 두 척을 접촉했다. 해당 구역에는 아르헨티나 군함이 없었으므로 적함으로 판단했다. 이 접촉된 표적들은 영국 구축함 HMS 애로우와 HMS 아라크리티였다. 이 표적들은 22노트로 기동 중이었고 어뢰기만기를 예인하고 있었다. 이들은 고속으로 이동 중이었기에 산루이스를 접촉하지 못했다. 산루이스는 5,600야드까지 접근해서 잠망경 심도로 올라오지 않은 상태로 HMS 아라크리티를 향해 SST-4 어뢰 한 발을 발사했다. 산루이스함의 세 번째 공격이었다. 그런데 5월 1일 상황과 같이 수분 후에 어뢰 유도 선이 끊어졌다. 그리고 발사 6분 후 표적 방위에서 작은 폭발음이 들려왔다. 그러나 HMS 애로우함이 아니라 함께 있던 예인형 어뢰기만기만 손상되었다. 산루이스가 쏜 어뢰의 유도 선이 절단되면서 자체 호밍 어뢰 기능으로 전환되어 가장 큰 소음원인 어뢰기만기를 따라간 것으로 추정된다. 영국 군함들의 반격은 없었고, 표적들이 멀어져서 산루이스는 재공격을 포기했다.

산루이스함이 어뢰 세 발을 쏘았지만 명중되지 않은 원인은 무엇이었을까? 우선, 불완전한 함의 성능이 문제였다. 포클랜드 전쟁은 아르헨티나가 영국령 포클랜드 섬을 기습 점령하면서 시작되었다. 이때 아르헨티나는 전쟁 준비를 완벽하게 하고 도발한 것이 아니라 외교적으로 분쟁을 해결하려고 하다가 우발적으로 전쟁으로 발전하게 된 것이었다. 따라서 전쟁 발발 시 아르헨티나 잠수함들도 전쟁 준비가 제대로 되어 있지 않았고, 산루이스는 장기 수리가 필요한 상태에서 출항 명령을 받았던 것이다. 잠수부들이 산루이스의 선체를 닦고 프로펠러에 붙어 있는 해조류를 제거하는 데만 일주일이 소비되었다. 산루이스는 완전한 수리를 끝내지 못하고 응급 수리만 한 채 출항했는데, 출항 당시 스노켈 계통에 누수가 있었고, 선박 안에 괸 오수를 밖으로 배출하는 빌지 펌프가 제대로 작동하지 않았으며, 디젤엔진 네 개 중 한 개가 고장 난 상태였다. 산루이스는 무기를 적재한 후 4월 11일 오후에 출항했다. 출항할 당시에는 전투 체계가 정상이었지만 출항 8일 만인 4월 19일, 사격통제 컴퓨터가 고장 나서 원격으로 어뢰를 발사할 수 없고, 수동비상 발사만 가능한 상태가 되었다. 종전 후 독일의 기술자들이 전투 체계와 어뢰 사이 연동 장치를 확인했을 때 싱크로 정렬이 잘못되어 있는 것을 확인했다. 이는 아르헨티나 해군정비창에서 수리 후 조립을 잘못한 것이었는데, 이렇게 되면 초기 어뢰 주행 침로가 제대로 들어가지 않는 결과를 낳게 된다. 결국 어뢰가 표적 쪽으로 가지 않고 엉뚱한 방향으로 주행했을 가능성이 높다. 함 성능뿐 아니라 전투 체계 성능도 정상이 아니었을 가능성이 있는 것이다.

그리고 불완전한 어뢰의 성능도 문제였다. 선 유도 어뢰가 전투 체계에서 오는 신호를 받지 못하면, 어뢰 자체에 내장된 기능으로 항주하며 호밍 어뢰로 기능이 자동 전환된다. 즉 초기 입력 침로를 기준으로 하여 항주하면서 가장 큰 소음을 따라가는 호밍 어뢰가 되는 것이다. 비록 유도 선이 절단되더라도 어뢰 자체가 정상이었다면 소음원을 찾아가서 표적을 명중시켰을 것이다. 산루이스가 발사한 SST-4 어뢰는 1981년부터 많은 결함이 발생해 아르헨티나 해군은 문제 해결 방안에 대해 고민 중이었다. 종전 후 검사 결과 어뢰의 심도 유지가 제대로 되지 않았던 것으로 밝혀졌다. 또 어뢰가 제대로 주행했더라도 어뢰 자체의 결함으로 인해 아밍arming을 못 했거나 장약이 터지지 않았을 수도 있다. 두 번 모두 유도 선이 끊어졌다는 것은 어뢰 유도 선 조립이 잘못되었거나 정비를 제대로 하지 못했던 것으로 추정할 수 있다.

산루이스 승조원들의 운용 미숙도 문제점 중 하나로 판단된다. 첫 번째 공격 시 전투 체계가 정상적이지 않은 상태에서 어뢰를 상대적으로 먼 1만 야드 거리에서 발사하였기에 표적을 못 잡았을 수 있다. 전쟁이 끝난

후 이 문제에 대해 조사한 독일 제작사 AEG는 발사 거리가 1만 야드로 너무 벌어서 원인 분석이 되지 않는다고 밝혔다. 그리고 병기사가 어뢰 케이블을 발사관에 연결할 때 제대로 연결하지 못했다는 사실을 밝혀냈다. 또 산루이스가 잠망경 심도보다 훨씬 깊은 심도에서 어뢰를 발사했기에 어뢰 초기 입력값이 잘못되었을 수 있다고 지적했다.

산루이스의 두 번째 공격은 대잠 표적이었는데, 대잠 표적은 여러 가지 센서로 정확히 식별해야 함에도 승조원들이 너무 긴장한 탓에 허위 표적을 잘못 식별했을 가능성이 높다. 당시 함 내 상황은 매우 열악했다. 배터리 소모를 막기 위해 음식을 조리할 수 없었고, 청수 이용도 제한되었으며, 난방이 되지 않아 함 내는 외부 해수 온도와 같은 영상 2도를 유지하고 있었다. 열악한 함 내 환경과 승조원들의 극도의 긴장감으로 인해 표적을 제대로 식별하지 못했을 가능성이 있다.

산루이스는 끝까지 적에게 발각되지 않았고 표적을 찾아 세 번에 걸쳐 공격을 가했지만 결국 명중시키지 못했다. 산루이스가 쏜 어뢰 세 발 중 한 발이라도 제대로 맞았더라면 전쟁의 양상이 바뀔 수도 있었을 것이다.

## 버블제트

군대 시절 수류탄을 한 번이라도 던져본 사람은 폭탄이 어떤 식으로 터지는지 알 것이다. 그런데 많은 이들이 수중에서의 폭발도 육상에서와 비슷하게 일어난다고 알고 있다. 이로 인해 천안함 폭침과 관련하여 불필요한 오해와 논란이 계속되고 있다.

수중 환경은 지상의 환경과 다르기에 수중 무기는 수중 환경에 맞게 개발되었다. 함선을 격침시키기 위해서는 해상에서도 지상과 마찬가지로 함포, 유도탄 등으로 타격한다. 철갑탄으로 장갑을 관통시키기도 하고 고폭탄을 이용해 내부에서 2차 폭발을 일으키기도 한다. 하지만 유도탄이나 포탄으로 수중의 표적을 한 번에 격침시키기는 쉽지 않다. 그래서 이들보다 훨씬 위력적인 수중 무기가 오래전부터 연구 개발되어 왔다. 수중 무기에는 선박 아래에 부착하는 부착용 폭탄이나 수중 지뢰라고 할 수 있는 기뢰, 그리고 수중의 유도탄 같은 어뢰가 있다.

수중 무기 개발자들은 수중 폭발이 공기 중 폭발보다 표적 함선에 훨씬 큰 충격을 준다는 것을 알아냈다. 수중 폭파 시험 결과, 목표물에 직접 부착해서 터트리거나 충격을 이용해 터트리면 선박의 한두 개 수밀격실이 침수되는 정도지만, 폭탄이 표적 선박 밑바닥 아래 몇 미터 떨어진 곳에서 터지면 선체에 가공할 만한 피해를 주는 것이다. 1805년 미국의 발명가 로버트 풀턴이 표적 선박 밑바닥 아래에서 비접촉 폭발 시험을 한 후 발표한 내용도 이와 같다.

문제는 수중에서 표적 선체 아래 몇 미터 떨어진 곳에서 어떻게 폭탄이 터지게 할 것인가 하는 것이었다. 접촉 신관은 부딪히는 충격으로 작동하면 되지만, 부딪히지 않아도 표적 가까이에서 터지게 하는 기술이 필요했다. 충격으로 터지는 충격 신관과 상대되는 개념으로 충격이 없이도 터지는 신관을 감응 신관이라고 한다. 이러한 감응 신관 중 자기감응이 가장 먼저 사용되었다. 배는 철로 만들기에 자성을 가지고 있다. 배가 가까이 오면 자력이 커지고, 멀어지면 줄어든다는 성질을 이용해 표적이 가장 가까이 왔을 때 터지게 하는 방법을 이용했다.

제1차 세계대전 중인 1918년 영국은 유보트에 대응해 최초로 자기감응 기뢰를 개발하여 사용했다. 제2차 세계대전 중에는 독일이 보다 성능이 향상된 자기감응 기뢰를 사용했다. 제2차 세계대전 당시 일부에서는 잠수함의 어뢰가 중장갑으로 만든 전함에는 효과가 없을 것이라고 우려했다. 이에 대한 해결책으로 미국, 영국, 독일은 배 아래에서 어뢰를 폭발시켜 배를 두 동강 내는 자기감응 어뢰를 선보였다. 하지만 독일과 미국 모두 제2차 세계대전 초기에는 자기신관을 작동하는 데 기술적 문제가 있어서 주로 충격 신관을 사용했다. 이러한 자기신관 문제는 1942년 초 해결되어 제2차 세계대전 종전까지 미국과 독일 모두 자기신관 어뢰를 사용했다.

제2차 세계대전 후에는 어뢰의 기능이 더욱 향상되고 감응 방법도 더 다양해져 기존의 자기감응뿐 아니라 음향감응, 압력감응으로 확대되었다. 오늘날 전 세계에서 사용하는 대수상함용 중어뢰에는 이러한 감응 어뢰가 보편화되어 있다.

결국 대수상함용 어뢰의 기술은 어떻게 하면 표적 선박을 직접 맞추지 않고 감응을 확실히 해 표적 선박 중앙 아래에서 터지게 해 선박을 두 동강 낼 수 있을까 하는 데 초점을 맞춰 개발돼 왔고, 오늘날에는 그러한 어뢰가 보편화되었다.

그렇다고 충격 신관을 안 쓰는 것은 아니다. 표적이 부두에 정박해 있거나 할 때 충격 신관을 써야 하는 경우도 있다. 그래서 복합적으로 충격 신관과 감응 신관을 같이 사용하지만 주로 감응 신관을 쓰는 것이다.

그렇다면 수중에서 표적과 직접 부딪치는 것보다 더 큰 충격을 주는 원리는 무엇일까? 수중에서는 접촉 폭발보다 비접촉 폭발로 인한 충격이 더 크다는 것은 이미 실험을 통해 드러났다. 그리고 이에 대한 해석은 지금도 연구가 많이 진행되고 있다.

미 해군 논문 등 수중 폭발 관련 자료를 보면, 수중에서 폭발이 일어나면 그 열이 물을 기화시켜 고압의 가스버블를 만들고, 그 가스가 수면으로 부상하면서 버블제트가 되어 선체에 충격을 가한다고 한다. 물속에 발생했다 사라진 가스의 공간은 기압이 낮아지는데, 버블제트로 들어올린 선체의 가운데가 기압이 낮아진 쪽으로 처지면서 결국 배를 반으로 쪼갠다는 것이다. 그리고 이러한 가스가 주위 압력과 같아지는 과정에 반복적으로 수축과 팽창 펄스가 발생해 선체를 올렸다 내렸다 하면서 선체에 손상을 가한다는 것이다. 결론적으로 선체에 충격을 가하는 힘은 충격파와 버블제트, 펄스라 할 수 있다.

공기 중 무기는 운동에너지를 이용해 표적을 관통하거나, 표적을 향해 화학에너지를 직접 맞춰 터지게 하는 것이 일반적이다. 그런데 어떻게 수중에서는 직접 표적을 뚫거나 맞추지 않는데도 그보다 더 큰 충격을 가할 수 있을까? 그것은 물이 공기보다 훨씬 더 효율적으로 폭발 에너지를 전달하기 때문이다. 수중 음속은 공기 중 음속보다 약 다섯 배나 높기 때문에 에너지 전달력도 훨씬 크다. 따라서 공기 중 폭발과 수중 폭발에는 많은 차이가 있다. 동일한 양의 폭약이라면 수중 폭발력이 공기 중 폭발력보다 훨씬 크다. 그리고 공기 중 폭탄은 표적을 맞추어야 파괴력이 크지만, 수중폭탄은 표적 수 미터 아래에서 터질 때 파괴력이 더 크다. 또한 공기 중에서 폭탄이 터지면 열과 파편으로 직접 피해를 주지만, 수중폭탄은 폭발력이 버블을 만드는 역할을 할 뿐 직접적인 열과 파편으로 표적에 피해를 주지는 않는다.

그럼 버블제트 어뢰란 무엇일까? 버블제트란, 수중에서 폭발하면 고압의 버블이 물속에 생기고 압력 차로 인해 버블이 위쪽으로 올라가며, 버블이 수면에 도착하면 붕괴되면서 높은 분사 에너지가 되어 물기둥이 하늘로 올라가는 현상을 말한다. 이 물줄기가 파괴된 배의 틈 사이로 올라가면 손상을 가중시킨다.

항간에 버블제트 어뢰가 '버블제트 현상을 통해 공격하는 대잠수함용 무기'라는 말이 있는데, 여기에는 두 가지 오류가 있다. 일단 수상 표적에 충격을 가하는 것은 충격파와 가스의 파동이다. 이러한 힘이 버블제트 현상으로 나타나는 것이다. 버블제트는 수중에서 폭발이 일어났을 때 수면 위에 나타나는 물리적 현상이지 어뢰의 한 종류가 아니다. 또 잠수함 표적인 경우를 가정해 보면, 물속 깊은 곳에 있는 잠수함 표적 근처에서 폭뢰나 어뢰가 터지면 스팀버블의 충격파와 파동에 의해 표적 잠수함 선체는 손상을 입고 깨지게 된다. 하지만 이때 발생한 버블은 수면으로 올라오면서 에너지가 소진되어 수면 위로는 버블제트가 발생하지 않는다. 따라서 버블제트 효과는 주로 수상 표적 폭발 시 발생하는 현상이다.

"북한은 버블제트 어뢰를 만들 기술이 없나?"라고 묻는 이도 있는데, 이는 잘못된 질문이다. 우선 버블제트 어뢰라는 말 자체가 존재하지 않고, 어떤 폭탄이든지 물속에서 터지면 버블제트가 생긴다. "북한이 감응 어뢰를 가지고 있는가?"라고 묻는다면, 그것은 맞는 질문이다. 이에 대해서는 오늘날까지 감응 어뢰 기술은 꾸준히 개발되어 왔고 수많은 시험 결과가 축적되어서 어느 나라의 기술력이 높고 낮은가를 떠나 오늘날 사용되는 대수상함용 어뢰는 감응 신관을 사용하는 것이 일반적이라고 대답할 수 있을 것이다.

이러한 위협적인 어뢰가 일반인들에게 잘 각인되지 않은 이유는 수중 폭파에 대해 접할 기회가 드물고, 1945년 제2차 세계대전 종전 후 실전에서 잠수함 어뢰로 수상함을 격침시킨 경우가 단 세 차례밖에 없기 때문이 아닌가 싶다. 그 세 차례는 1971년 인도-파키스탄 해전에서 파키스탄 잠수함 한고르Hangor함이 쏜 어뢰로 격침된 인도의 쿠크리Khukri함 사례, 1982년 포클랜드 해전에서 영국의 HMS 컨커러함이 쏜 어뢰에 의해 격침된 아르헨티나의 헤네랄 벨그라노함 사례, 그리고 2010년 한국의 천안함 사례를 말한다.

제3장

# 잠수함 최신 시사 이슈 분석

## 아르헨티나 해군 잠수함 산후안 침몰 사고

아르헨티나의 잠수함 산후안San Juan함 침몰 사고에 대해 이야기하고자 한다. 필자는 2018년 5월 폴란드 그단스크에서 개최된 세계잠수함협회 모임에 참가했는데, 이때의 가장 큰 쟁점은 산후안함 침몰 사고였다. 폴란드 잠수함이 해상에 헌화하였고 각국 대표들은 조의를 표했으며, 필자도 한국 대표로 조사를 낭독하고 유가족 대표에게 위로의 말을 전했다.

먼저 산후안 잠수함 침몰 사고의 경위를 살펴보자.

산후안함은 TR-1700급 디젤전기 잠수함으로, 독일에서 건조되어 1985년 11월 19일에 아르헨티나 해군에 취역했다. 아르헨티나가 보유한 세 척의 잠수함 중 가장 최신형이었으며, 수중 2,264톤, 제원상 파괴 심도Collapse Depth는 635미터였다.

2017년 11월 15일 산후안함은 여군 한 명을 포함해 총 44명의 승조원을 태우고 우수아이아Ushuaia 해군기지를 출항해 목적지인 마르델플라타 해군기지로 이동하고 있었다. 현지 시각 11월 15일 밤 0시 30분, 산후안함의 함장은 사령관에게 위성전화를 걸어 스노켈 중 해수가 함 내로 유입되어 함수 배터리실 3번이 침수되어 화재가 발생했고, 현재 화재는 진압

• ARA 산후안함 〈출처: Wikimedia Commons〉(위 왼쪽)

• 세계잠수함협회에서 조사를 낭독하는 필자 〈출처: 필자 제공〉(위 오른쪽)

• 산후안의 이동 경로(아래)

되었지만 3, 4번 배터리 전원은 차단하고 후부의 1, 2번 배터리만으로 항해할 수 있는 상황이라고 보고했다. 그리고 7시간 뒤인 2017년 11월 15일 오전 7시 30분10:30 GMT, 산후안함 함장은 사령부와의 교신에서 문제없이 안전하게 항해 중이며 승조원 모두 무사하다고 보고했다. 그러나 이것이 마지막 교신이었다.

2017년 11월 17일 아르헨티나 정부는 11월 15일부터 산후안함과 교신이 끊겼다고 발표하고 생존자 수색 및 구조에 나섰다. 이 작전에는 아르헨티나 해군뿐 아니라 영국, 브라질, 미국, 칠레, 그리스, 일본 등 18개국, 함정 스물여덟 척, 항공기 아홉 대, 수색 인원 4,040명이 참여했다. 아르헨티나 대통령은 국가 재난 상황을 선포하고 국제사회에 협조를 요청했으며, 아르헨티나 출신의 프란시스Francis 교황은 산후안함 승조원들의 안전을 위해 기도해줄 것을 호소했다.

11월 23일 유엔 CTBTOPreparatory Commission for the Comprehensive Nuclear-Test-Ban Treaty Organization에서 소음 분석을 한 결과 최종 교신 후 약 3시간 30분 뒤인 11월 15일 10시 59분 예상 위치에서 '변칙적이고 짧고 급박하며 일회성이 아닌 비핵 폭발'이 있었다고 발표했다. CTBTO는 포괄적 핵실험 금지 조약 기구로, 오스트리아 빈에 본부가 있다. CTBTO는 수중에서의 불법적인 핵실험을 감시하기 위해 열한 개의 수중 센서를 운용하고 있는데, 그중 두 개에서 소음을 청취했다고 했다. 그 센서의 위치는 사고 지점으로부터 수천 킬로미터 떨어진 곳이었는데, 두 곳에서 소음 수신 방위를 그어보면 예상 사고 위치가 나오고, 그곳은 다름 아닌 최종 교신 지점 인근이었다.

11월 30일까지 파고 7~10미터의 악천후 속에서 생존자 수색 및 구조 작전을 펼쳤지만 성과 없이 수색은 종료되었다. 승조원 전원 사망으로 잠정 결론 내렸고, 이후 선체 수색 작전으로 전환되었다. 아르헨티나의 국민들은 슬픔에 빠졌고 숨진 승조원들을 애도했다. 선체 수색 작전에 미국은 조사선 아틀란티스Atlantis와 7,000미터까지 잠항 가능한 3톤짜리 무인잠수정 ROV CURV 21을 투입했고, 러시아는 조사선 얀타르Yantar와 무인잠수정 판테라 플러스Pantera Plus를 지원했했으며, 영국도 조사선을 지원했다. 그리고 실종 1년이 지난 2018년 11월 17일, 미국 민간 선박 오션 인피니티Ocean Infinity가 수심 907미터 지점에서 산후안함의 선체를 발견하고 영상을 공개했다. 그 위치는 마지막 교신을 했던 곳으로부터 15킬로미터 떨어진 곳이었다. 프로펠러와 함교탑 그리고 함수부가 떨어져나갔고, 수많은 조각들로 쪼개져 있었다.

이상이 사고 경과인데, 과연 산후안함에는 무슨 일이 있었던 것일까? 정확하게는 알 수 없지만 유추해 볼 수 있는 몇 가지 정보가 있다.

먼저 소음 분석 결과로, 독일 잠수함 관련 간행물 『아우프터흔Auftauchen』 271호에 미 해군정보국 음향분석전문가 브루스 룰Bruce Rule의 의견이 실렸다. CTBTO에서 수신한 소음을 분석한 결과 소음은 4.4헤르츠와 4.68헤르츠 두 종류가 있었고, 두 가지 모두 폭발음이 아니라 버블 펄스 주파수Bubble pulse frequency였다고 한다.

잠수함이 파괴 심도 이상 깊이 내려가면 압력에 의해 압력 선체가 찌그러드는데, 이를 버크링Buckling, 우리말로 좌굴挫屈이라고 한다. 좌굴이 되면 공기가 빠져나가는데, 이 소음 주파수를 버블 펄스 주파수라 한다. 또한 소음 발생 심도까지 계산하였는데 4.4헤르츠는 389미터에서 계산되었고, 4.68헤르츠는 468미터에서 계산되었다. 그 말은 389미터에서 1차 좌굴이 일어났고, 468미터에서 2차 좌굴이 일어났다는 뜻이다.

또 그가 계산한 방출공기량은 1,798세제곱미터인데, 이는 TNT 6,000

킬로그램과 맞먹는 폭발력을 가지고 있어 시속 2,900킬로미터의 속력으로 물 더미가 압력선체 안으로 들어오는 힘과 같다고 했다. 이는 40밀리세컨드msec, 즉 1,000분의 40초 안에 모든 것을 파괴할 정도의 힘으로 승조원들이 그때까지 생존해 있었다 하더라도 폭발과 함께 순식간에 사망했을 것이라고 했다.

사고 당시 산후안함의 상태를 살펴보면, 산후안함은 2007년부터 2011년까지 수리와 성능 개량을 했다. 수리 기간이 오래 걸린 이유는 경제적 문제와 기술력 부족 때문인 것으로 추정된다. 수리 기간 동안 배터리 교체, 디젤엔진 분해 · 수리를 했으며, 수리 후 아르헨티나 정부는 산후안함을 30년 더 사용할 수 있다고 발표했지만, 완벽하게 수리되지는 않았을 것으로 추정된다. 사고 당일 함장의 보고에 따르면 스노켈 계통에 외부 해수가 유입되었고, 이 유입된 해수가 3번 배터리실에 들어가 화재가 발생했다고 했다. 함 수밀에 문제가 있었고, 전기 계통에도 이상이 있었던 것으로 추정할 수 있다.

다음은 함 기동이다. 해군사령관 가브리엘 가레아지Gabriel Galeazzi에 따르면 산후안함은 사고 당시 5노트의 속력으로 정상 잠항을 하던 중이었다. 수상 항해를 하지 않은 것이다. 당시 산후안함은 작전을 하는 것이 아니라 모항으로 목적 항해를 하고 있었다. 즉, 안전하게만 가면 되는 것이었다. 함 내에 화재도 발생했고 수밀과 전기 계통에 문제가 있었다면 환기가 가능하고 안전한 수상 항해를 했어야 한다. 그런데 수상 항해가 불가능할 정도로 높은 파도가 치고 있었다. 수상 항해 대신 자주 잠항해서 스노켈 항해를 할 수밖에 없었던 것이다. 이렇게 높은 파도에서의 잦은 스노켈은 함 장비와 승조원들의 피로도를 높였을 것이다.

사고 당시 접수된 조난신호도 없었다. 그만큼 사고가 급작스럽게 발생했다는 것이다. 긴급 부상도 하지 못하고 조난신호를 보낼 수 없을 만큼 급박한 상황이었음을 알 수 있다.

이상 정보에서 유추해보면 원인 미상의 급박한 함 통제 불가 상태가 있었고, 선체가 깊은 심도로 내려가면서 수압에 의해 좌굴되었다고 결론 내릴 수 있다. 그러면 무엇이 급작스럽게 함 기동을 불가한 상태로 만들었을까?

첫 번째 가능성은 급격한 함 중량의 증대이다. 파고는 7~10미터, 함은 스노켈을 할 수밖에 없는 상황이고, 유입 해수가 배출 해수보다 많아 함이 무거워졌을 것이다. 높은 파고는 스노켈 계통 또는 수밀 계통에 무리를 줘서 급격한 해수 유입을 초래했을 수 있다. 두 번째 가능성은 수소 폭발과 화재이다. 손상된 배터리에서 수소가 발생했고, 배터리실 환기 계통이 정상 작동하지 않았으며, 수소 농도 측정 장비까지 고장 난 상황을 가정해 볼 수 있다. 수소는 4퍼센트 이상 되었고, 어느 순간 폭발하여 승조원들을 사망에 이르게 했을 수 있다. 그럼 왜 이 소리는 CTBTO 소나 센서에 잡히지 않았을까? 함 내에서 발생한 소음이 함 외의 수천 킬로미터 떨어진 센서에 전달하기에는 신호가 약했을 것으로 추정해 볼 수 있다. 세 번째 가능성은 가스 중독이다. 잠항 항해로 외부 공기의 유입이 차단되고 함 내 대기감시장치가 정상 작동하지 않은 상태에서 무색무취한 일산화탄소 같은 유독가스로 인해 승조원들이 순식간에 혼절했을 가능성도 있다.

여기에 추가로 독자들이 궁금해 할 만한 내용들을 몇 가지 정리해 보았다.

질문 1. 예상 위치도 있는데 사고 후 1년이 지나서야 선체를 찾은 것은 너무 늦은 것 아닌가?

잠수함 사고 후 선체를 발견하는 데 수 년에서 수십 년 걸린 사례도 많다. 탐색 전력이 수없이 해당 구역을 훑었음에도 1년 동안 못 찾은 이유는 해저 지형을 보면 이해할 수 있다. 산후안함이 발견된 곳은 수심 907미터로 협곡이고, 그 바로 아래는 수심 6,000미터까지 내려가는 낭떠러지다. 이런 협곡에서 1년 만에 찾은 것도 어쩌면 운이 좋았다고 할 수 있다.

질문 2. 왜 인양하지 않는가, 인양은 가능한가?

일부 승조원 가족들이 선체 인양을 요구하고 있다. 그에 대해 아르헨티나의 오스카 아구아드Oscar Aguad 국방장관은 인터뷰에서 경제적 · 기술적 어려움을 토로한 바 있다. 선체 인양에 40억 달러한화로 약 4조 원를 투입해야 하는데, 그 비용이 너무 터무니없이 많기도 하고, 현재의 인양 기술로는 인양이 어렵다는 것이다. 그러나 앞으로 기술이 발전하면 인양할 수 있을 것이라고도 말했다. 현재 선체는 여러 조각으로 분리되어 있기 때문에 인양 과정에서 손상될 우려도 있고 이를 책임지고 인양할 회사를 찾기도 쉽지 않다는 현실적인 문제도 있다. 결론적으로, 인양 비용과 기술적 문제 때문에 현재로서는 인양할 계획이 없다고 한다.

질문 3. 사고 진상 규명은 어떻게 하는가?

사고 후 마르셀로 스루르Marcelo Srur 해군 참모총장은 바로 사퇴했다. 현재까지 일부 국민들은 진상 규명을 촉구하고 선체 인양을 요구하고 있다. 아르헨티나 의회는 잠수함 실종 조사 위원회를 구성해 조사를 진행하고 있고, 사고 원인 조사와 책임자 처벌 재판이 진행 중이나. 재판부는 당시 대통령이었던 마우리시오 마크리Mauricio Macri에게는 형사상 책임이 없다고 결론 내렸고 군, 특히 해군의 책임에 대해 조사 중이다.

이상 산후안함 사고에서도 알 수 있듯이 잠수함 사고는 국가적 재난이고, 전 세계의 이목을 집중시킨다. 그리고 원인 규명과 후속 조치에 시간이 많이 걸린다. 산후안함 사고를 통해 잠수함의 안전에 대해 다시 한 번 생각하는 계기가 되길 바라며, 유명을 달리한 산후안함 승조원의 유가족들에게 깊은 애도를 표한다.

## 유럽의 최신 디젤잠수함

잠수함을 운용하는 40여 개국 중 자국 근방에 적이 없는 미국, 영국, 프랑스 3개국을 제외하고는 모두 디젤잠수함을 운용하고 있다. 차후 우리나라가 핵추진잠수함을 보유하게 된다 하더라도 수적으로는 디젤잠수함이 주력 잠수함이 될 것이다.

오늘날 최신 디젤잠수함 기술을 선도하는 유럽에서 잠수함을 건조하고 수출하는 회사는 프랑스의 나발 그룹Naval Group, 독일의 TKMS, 스웨덴의 사브 코쿰스Saab Kockums, 스페인의 나반티아Navantia가 있다. 이들 잠수함 조선소에서 진행 중이거나 입찰에 참여하고자 하는 사업 현황에 대해 살펴보자.

이스라엘은 2000년에 독일 TKMS로부터 돌핀Dolphin Ⅰ급 세 척을 도입한 이래 추가로 돌핀 Ⅱ급 세 척을 계약하여 현재 두 척을 인수하고 마지막 배는 시운전 중이며, 2021년도에 인도할 예정이다.

싱가포르는 TKMS와 신형 잠수함 네 척을 도입하기로 계약하고 현재 건조 및 시운전 중에 있다. 2022년에 두 척을, 2024년에 나머지 두 척을 인도할 예정이다.

인도는 AIP 잠수함 여섯 척을 도입하기로 했고, 그에 따라 현재 다섯 개 업체가 입찰에 참가하고 있다. 러시아 아무르Amur급, 프랑스 스콜펜Scorpene급, 스페인 S80 플러스급, 독일의 214급이 참여했으며, 한국 대우조선해양DSME의 장보고-3급도 참여하고 있다.*

노르웨이는 노후화된 ULA급 잠수함을 대체하기 위해 AIP 잠수함 212CD급 네 척을 도입하기로 하였으며, 현재 독일과 공동 설계를 하며 사업을 진행 중이다.**

스웨덴은 사용 중인 노후화된 잠수함을 대체하기 위해 오래전부터 사업을 진행해 왔으나 스웨덴의 잠수함 조선소였던 코쿰스Kockums가 독일 TKMS로 매각되었다가 다시 스웨덴 기업인 사브Saab가 인수하는 우여곡절을 겪은 다음, 현재 사브 코쿰스에서 A26급 잠수함 두 척을 건조하고 있다.***

네덜란드는 기존의 발루스Walrus급을 대체할 3,000톤급 잠수함 네 척을

* TKMS는 ① 제안요청서의 촉박한 제출 기한, ② 30년 동안의 무한책임 등 과도한 책임 조항, ③ 불명확한 기술 이전 조항 등을 내세워 2021년 7월 입찰을 철회하였다.

** 노르웨이의 212CD급 첫 번째 함은 2023년에 착공해 2029년에 인수할 것으로 예상된다.

*** A26급 1번 함은 2015년 9월 착공하였으며, 2022년부터 2024년까지 인도할 예정이다.

• 유럽의 신형 디젤잠수함 〈출처: Wikimedia Commons〉

도입하기로 하였으며, 여기에 독일과 스웨덴, 프랑스가 입찰에 참가하고 있다.

폴란드도 새로운 잠수함 두 척을 도입하기로 하였고, 독일, 스웨덴, 프랑스가 입찰에 참여하고 있다.

이탈리아도 새로운 잠수함 도입을 위해 독일 TKMS와 협력하여 NFS212급 네 척을 구매하기로 하였다.

그러면 유럽 조선소에서 수출 시장에 내놓은 잠수함들은 어떤 것들이 있는지 알아보자.

### 타입 218SG

218SG급은 싱가포르 해군이 독일 TKMS와 계약하여 생산 중인 주문형 잠수함으로, TKMS가 이미 설계한 214급과 216급을 기반으로 설계되었다. 싱가포르 국방부는 218SG를 2013년과 2017년에 두 척씩 총 네

척 주문하였으며, TKMS는 2022년 1번 함부터 인도할 예정이다. 218SG급은 214급과 동일하게 두 개의 120킬로와트 PEMPolymer Electrolyte Membrane. 고분자 전해질막 연료전지를 탑재하고 있으며, 전투 체계는 STSingapore Technologies와 독일의 아틀라스 일렉트로닉이 공동 개발하였다. 타기는 수심이 얕은 연안 작전에 용이하고 기동성이 양호한 엑스형타를 선택했다. 추진기에는 디퓨저diffuser를 설치하여 추진 소음을 감소하고 추진 효율을 증대하였으며, 승조원은 28명으로 소형화하였고 길이는 70미터, 수중 배수량은 2,200톤이다.

### 돌핀 II

돌핀 II급은 길이 68.6미터, 수중 배수량 2,400톤이며, 연료전지 AIP를 설치하였다. 무장발사관은 일반적인 어뢰와 미사일용으로 사용하는 직경 533밀리미터 발사관 6기에, 직경 650밀리미터 네 개를 추가로 설치하였다. 이 대형 발사관은 대형유도탄이나 특수 요원의 수중 침투용으로 사용된다. 『제인스 디펜스 위클리Jane's Defence Weekly』는 돌핀급 잠수함이 핵으로 무장되었을 것으로 보인다고 보도한 바 있다.

선체는 비자성체非磁性體로 만들어졌으며, 함교탑까지 매끄럽게 페어링되어 유체저항을 최소화한 것이 특징이다. 전투 및 소나 체계는 독일 STN에서 공급한 ISUS 90 체계에, 이스라엘에서 개발한 신형 소나를 장착했다. 돌핀 II는 돌핀 I에 비해 작전 가능 일수가 증가되었고, 더욱 현대화된 무장 센서와 전투지휘 체계를 탑재하였으며, 이스라엘 자국 제품을 더 많이 사용해 국산화율을 높였다고 한다.

### 타입 212CD

노르웨이 ULA형 잠수함 후속 사업을 위해 독일과 노르웨이는 진투 세계와 대함유도탄을 포함하여 잠수함을 공동 생산하기로 하고 AIP 잠수함 타입 212CD를 개발하였다. 'CD'는 '공동 설계'를 뜻하는 'Common Design'의 약자다. 212CD급은 기존 212급에 비해 배수량이 늘고 더 길어졌으며, 성능이 증대된 연료전지 AIP와 새로운 리튬 이온 배터리를 탑재한다. 212 계열 잠수함의 장점은 엑스형타 설치로 17미터의 수심에서도 잠항 가능하며, 특수전에 특화되어 있다는 것이다. 선체는 유체저항을 최소화한 유선형이며, 비자성체로 만들어졌다.

212CD는 총 여섯 척을 건조하는데, 첫 번째 함은 2025년 노르웨이에 인도될 예정이며 2028년까지 총 네 척의 잠수함이 노르웨이에 인도되고, 두 척은 독일에 인도될 예정이다. 이 212CD급 잠수함은 수출용으로 폴란드, 네덜란드, 인도, 이탈리아 잠수함 사업에도 입찰하였다.

### Type A26

스웨덴은 우여곡절 끝에 현재 사브 코쿰스에서 A26급 잠수함 두 척을 건조하고 있다.

A26은 2022년과 2024년에 스웨덴 해군에 각각 인도될 예정이다. 스털링 AIP를 탑재하여 18일 이상 스노켈 없이 잠항이 가능하고, 스텔스 기능과 연안 작전 능력을 향상시켰다. 전장 63미터, 수중 배수량 2,000톤이며, 승조원 스물여섯, 특수 요원 여덟 명이 승함할 수 있다. 네 개의 533밀리미터 어뢰발사관에 추가하여 다기능용 직경 1.6미터 발사관 한 개를 설치하였다. 이 큰 발사관에는 특수 요원 장비, UUV 또는 ROV 탑재가 가능하다. 독특한 선형으로 유체 소음을 최소화하고 선체는 음향 코팅 처리

를 하였다.

A26 계열은 크기에 따라 PELAGIC, OCEANIC, OCEANIC ERExtended Range 세 가지가 있다. 스웨덴 해군은 OCEANIC급을 도입하고 수출용으로는 OCEANIC ER을 제시했는데, OCEANIC ER급은 압력선체 직경 8미터, 전장 82미터, 배수량 3,500톤이다. 기존 어뢰발사관 네 개에 대형 발사관이 있어 특수 요원 이송용 잠수정을 탑재하며, 예인형과 현측 선배열 소나와 말발굽 모양 소나에 엑스형타를 설치하고, 수직발사관 세 개 안에 각각 여섯 개씩 총 열여덟 개의 순항유도탄Tomahawk 미사일을 장착할 수 있다. A26급 잠수함은 네덜란드, 폴란드, 인도 잠수함 사업에도 입찰하였다.

### 바라쿠다 쇼트핀

프랑스 나발 그룹은 프랑스의 핵추진잠수함 바라쿠다Barracuda급을 디젤 잠수함으로 설계 변경하여 바라쿠다 쇼트핀Barracuda Shortfin을 개발하였다. 길이 97미터, 수상 배수량 4,500톤, 작전 일수 90일, 승조원 60명에 열두 명의 특수 요원이 승함할 수 있으며, 펌프제트 추진에 스텔스 선형, 접이식 잠항타를 설치하였다. 호주와 열두 척의 공급 계약을 체결하였고 네덜란드 잠수함 사업에도 입찰하였다. 호주와의 계약 건은 2022~2023년 사이에 건조를 시작하여 2030년 초에 첫 번째 잠수함을 취역할 예정이었으나, 2021년 9월 15일 호주, 영국, 미국 3국이 오커스AUKUS 동맹을 맺어 호주 해군을 위한 핵추진잠수함 획득 지원을 약속하면서 취소되었다.

### 스콜펜

나발 그룹에서 제작한 스콜펜급은 이미 칠레와 말레이시아에서 사용 중이며, 인도는 2005년 여섯 척을 뭄바이에 있는 마자곤 도크Mazagon Dock 조선소에서 현지 생산하기로 계약을 체결한 후 2017년에 1번 함을, 2019년에 2번 함을 인수하였고, 나머지 사업은 진행 중에 있다.

브라질은 2009년 네 척의 큰 스콜펜을 기술 이전 계약하여 현재 1번 함을 시운전 중에 있다. 브라질 스콜펜급은 기존 스콜펜보다 길이를 약 5미터 더 키워 71.6미터, 1,870톤이며, AIP는 선택하지 않았다. 스콜펜급은 폴란드 잠수함 사업에도 입찰하였다.

### NFS 212

이탈리아 해군은 네 척의 신형 잠수함으로 독일과 협력하여 212급을 도입하기로 하였다. 이탈리아 212에는 기존 212급의 납 배터리 대신 이탈리아에서 개발한 리튬 이온 배터리를 장착하고 블랙샤크, 대지 공격 미사일 등 이탈리아 자체 무장을 탑재하고 특수전 능력을 강화하였다.

### S-80 플러스

스페인의 새로운 잠수함 S-81은 2007년부터 건조하기 시작했지만, 2013년에 심각한 중량 설계 결함이 발견되었다. 이후 미국 제너럴 다이내믹스사와 중량 문제를 해결하였고 1번 함을 2022년 9월에 인도한다고 발표하였다. 그리고 수출 시장에도 진출해 개선된 S-80 플러스급으로 인도 P-75I 사업에 입찰하였다. S-80 플러스급은 AIP 연료전지를 탑재하여 스노켈 없이 28일간 잠항이 가능하고, 특수전 능력을 강화하여 승조원 32명에 특수 요원 여덟 명이 승함할 수 있다. 길이 81미터, 수중 배수량이 3,400톤이며, 시험 심도가 620미터나 된다.

## 북한
## SLBM 탑재 잠수함의 실체

북한은 지금까지 여러 종류의 SLBM[잠수함발사탄도미사일]을 공개했다. 2015년 5월 9일 김정은 국무위원장이 참관한 가운데 신포급 잠수함에서 북극성-1형으로 명명된 SLBM의 수중 사출 및 로켓 점화 시험을 했으며, 2017년 5월 21일 북극성-2형의 육상 시험 발사를 했고, 2019년 10월 북극성-3형의 수중 발사 시험을 한 데 이어 2021년 10월 19일 수중 기동 중인 신포급 잠수함에서 소형 SLBM 발사 시험을 했다. 해상 시험과는 별도로 2020년 10월 10일 노동당 창건 75돌 기념 열병식에서 북극성-4형을 선보였고, 2021년 1월 14일 열병식에서 북극성-5형을 공개했으며, 2021년 10월 11일 북한 국방발전전람회 '자위-2021'에서 북극성-1형, 북극성-4형[혹는 5형]과 함께 작은 SLBM을 공개했다.

북한이 왜 여러 종류의 SLBM을 개발하고 있는지, 지금까지 개발한 여러 SLBM 중 하나라도 전력화가 되었는지는 불확실하다. 항간에 확인되지 않은 정보와 예측이 난무하고 있는데, 어쩌면 필자도 불확실한 정보를 바탕으로 하고 싶은 말만 하고 있는지도 모른다. 하지만 나름 드러난 사실을 기반으로 평가해 보고자 하니 이후의 판단은 독자들에게 맡긴다.

일반적으로 무기를 개발할 때는 선행 요건으로 어떤 발사체에서 쏠 것인가를 염두에 두어야 하기에 북한은 이미 탑재 잠수함에 대한 개념을 정립한 뒤 SLBM을 개발했을 것이라고 추정할 수 있다. 필자는 북한이 지난 6여 년간 꾸준히 SLBM을 공개하고 발사 시험을 한 것으로 볼 때 이미 여러 종류의 SLBM을 개발하였으며 현재는 탑재 잠수함과체계를 통합하는 과정에 있을 것으로 판단한다.

북한이 실제 SLBM을 탑재하고 발사 시험을 한 잠수함은 신포급일명 고래급이 유일하다. 북한은 2015년 5월 북극성-1형 발사 시험, 2016년 8월 발사 시험, 그리고 가장 최근에 있었던 2021년 10월 19일 수중 발사 시험 모두 신포급 잠수함에서 한 것이라고 밝혔다. 신포급 잠수함은 수중 배수량이 1,650~2,000톤인 것으로 추정되며, 시험함 한 척 외에 추가로 건조했는지는 식별되지 않았다.

보통 공산국가들이 그렇듯 북한도 보여주기를 좋아한다. 그렇다면 가장 최근의 발사 시험에서 북한이 던진 메시지는 무엇이었을까? 물론 이번 북한의 도발은 북한이 수중 기동하는 잠수함에서 SLBM을 발사할 능력이 있음을 보여준 것이다. 그런데 이번 시험을 보면 좀 이상한 점이 발견된다. 왜냐하면 북한은 북극성-1형 이후 계속 더 큰 SLBM을 공개해 왔는데, 갑자기 작은 SLBM을 쏘았기 때문이다.

이번에 발사된 소형 SLBM은 2021년 10월 11일 북한 국방발전전람회 '자위-2021'에서 처음 공개되었다. 이 전람회에서는 이번에 발사한 것으로 추정되는 소형 SLBM은 물론 2015년과 2016년에 발사한 북극성-1형, 그리고 아직 발사하지 않은 북극성-4형혹은 5형으로 보이는 대형 SLBM이 공개되었다. 북한은 여러 SLBM 옵션이 있는데, 왜 실적이 있는 북극성-1형보다 더 작은 것을 만들어 쏘았을까? 5년 만에 하는 SLBM 발사 시험인데 이전 북극성-1형보다 더 큰 것을 쏘아야 세상이 더 놀라지 않을까?

필자는 북한이 SLBM은 개발했지만 잠수함에 탑재하는 과정에 차질이 있었다고 본다. 원래 계획은 대형 SLBM 북극성-4형이나 5형을 신형 잠수함에서 발사하려 했을 것이다. 북한은 미국 본토까지 날아갈 수 있는 대형 SLBM을 수중 잠수함에서 쏘아 올리면 미국의 발목에 족쇄를 채우고 한반도 내에서 힘의 우위를 차지할 수 있다고 판단하고 있다.

북한이 SLBM 탑재 잠수함을 획득하는 방법으로는 국외 도입, 자체 건조, 기존 잠수함 개조 등이 있을 것이다. 하지만 유엔 제재하에 있는 북한이 국외 도입을 할 가능성은 없다. 자체 건조를 하려 해도 유엔의 제재로 핵심 자재를 들여올 수 없는 상황이다. 결국 자체 건조를 해도 신포급 같은 시험 목적함 정도이지 정상 작전에 투입할 수 있는 성능의 잠수함을 만들지는 못했을 것으로 보인다. 또 이 신포급 잠수함은 완전한 신형 잠수함이라기보다 수중 배수량 1,800톤급의 로미오급 잠수함을 개조했을 가능성도 있다.

신포급 잠수함은 수중 배수량이 2,000톤 미만이다. 국내 언론 매체에서는 구분 없이 사용하고 있지만 잠수함의 배수량은 기본적으로 수상 배수량을 말한다. 따라서 신포급은 1,000톤급 후반의 잠수함이다. 이 정도 크기의 잠수함이 냉발사cold launching 체계 방식의 북극성-1형의발사 압력을 버티기에는 역부족이었을 것이다. 따라서 신포급의 제한된 배수량으로 그 반발력을 버틸 수 있도록 만든 SLBM이 이번에 공개된 소형 SLBM이었을 것으로 판단된다.

앞으로 북한이 SLBM을 실전에 배치한다면 시험 잠수함인 신포급 외에 어떤 잠수함으로 전력화할 수 있을까? 대형 SLBM을 쏘아 올릴 수 있는 3,000톤급 이상의 잠수함을 새로 자체 건조하는 방법과 기존 잠수함을 개조하는 방법이 있을 것이다.

이미 북한이 3,000톤급 신형 잠수함을 보유하고 있다는 설도 있다. 탈북자 출신 유튜버 정명운의 유튜브 채널 북한군사연구소에서는 2020년 12월 16일, 2017년 조선인민군출판사에서 발행한 책자에 김정은 위원장이 직접 언급한 내용이라며, 그 기사를 발췌해 공개했다.

"신포선박수리공장에는 1만 톤급 이상의 잠수함까지 건조할 수 있는 건조대가 이미 건설되었으며 현재 3,000톤급 잠수함 두 척을 건조한 토대 위에 2017년 5월 21일 중거리 전략탄도탄 북극성-2형의 시험 발사를 직접 하여 완전 성공을 하였습니다. 앞으로 군수공업부에서 건조 중인 3,500톤급 이상인 신형 핵잠수함 건조를 2020년까지 완수하면 넓은 바다 밑은 우리의 활무대로 될 것이며 우리 령해로 어떠한 함선도 제멋대로 들어오지 못할 것입니다."

이 내용이 사실이라면 북한은 이미 3,000톤급 잠수함 두 척과 3,500톤급 이상 신형 핵잠수함을 보유하고 있어야 한다. 그런데 김정은 위원장은 2021년 신년사에서 "핵장거리 타격 능력을 제고하는 데서 중요한 의의를 가지는 핵잠수함과 수중 발사 핵전략 무기를 보유할 데 대한 과업이 상정됐다", "중형 잠수함 무장 현대화 목표의 기준을 정확히 설정하고 시범 개조해 해군의 현존 수중 작전 능력을 현저히 제고할 확고한 전망을 열어놓고 새로운 핵잠수함 설계 · 연구가 끝나 최종 심사 단계에 있다"라고 밝혔다.

그러나 2017년 유튜버 정명운이 제시한 자료의 진위에 대해 의구심을 갖지 않을 수 없다. 왜냐하면 이 자료의 발행일은 2017년 4월 25일이지만 내용 중에는 2017년 5월 21일 시험 발사 내용이 과거형으로 되어 있기 때문이다. 그리고 이 자료 작성 시점으로부터 4년이 지난 현재까지도 그들이 만들었다는 잠수함의 실체가 없기 때문이다. 오늘날 위성 정보수집 능력은 군에만 국한되어 있지 않다. 수많은 상용 위성들도 북한을 예의 주시하고 있다. 만약 이미 만들어진 3,000톤급 잠수함 두 척과 3,500톤급 핵잠수함이 있다면 지금까지 노출되지 않았을 리 없다. 그리고 또

한 가지 근거는 2021년 김정은 위원장의 신년사에 그 관련 내용이 없기 때문이다. 따라서 필자는 아직까지 북한에 신포급 잠수함 외에 그 어떤 신형 SLBM 탑재 잠수함도 없다고 판단한다.

그러면 앞으로 진행될 북한의 신형 잠수함 건조 계획을 예측해 보자. 국내 언론 매체에서는 김정은 위원장이 2021년 신년사에서 밝힌 "핵잠수함 설계 · 연구가 끝나고 최종 심사 단계에 있다"라는 말을 토대로 북한이 핵추진잠수함을 만들고 있다는 것을 기정사실화하고 있다. 필자는 과연 북한이 핵추진잠수함을 건조하고 있고, 조만간 그 실체가 공개될 것인가에 대해서는 회의적이다. 왜냐하면 김정은 위원장의 말을 그대로 받아들이더라도 설계 · 연구 · 심사 단계일 뿐이며, 실질적으로 함이 건조되고 있는 것이 아니기 때문이다.

북한이 말하는 '핵잠수함'의 정체를 좀 더 구체적으로 파악할 필요가 있다. 지금까지 신형 디젤추진 SLBM 탑재 잠수함도 못 만든 북한이 바로 핵추진잠수함을 만들 수 있을까? 북한이 장기 과제로 핵추진잠수함 건조를 시도할 수 있겠지만, 현재로선 당장 해야 할 이유도 없고, 그럴 능력도 없다고 본다. 북한은 SSBN이 아니라 SSB만 만들어도 그들이 추구하는 목표를 충분히 달성할 수 있기에 현시점에 SSBN을 굳이 만들 필요가 없다. 김정은 위원장이 신년사에서 말한 '핵잠수함'이란 핵추진잠수함을 말하는 것이 아니라 핵무기를 탑재한 잠수함일 뿐이다. 그러면 김정은 위원장이 2021년 신년사에서 밝힌 그 '핵잠수함'의 실체는 언제 드러날까? 필자는 최소 10년 이내에는 전력화된 신형 잠수함을 보기가 어렵지 않을까 판단한다.

신형 잠수함 건조가 쉽지 않은 상태에서 북한이 단기간 내에 SLBM 탑재 잠수함을 확보하는 방법은 기존의 로미오급 잠수함을 개조하는 것이다. 구소련은 1,800톤급 디젤잠수함 줄루Zulu급을 개조해 최초의 SLBM 탑재 잠수함을 만들었다. 북한도 이러한 형태를 시도한 것으로 판단된다.

2021년 신년사에서도 김정은 위원장이 중고 잠수함을 개조했다고 밝히기도 했고, 2019년 7월 24일 김정은 위원장이 개조 중인 것으로 보이는 잠수함을 순시하는 장면이 공개되기도 했다. 공개된 잠수함에 대해 국내 언론은 "북한이 로미오급1,800톤급 잠수함을 개조해 건조 중인 3,000톤급 신형 잠수함은 전폭 7미터, 전장 80미터 안팎으로 SLBM 세 발을 탑재할 것으로 군과 정보 당국은 평가하고 있다"*라고 보도했지만 필자는 이 표현에 몇 가지 문제가 있다고 판단한다.

우선 이를 '신형 잠수함'이라고 표현하는 데는 무리가 있다. 보도된 사진을 보면 외부 선체에 이미 압력을 받은 흔적이 보인다. 이 외부 선체 안에 압력선체가 있다. 잠수함 압력선체는 원통형으로 제작되어 강도를 증가시키기 위해서는 일정 간격으로 늑골 모양의 골격을 부착한다. 늑골의 흔적이 보인다는 것은 이미 수심 깊은 곳에서 여러 차례 외압을 받았다는 것이다. 그리고 도장페인트 상태를 봐도 이 잠수함이 결코 신형이 아니라는 것을 알 수 있다. 신형 잠수함의 도장이라고 하기에는 적절하지 않다. 공사 중이라면 철판 원색 도장이 되어 있어야 하고, 공사가 끝났다면 깨끗하게 도장 되어 있어야 한다. 전체 도장을 제대로 하면 빛의 반사가 일정하게 일어난다. 그런데 사진으로 봐서는 기존 잠수함에 칠해진 도장을 닦고 부분적으로 다시 칠한 것으로 보인다.

필자가 이 잠수함을 로미오급 잠수함으로 판단하는 데는 몇 가지 근거

* 출처: 연합뉴스, 2020년 5월 25일자

가 있다. 우선, 날개 네 개짜리 선풍기같이 생긴 원이 있은데, 추진기이다. 사진상으로는 한쪽 것만 보이는데, 반대쪽에도 있을 것이다. 현대식 잠수함에는 주로 추진축을 한 개 사용하는데 이 배에는 구식 함에서 볼 수 있듯이 추진축이 두 개다. 압력선체의 직경을 계산해 보았다. 계단이 약 30여 개 정도 보이는데, 계단 한 칸의 높이를 20센티미터로 보고 계산해 보면 어림잡아 압력선체의 직경은 약 6~7미터 정도 될 것으로 보인다. 참고로 로미오급은 압력선체가 6.7미터이고 추진기가 두 개다.

북한이 보유한 로미오급 잠수함은 구소련이 1950년대에 설계한 잠수함으로, 중국으로부터 1973~1995년 사이에 총 스무 척 도입했다. 그중 일곱 척은 1973~1975 사이에 완성품을 직수입했고, 나머지 열세 척은 1976~1995년 사이에 중국이 제공한 부품으로 북한에서 조립했다. 북한이 보유한 로미오급 잠수함의 선령은 26~48년 정도 된 것들이다. 따라서 이 잠수함은 신형 잠수함이라 할 것이 아니라 SLBM 발사용 개조 잠수함이라고 부르는 것이 정확하다.

언론에서 '3,000톤급'이라고 했는데, 그 사실에 대해서도 생각해보자. 로미오급 잠수함은 정확하게는 수상 배수량이 1,475톤이고 수중 배수량이 1,830톤이다. 1,400톤급 잠수함을 어떻게 개조를 하면 3,000톤급이 될 수 있을까? 사진에도 길이 80미터, 폭 7미터로 표기돼 있는데, 이는 기존의 로미오급 잠수함과 같은 크기이다. 어떤 생각으로 이런 그림을 그렸을까? 보통은 잠수함 배수량에 대해 말할 때 검증 없이 쉽게 3,000톤급이라 말하고 그대로 믿는 경향이 있다. 함교탑이 커진 것은 사실이다. 그럼 함교탑의 그 커진 부분이 1,600톤일까? 1,600톤이면 우리나라 손원일급 잠수함의 배수량에 맞먹는다. 함교탑뿐만 아니라 압력선체를 잘라 길이를 연장했다고 하더라도 길이가 80미터가 아니고 훨씬 더 길어야 할 것이다.

북한 잠수함에 대한 관대한 평가, 좀 더 정확하게 말하면 과대평가는 이전부터 있어 왔다. 한 가지 예를 들어보면, 국내 주요 언론사 중에서는 우리나라 주력 잠수함은 1,800톤으로 표기하고 북한 로미오급은 1,859톤으로 표기한 곳도 있다.* 정확한 배수량은 우리 손원일급 잠수함이 북한 로미오급 잠수함보다 수상 배수량은 215톤가량 많고, 수중 배수량은 30톤가량 많다.** 손원일급은 수상 배수량, 로미오급은 수중 배수량을 동일한 비교 수치로 적어서 북한 잠수함을 크게 보이게 한 것은 기자가 무지해서였을까, 아니면 어떤 의도가 있었던 것일까?

로미오급 잠수함을 어떻게 개조해 SLBM 3기를 탑재했을까? 압력선체 길이는 그대로 두고 함교탑만 키웠을까, 아니면 압력선체 길이까지 늘려 배의 길이도 키우고 함교탑도 키웠을까? 많은 사람들은 후자 쪽에 무게를 두지만 잠수함 전문 매체 코버트쇼어스Covert Shores***는 2019년 7월 23일 기사에서 "선체관통구의 위치로 보면 압력선체를 자르고 길이를 연장시키지 않았다"라고 밝혔다.

압력선체를 키우지 않고 SLBM 발사대 공간을 확보했다는 것은 후부 배터리실을 없앴다는 말이다. 배터리실 두 개 중 한 개를 없앴으니 수중 항해 능력이 50퍼센트로 감소했을 것이다. 수중 배수 톤수는 얼마나 늘었을까? 결국 함교탑 부위와 함교탑 뒤쪽 갑판 부위가 확장되었는데 배수 톤수로 보면 그렇게 많이 커지지는 않았다. 즉 3,000톤급은 절대 아니고 2,000톤급으로 보아야 할 것이다. 즉, 북한의 SLBM 탑재 잠수함의 실

* 출처: 중앙일보, 2016년 7월 26일자

** 출처: Wikipedia 자료

*** http://www.hisutton.com

로미오급 잠수함의 제원

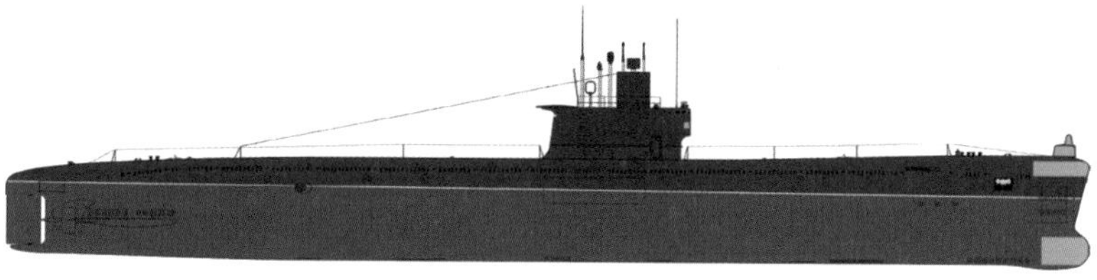

| | |
|---|---|
| **배수량** | 1,475t(수상), 1,830t(수중) |
| **길이** | 76.6m(251 ft 3 in) |
| **폭** | 6.7m(22ft) |

체는 로미오급을 개조한 것이고, 기존의 함 길이를 늘리지 않고 배터리실 하나를 없앴으며, 수중 배수 톤수는 약 2,000톤이라는 것이다.

성능도 약하고 멀리 가지도 못하는 이런 잠수함으로 하와이 앞까지 가서 미국을 향해 SLBM을 쏜다는 것은 불가능한 일이다. 그러나 이런 중고 잠수함이라고 무시해도 될까? 그렇게 않다. 북한이 개조할 수 있는 로미오급 잠수함이 단 한 척이라면 그렇게 생각할 수도 있을 것이다. 하지만 이런 잠수함이 스무 척 있다면 어떨까? 이 중 열 척만 개조해도, 아니 다섯 척만 개조해도 긴장하지 않을 수 없다. 스무 척의 로미오급 잠수함 중 일부만 SLBM 탑재용으로 개조하고 나머지는 겉에서 보기에만 SLBM 탑재용 잠수함처럼 보이게 만들어 바다에 띄운다면 우리 군은 어떻게 대응해야 할까? 오늘날 잠수함 압력선체는 50년 이상 사용해도 문제가 없기에 26~48년 된 북한의 로미오급 잠수함 정도면 충분히 개조해서 쓸만하다. 북한은 이렇게 개조한 로미오급 잠수함으로 굳이 하와이까지 가지 않고 북한 근해에서 수중 항해를 하며 사거리를 늘린 SLBM을 쏘기만 하면 된다고 판단할 것이다.

최근에 주변에서 일어나는 일들이 필자의 가설에 점점 더 힘을 실어주고 있다. 먼저 이전에 공개된 북극성-4형을 보면 북극성-3형에 비해 탄의 길이를 키우지 않았다. 두께만 두껍게 하고 길이를 키우지 않았다는 것은 직경이 더 큰 잠수함에 사용될 탄이 아니라는 것이다. 그리고 2020년 9월 4일 미 정보기관에서 '마양도 근처에서 로미오급 잠수함 두 척이 동시에 식별된 것은 이례적'이라는 정보를 공개했는데*, 중요한 것은 마양도가 바로 로미오급 잠수함을 개조하는 신포조선소 옆에 있다는 것이다. 여러 가지 정황이 일치한다.

로미오급 잠수함 개조가 성공적으로 끝나면 북한은 세상을 놀라게 할 각본을 준비할 것이다. 절대 한 발만 쏘지는 않을 것이다. 중고 잠수함이고 배터리실이 하나밖에 없지만 여러 척의 개조된 잠수함들이 여러 곳에서 폭죽을 쏘듯 쇼를 벌이지 않을까 추정해 본다.

## 일본 타이게이급 신형 잠수함 진수

2020년 10월 14일 일본은 소류급 잠수함 후속 모델로 타이게이(たいげい)급 1번 함 진수식 및 명명식을 개최했다. 소류급 잠수함은 현존하는 가장 우수한 디젤잠수함 중 하나로 알려져 있는데, 그 다음 세대 잠수함을 진수했다니 관심을 가질 수밖에 없다.

* 출처: 글로벌이코노믹, 2020년 9월 6일

일본은 잠수함을 매년 한 척씩 만들고 있다. 현재 아홉 척의 2,750톤 오야시오おやしお급과 열한 척의 2,950톤 소류급을 보유하고 있는데, 2021년 마지막 소류급 12번 함을 도입하고, 2022년에 타이게이함을 더 도입할 예정이다. 타이게이급은 총 일고여덟 척을 계획하고 있는데, 이후 해마다 한 척씩 나올 때마다 오야시오급을 한 척씩 퇴역시켜서 총 스물두 척 체제로 운용할 계획이라고 한다.

2020년 진수한 타이게이함은 어떤 잠수함일까? 타이게이大鯨는 큰 고래를 뜻하는데, 원래는 1934년 건조해서 1942년 항공모함 잠수함으로 개조한 잠수함 모함이름으로, 그 이름을 지금 다시 사용하는 것이다. 함의 길이는 84미터이고 폭은 9.1미터로 소류급과 같지만 높이가 약 1미터 정도 높고, 톤수가 소류급보다 50톤가량 더 많이 나간다. 승조원은 70명이며 건조 비용은 우리 돈으로 약 8,000억 원이다.

소류급은 저진동, 저소음으로 세계 최고 성능을 갖춘 것으로 알려져 있는데 타이게이함은 이보다 조용하고 성능도 더 향상되었다고 한다. 소류급과 비교해 가장 큰 변화는 리튬 이온 배터리 탑재함으로 개발되었다는 것이다. 일본은 소류급 11번, 12번 함에 GS유아사GS Yuasa가 개발한 리튬 이온 배터리를 탑재하였다. 리튬 이온 배터리는 기존 납 배터리에 비해 한 번 충전해서 세 배가량 오래 쓸 수 있고, 배터리 수명도 세 배가량 길며, 충전 시간도 짧다. 최대 출력 지속시간이 길어서 기존 납 배터리로는 수중에서 최대속력으로 1~2시간밖에 가지 못하지만 리튬 이온 배터리로는 열 배가 넘는 30시간까지 갈 수 있다. 소류급 11번 함은 중형 잠수함에 탑재된 세계 최초의 리튬 배터리 탑재 잠수함이다. 이 잠수함은 기존의 AIP를 제거하고 리튬 이온 배터리를 탑재한 것으로 알려져 있다.

타이게이급이 리튬 이온 배터리 탑재 소류급과 다른 점은, 소류급은

• 일본 해상자위대의 타이게이함 진수식 〈출처: Wikimedia Commons〉

기존 납 배터리와 AIP 스털링엔진으로 설계된 잠수함을 설계 변경한 데 비해 타이게이함은 처음부터 리튬 이온 배터리 잠수함으로 설계되었다는 점이다. 이렇게 설계 단계에서부터 리튬 이온 배터리 전용 잠수함이 되면 추진 동력 시스템과 스노켈 시스템을 리튬 이온 배터리에 최적화시켜 더욱 짧은 시간에 배터리 충전이 가능하고, 소음도 줄고, 추진 효율도 향상시킬 수 있다. 또 광섬유 기술을 이용한 신형 고성능 음파탐지 시스템으로 탐지 능력이 향상되었다고 발표했는데, 이는 수중 드론을 전력화해 사용한다는 것으로 이해할 수 있다. 또 소류급 8번 함부터 사용 중인 어뢰 TCM 장비를 탑재하고, 기존 89식 어뢰의 후속인 신어뢰 18식을 탑재한다고 발표했다. 기존 89식 어뢰도 미국의 Mk48 동급 이상의 성능을 발휘하는 어뢰인데, 89식 어뢰보다 더욱 성능이 좋은 신형 어뢰를 탑재함으로써 공격 능력을 향상시킨 것으로 보인다.

일본의 타이게이함 진수식을 보며 느낀 점이 몇 가지 있다.

이들은 축소 지향적인 일본답게 떠벌리지 않는다는 것이다. 이들은 타이게이함을 진수하며 굳이 3,000톤이며, 소류급과 큰 차이가 없다고 강조했다. 소류급도 수상 배수량은 2,950톤이지만 수중 배수량은 4,200톤으로 수상과 수중 배수량이 차이가 많이 난다. 우리나라의 경우 장보고-3급 같은 3,000톤급 잠수함을 지향한다. 만약 우리 같았으면 일부러라도 좀 더 키워 3,000톤급이라고 말하지 않았을까? 우리 언론은 잠수함 배수량을 수중 배수 톤수와 수상 배수 톤수를 구분하지 않고 표기하는 경향이 있는데, 국제적으로 잠수함 배수량은 일반적으로 수상 배수량을 말한다. 수중 배수량을 사용할 경우에는 반드시 수중 배수량이라는 사실을 사전에 전제해야 한다. 일본은 국제 기준에 따라 수상 배수 톤수를 기준으로 말하며, 일부러 배를 작게 보이려고 한다. 게다가 잠수함 수도 줄여서 말한다. 일본은 퇴역시킨 오야시오급 두 척을 훈련함으로 사용하있는데, 이 훈련함들을 보유 잠수함 수에 포함시키지 않는다. 스물두 척 체제로 운용하는 것을 목표로 한다고 말하지만 정확하게 말하면 스물네 척이다. 대부분 나라들은 자국이 보유한 잠수함 수를 과시하려 하는데 오히려 축소하려는 이들이기에 그 속내가 무엇인지 유의해서 보아야 한다.

일본은 세계에서 가장 체계적으로 잠수함을 획득하고 있다. 해마다 잠수함을 한 척씩 주문하는데, 10월에 진수하고 3월에 취역하는 패턴을 십수년간 지켜오고 있다. 이 잠수함들은 미쓰비시 조선소와 가와사키 조선소가 격년으로 번갈아가며 건조한다. 타이게이함 1번 함은 미쓰비시에서 이미 진수했고, 2번 함은 가와사키에서, 3번 함은 미쓰비시에서 건조 중이다. 과거 열여섯 척 체제에서도 두 조선소에 매년 한 척씩 건조 물량을 보장해주는 정책을 써 왔다. 그렇게 해야 조선소 입장에서 잠수함 건조 공백으로 인한 적자를 면하고 잠수함 건조 기술과 인력을 유지할 수 있기 때문이다.

잠수함 건조와 관련된 일본의 또 다른 특성 중 하나는 잠수함을 건조하면서 그 다음 세대 잠수함에 대해 연구한다는 것이다. 예를 들면, 소류급 잠수함을 만들면서 이미 타이게이급을 연구 개발하는 것이다.

- 2004년부터 신형 잠수함 기본 설계(8억 엔)
- 2005년부터 신형 소나 시스템과 AIP 시스템 개발(25억 엔)
- 2006년부터 피탐 방지, 선체 충격 감소 대책 수립 및 시험
- 2009년부터 스노켈 시스템 개선(13억 엔) 및 소나 시스템 평가(49억 엔)
- 2012년부터 선체 구조 연구 및 시험(11억 엔)

- 2016년부터 신형 선체 설계 연구(12억 엔), 신형 소나 시스템 연구(51억 엔)
- 2017년부터 정숙 잠항 시스템 연구 및 시험(57억 엔)
- 2018년부터 고효율 전원 출력 및 공급 시스템 개발

2020년 10월 타이게이급 1번 함을 진수하면서도 일본은 다음 세대 잠수함을 준비했다. 일본이 2025~2028년 연구 개발 예정이라고 밝힌 잠수함은 함교의 크기를 최소화하고, 함수타를 함교탑 앞쪽으로 옮겼으며, 펌프제트 추진 시스템을 갖춘 형태로 설계되었다.

이와 같이 일본은 산업체에 해마다 한 척씩 건조 물량을 보장하고, 연구 기관은 설계한 잠수함이 건조를 시작함과 동시에 그 다음 세대 잠수함에 대해 연구를 진행하게 한다. 군에는 일정한 패턴의 전력 획득을 보장하여 소요제기에 대한 부담을 줄여주고, 전력 운용 계획을 수립하게 함으로써 산업체와 연구기관, 군의 잠수함 획득 사업을 톱니바퀴처럼 체계적으로 운영하고 있다.

또 한 가지 주지해야 할 사실은, 이번에 진수한 타이게이급 1번 함인 타이게이함은 작전에 투입되는 것이 아니라 시험함으로 사용된다는 것이다. 전차나 전투기는 일반적으로 시험 개발 후에 양산에 들어간다. 하지만 양산되는 수가 많지 않고 경비가 많이 드는 군함은 시험 개발을 하면서 양산하는 것이 일반적이다. 그런데 일본은 소류급을 만들면서 이미 시험 개발에 들어갔던 타이게이급 1번 함을 완성 후 시험 개발용으로 사용하는 것이다. 성능이 확실히 보장된 2번 함부터 작전에 투입하겠다는 의도다. 일본이 우수한 성능의 잠수함을 획득하기 위해 얼마나 많은 투자를 하고 있는지 알 수 있는 대목이다.

타이게이급 1번 함 진수는 향후 디젤잠수함 시장의 판도를 바꿀 만큼 큰 의미가 있다.

지금까지 디젤잠수함 건조를 기술적으로 주도한 유럽을 중심으로 핵추진잠수함 대비 디젤잠수함의 제한된 잠항 능력을 극복하기 위해 수많은 노력을 해왔다. 그에 대한 해법으로 AIP를 개발했는데, 독일을 중심으로 한 연료전지와 스웨덴의 스털링, 프랑스의 폐회로 시스템 MESMA Module d'Energie Sous-Marin Autonome가 각축전을 벌리며 향후 디젤잠수함 시장을 석권하기 위해 많은 투자를 하고 있다. 향후 디젤잠수함은 AIP 잠수함으로 가야 한다는 것이 마치 기정사실이며 소요가 급증하는 것처럼 보였다. 하지만 스털링 AIP를 사용했던 일본은 오히려 AIP를 제거하고 리튬 이온 배터리 전용 잠수함을 만들었는데, 이것이 바로 최신예 잠수함 타이게이함이다. AIP는 수중 잠항 지속 능력을 증대시켜 주지만 일정한 공간이 필요하고, 수소와 산소 저장 탱크를 갖춰야 하므로 함의 형태에 영향을 미치고 안전성에도 부담이 되며 관리 · 유지도 어렵다는 단점이 있다. 일본은 소류급 1~10번 함에 이미 스털링을 사용하면서 그 단점을 경험했을 것이고, 납 축전지와 스털링 AIP 조합보다는 리튬 이온 배터리로만 만드는 것이 더 유용하다고 판단한 것으로 보인다.

유럽의 잠수함 개발 회사들은 리튬 이온 배터리의 유용성을 알지만 지금까지 AIP에 워낙 투자를 많이 한 탓에 미래 디젤잠수함 시장을 AIP로 유도하려고 하는데, 일본이 AIP를 제거한 리튬 이온 배터리 잠수함으로 가면 세계 디젤잠수함 시장의 판도가 바뀔 수도 있다. 일본은 이를 이용해 향후 디젤잠수함 시장을 석권하려는 야심을 가지고 있는 게 아닐까 의심된다.

마지막으로, 일본은 잠수함 획득에 있어 미 · 일 안보 공조 체계 속에서 상생하는 전략을 계속 가져갈 것이라는 사실이다. 현재 중국은 잠수함 전력의 증강 및 핵추진잠수함 개발 등을 통해 급속하게 해양력을 팽창해 가고 있고, 이는 일본에게 큰 위협이 되고 있다. 그럼에도 불구하고 일본은 핵추진잠수함 개발에 대해 공식적으로 거론한 적이 없다. 물론 내부적으로는 핵추진잠수함 도입론과 반대론이 첨예하게 대립하고 있고 관련 논문도 많다. 하지만 표면적으로는 군비 경쟁을 가속화하고 일본의 자위대 개념에 맞지 않는 핵추진잠수함 개발보다는 미국과의 지속적인 안보 공조 속에서 디젤잠수함 개발에 매진하고 있다. 이에 반해 우리나라는 현실적으로 난관이 많은 핵추진잠수함 도입에 국력을 쏟고 있다. 그러는 사이에 일본의 디젤잠수함 건조 기술과 그 격차가 점점 더 벌어지고 있는 상황을 심각하게 받아들여야 할 것이다.

## 천안함을
## 말한다

2021년 2월 28일부로 최원일 천안함 함장이 전역했다는 소식이 전해졌다. 천안함은 2010년 3월 26일 서해 백령도 근해에서 북한 잠수정이 쏜 어뢰에 의해 침몰했다. 사고 조사와 결과 발표, 수습 과정에서 많은 시행착오가 있었고 국민들에게 혼란을 주기도 했지만, 정부는 그 원인을 북한 잠수함에 의한 도발로 공식적으로 결론 내렸다.

그럼에도 불구하고 아직도 진실이 무엇인지 알고 싶어 하는 사람들이 있다. 뭔가 조작되었다고 생각하고 누군가가 양심선언을 하기를 기대하고, 사고 원인으로 충돌설, 좌초설 등을 주장하기도 한다.

필자는 전역 후 사회에 나와 다양한 사람들을 만나오고 있다. 그중에는 필자와 비슷한 연배의 사람들과 주말 모임을 이어왔는데, 필자가 예비역 해군인 것이 알려지고 난 후 대뜸 '천안함이 진짜냐'는 질문을 받았다. 그렇게 묻는 사람이 한둘이 아니었다. 천안함과 관련된 진실을 필자에게 말해달라는 눈치였다. 그들에게 나름 차분하게 논리적으로 설명했는데, 필자는 잠수함 함장 출신으로 잠수함의 어뢰 공격에 대한 당시 상황을 그려낼 수 있고, 천안함 사건 이후 해군본부의 천안함 대응 TF팀의 일원으로 활약한 경험이 있기 때문이다.

이미 정부가 조사 결과 를 발표한 상태였고 관심만 가지면 그 결과 자료를 인터넷에서 찾아볼 수 있음에도 사람들은 정부가 제대로 설명하지 않았다고 믿고 있었다. 그들 중 일부는 천안함의 진실에 대해 정부 발표와는 다른 주장을 하는 유튜브 채널들을 거론하며, 그에 대해 필자는 어떻게 생각하는지 물었다. 그래서 다음 모임에 가기 전에 제법 많은 시간을 할애해 유튜브를 찾아봤다. 사실 유튜브를 보는 동안 많은 인내심이 필요했다. 물속 상황을 아는 필자 입장에서는 타 잠수함과의 충돌, 이스라엘 잠수함 이야기, 한주호 준위가 가라앉은 잠수함 안에서 어뢰를 꺼내다 사망했다는 이야기 등 전혀 상식에 맞지 않은 이야기들도 있었기 때문이다. 그럼에도 인내심을 가지고 끝까지 본 후 그 다음 모임에서 회원들에게 유튜브에서 주장하는 바가 왜 비현실적인지를 설명했다. 회원들은 관심이 많았고 또 다른 주장에 대해서도 설명해 달라고 했다. 주중에 또 다른 왜곡된 주장 내용을 보고 그 다음 주말에 그 주장이 왜 비현실적인지를 다시 설명했다. 그렇게 해서 5주간 천안함과 관련된 토의가 이어졌다. 필자는 설명을 할 만큼 다했고 그들은 들을 만큼 다 들었다. 그래서 정부 발표를 믿지 못하겠다던 이들의 생각은 바뀌었을까? 그렇지 않았다. 신기하게도 그들은 자신들이 처음부터 가지고 있던 생각을 신념이라 생각하는 것 같았다.

또 예비역 해군 중에서도 천안함이 해군에 오점을 남겼다며 천안함 함장을 비방하는 사람도 있었다. 육 · 공군 현역 장교들 중에서도 천안함 사건을 한마디로 정의하면 "경계에 실패한 작전"이라며 확고한 신념을 가지고 있는 사람들을 보았다. 그들에게 필자가 사실을 아무리 설명해도 그들은 생각을 바꾸지 않았다. 그래서 지금 또 필자가 뭐라고 해도 그들의 천안함 관련 생각은 바뀌지 않을 것이다. 진실을 말한다는 것 자체가 또 다른 오해를 불러일으킬 수 있다는 것을 알지만, 아직 의문을 제기하는 주요 쟁점에 대한 필자의 경험과 생각을 말해 보고자 한다.

먼저 '천안함 관련 정부 발표는 사실인가?' 하는 의문을 제기하는 사람들이 있는데, 이에 대한 필자의 답은 '사실'이다. 지엽적인 의문이 있을 수 있지만 북한 잠수함혹은 잠수정이 쏜 어뢰에 의한 폭침이라는 그 본질은 틀림이 없다. 처음에는 내부 폭발설도 있었지만 천안함 인양 후 선체가 외부에서 내부로 휘어진 것을 외부 충격으로 보고 기뢰에 의한 폭발, 잠수함 같은 수중 물체와의 충돌, 좌초설 등이 제기되었다. 기뢰의 종류와 특성을 이해한다면 해당 수심에서 기뢰에 의한 폭침은 없었다는 것을 알 수 있다. 타 잠수함 등 수중 물체와의 충돌을 가정해도 실제 천안함에서 발생했던 현상과는 일치하지 않는다. 좌초설을 믿는 이들이 아직도 많은 듯한데, 물론 좌초를 해도 배는 두 동강이 날 수 있지만 좌초 이후 두 동강 날 때까지 많은 시간이 걸린다. 좌초설을 주장하는 사람들은 해군이 그 사실을 숨기고 있다고 이야기하지만, 전역한 해군 출신 모두가 모군의 안전과 명예를 생각하는 충성스러운 사람들은 아니다. 만약 양심선언을 할 만한 일이 있었다면 누군가가 진작에 밝혔을 것이다.

• 천안함 사고는 적 잠수함 공격에 의해 불시에 일격을 당한 사고다. 〈출처: 대한민국 국방부, US NAVY〉

천안함 폭침을 북한의 소행으로 인정하는 이들은 '천안함이 왜 적 잠수함을 잡지 못하고 어뢰를 피하지 못했는지, 경계의 실패가 아닌지'를 궁금해 한다. 그런데 천안함 함장을 비판하려면 천안함 함장을 대신해서 누군가 그때 그 자리에서 적의 어뢰 공격을 피할 수 있어야 한다. 하지만 그것은 불가능하다. 잠수함을 이해하지 못하고 누구라도 당할 수밖에 없었던 그 상황에 피해자가 자신이 아니라는 이유로 피해자에게 돌을 던지는 것은 잘못된 일이다. 들키지 않게 들어와서 표시 나지 않게 어뢰를 쏘고 은밀히 빠져나가도록 만들어진 것이 잠수함이다. 더구나 당시 천안함은 대잠 공격보다 적의 유도탄 공격을 중점으로 대비해야 했다. 또 한 가지, 천안함은 일정 구역을 할당받고 그 구역 내에서 경비를 서는 임무를 수행 중이었다. 지그재그 기동이나 고속기동으로 어느 해역을 통과해 지나가고 있었던 게 아니다. 적 잠수함 입장에서는 공격 위치만 잡고 기다리면 표적이 다시 그 길을 돌아서 올 것이기 때문에 공격하기 쉬운 표적이었다.

'해군은 그렇게 당한 천안함 승조원들을 왜 처벌하지 않고 오히려 감싸나?', '특히 왜 천안함 함장을 처벌하지 않나?'라는 의문을 갖는 사람도 있다. 전쟁 기간 중 수많은 수상 표적들이 잠수함 어뢰 공격에 의해 침몰되었다. 적 잠수함 공격이 예상되는 해역에서 최고의 대잠 경계태세를 유지하고 작전을 수행했던 수상함도 잠수함 공격에 격침된 수가 부지기수인데, 그 많은 사례 중 침몰된 수상함 함장이 처벌받은 경우는 없다. 누군가 인디애나폴리스함 사례를 들어 예외도 있다고 주장할지 모르지만 결국 선장이었던 찰스 버틀러 멕베이 3세 대령도 지나가고 있었던 게 아니다. 이는 수상함이 경계를 게을리해서 잠수함 어뢰에 맞은 것이 아니라, 경계를 해도 잠수함의 어뢰에 맞을 수 있다는 점 때문이었다. 최원일 함장은 실제 보직해임도 되었고 징계 유예처분도 받았다.

최원일 함장은 장교 인사과장이었던 필자가 아는 한 자격과 경력이 매우 우수한 장교였다. 그를 참모로 쓰고 싶어 하는 고위 장교들도 많았다. 실제로 그는 사고가 나기 전 함장직에서 물러날 수도 있었던 상황이었다. 하지만 그는 그 다음 예정된 중요한 보직을 위하여 자신의 인사 발령 시기를 6개월 늦추는 데 동의했고, 그 기간에 사고가 났던 것이다. 필자는 만일 그가 이전에 교체되었고 그를 대신해 다른 함장이 그 자리에 앉았더라도 100퍼센트 그러한 일을 당했을 것이라고 확신한다. 그리고 그는 불의의 사고를 당하고도 패닉에 빠지지 않고 침착하게 잘 대응했다. 최대한 지휘부가 혼란에 빠지지 않도록 했고, 생존자 중 추가 사상자가 발생하지 않게 했다.

그는 보통 해군 장교들이 1~2년 정도 하고 떠나는 2급 함장직을 10년이 지난 지금까지도 내려놓지 못하고 있다. 사고 후 그는 생존한 전우들의 함장이 되어 트라우마에 빠진 그들의 버팀목이 돼주었다. 우리가 보아온 주위의 많은 공직자들 중에 직책을 내려놓고도 그 책임을 다하는 사람들을 보지 못했기에 필자는 그가 훌륭한 함장이라 생각한다.

천안함에 대한 울분과 답답함을 가진 사람이 많다는 것을 안다. 천안함 사고는 적 잠수함 공격에 의해 불시에 일격을 당한 사고이다. 필자는 그 울분을 천안함과 해군에 돌리지 말고 불법적이고 비겁한 공격을 했던 북한 잠수함과 북한 정권에게 돌리라고 말하고 싶다. 잠수함은 얼마든지 그러한 상황에서 그렇게 하도록 만들어진 무기다. 그러나 전시가 아닌 평시에 이런 식으로 공격하는 것은 예외이기 때문이다.

필자는 최원일 함장과 개인적인 친분이 없고, 전역 후 그를 만난 적이 없지만 퇴역 군인들이 사회인이 되어 누리는 자유를 그도 누릴 수 있는

• 천안함의 마지막 항해 모습 〈출처: 대한민국 국방부〉

사회 분위기가 되었으면 한다.

## 러시아 전략핵추진잠수함 북극해 훈련

2021년 3월 러시아는 북극해에서 대규모 군사훈련을 했다. Umka-2021이라 불린 이 훈련은 몇 장의 사진과 함께 언론에 보도되었는데, 이로 인해 잠수함 세계뿐 아니라 국제 안보, 정세에까지 역대급 파장이 일었다. 러시아의 이 훈련이 왜 이토록 큰 파장을 일으켰는지 살펴보자.

미국의 세계 최초 핵추진잠수함 노틸러스는 1958년 최초로 북극점을 통과했고, 그 뒤를 이어 미국 잠수함 스케이트함이 1959년에 역시 세계 최초로 북극 얼음을 뚫고 부상했다. 소련 잠수함 K-3함은 미국보다 3, 4년 뒤인 1962년 북극점을 통과하고 북극에 부상했다. 이후 미국과 러시아는 정기적으로 북극해에서 훈련을 해오고 있다. 미국은 정기적으로 Ice Exersise[ICEX]를 해오며 수시로 관련 사진을 공개했다. 때때로 영국도 이 훈련에 동참해 미국 잠수함들과 나란히 부상하기도 했다. 2018년 영국 HMS 트렌션트[HMS Trenchant]의 요원들은 북극에 부상해서 스포츠도 하고, 북극곰과 사진을 찍는 등 제법 낭만적인 모습도 공개했다. 러시아도 북극해에서 훈련을 꾸준히 해왔다. 따라서 북극해에서의 잠수함 훈련은 결코 생소한 것도 아닌데 왜 이번에 러시아가 공개한 사진으로 세상이 시끄러웠던 걸까?

이번에 빙하를 뚫고 부상한 세 척의 러시아 잠수함중 두 척은 전략핵추진잠수함 델타[Delta] 4급이고, 한 척은 보레이[Borei]-A급이었다. 지금까지 공개된 북극해에서 빙하를 깨고 부상한 잠수함들은 대부분 공격용 핵추진잠수함이었다. 미국 잠수함 세 척이 동시에 같은 구역에 부상한 사진들은 많이 공개되었다. 하지만 전략핵추진잠수함 SSBN이 북극해에서 공개된 것은 매우 이례적인 일이었다. 더구나 전략핵추진잠수함 세 척이 동시에 빙하를 뚫고 나온 것은 처음 있는 일이었다.

지금까지 북극해에서 미국 공격용 핵추진잠수함들의 활약상은 많이 공개되어 왔다. 그럼 이 미국의 공격용 핵추진잠수함들의 주요 임무는 무엇일까? 그것은 바로 북극해로 진입하는 러시아의 전략핵추진잠수함을 추적하는 것이다. 그래서 미국은 공격용 핵추진잠수함으로 러시아의 전략핵추진잠수함들을 북극해에서 무력화시킬 수 있을 것으로 보였고, 상대적으로 북극해에서 러시아의 잠수함들은 큰 존재감이 없는 것처럼 보였다. 하지만 이번 사건으로 인해 기존의 선입견이 완전히 깨지고 말았다. 러시아의 전략핵추진잠수함이 한 척도 아니고 세 척이 동시에 부상한 것 자체가 놀라운 사건이었다.

러시아는 잠수함을 통해 기획된 연출을 잘한다. 기자들을 잠수함에 태워 나가기도 하고 수시로 부대를 공개한다. 이번 훈련도 비밀스레 한 훈련이 아니고 다분히 기획하고 공개를 전제로 연출한 것으로 보인다. 러시아는 이렇게 기획된 연출을 통해 무엇을 보여주고 싶었던 것일까? 러시아는 북극해에서 전략핵추진잠수함을 통해 핵미사일을 얼마든지 쏠 수 있음을 보여준 것이다. 러시아 전략핵추진잠수함은 16기의 전략 핵미사일을 실을 수 있다. 세 척의 전략핵추진잠수함에 총 48기의 대형 핵미사일을 싣고 간 것이다. 그런데 이 대형 핵미사일은 다탄두로, 핵미사일 4~6기를 탑재할 수 있으므로 총 192~288기의 핵미사일을 쏠 수 있음을 보여준 것이다.

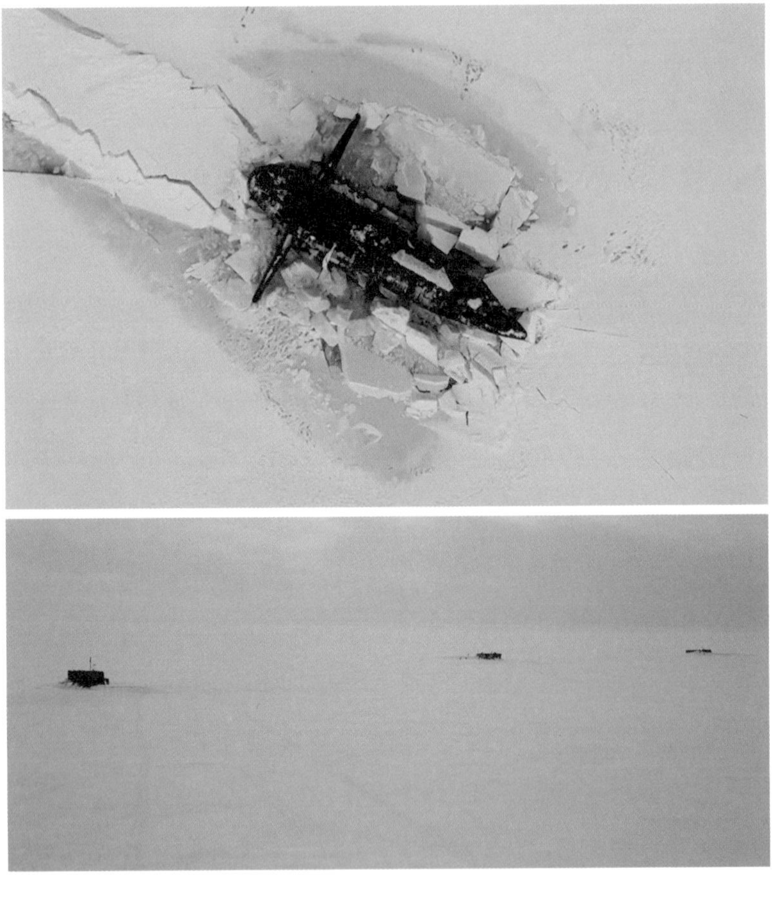

• 세 척의 러시아 SSBN이 동시에 북극해를 뚫고 나온 것은 처음 있는 일이다. 〈출처: Russian Ministy of Defence 동영상 캡처〉

얼음 아래에서는 GPS 신호를 받을 수 없고 긴급 부상을 할 수 없기에 일반 수중 항해보다 어렵다. 그리고 부상하기 위해서는 부상 가능한 두께의 얼음이 있는 곳을 찾아야 한다. 러시아는 이번에 이 덩치 큰 전략잠수함 세 척을 반경 300미터 원 안에 부상시켰다.

이렇게 밀접한 거리에서 세 척을 부상시킨 것 또한 처음 있는 일이었다. 수중으로 기동해서 사전에 약속한 곳의 좁은 반경 안에서 모두 부상했다는 것은 이들 잠수함들이 물속에서도 정확하게 항해할 수 있는 능력을 가지고 있음을 보여준 것이다.

러시아는 공식적으로 설명하지 않았지만, 놀랄 만한 사진이 공개된 바 있다. 델타 4급 잠수함 옆에 어뢰 폭발로 추정되는 큰 구멍이 나 있다. 그냥 구멍만 보여줘도 됐을 텐데 일부러 델타 4급 잠수함을 옆에 놓아 그 크기를 가늠할 수 있게 했다. 구멍의 직경은 약 25미터다. 러시아는 왜 이렇게 구멍의 크기까지 친절하게 알려주려 했을까? 전략핵추진잠수함들이 얼음을 뚫고 나온 뒤 수직발사관에서 핵미사일을 쏘려고 하면 상부 덮개를 열어야 하는데, 그러기 위해서는 덮개 위의 얼음을 먼저 치워야 한다. 전기톱으로 얼음을 잘라내려면 몇 시간이 걸릴 것이고, 그러면 미국 정찰감시망에 노출될 것이기 때문에 미국 입장에서는 별로 걱정하지 않아도 될 것이다. 하지만 사진을 보고 추정을 해볼 때 이는 러시아 전략잠수함이 수중에서 침로선 방위로 어뢰를 쏘아 구멍을 만들고, SSBN이 그 구멍으로 부상해서 순식간에 핵미사일을 쏘겠다는 것을 의미하는 것으로 보인다. 정말 러시아가 의지만 있으면 순식간에 핵미사일을 쏘더라도 대책이 없을 것이라는 사실을 과시하기 위한 깜짝쇼였다고 할 수 있다.

이번에 동원된 잠수함들을 보면 역시 기획의 흔적이 보인다. 열한 척의 러시아 전략핵추진잠수함 중에서도 교묘하게 세 척을 골랐다. 두 척은 델타 4급, 한 척은 보레이-A급 잠수함 크냐츠 블라디미르Knyaz Vladimir로 보인다. 보레이-A급은 타이푼급을 대신하는 최신예 전략핵추진잠수함인데 최신형 전략잠수함이 북극에서 작전할 수 있음을 보여준 것이다. 그리고 델타 4급 잠수함 두 척 중 한 척은 BS-64Podmoskovye인데, 이는 특수 임무용 로샤릭Losharik 스파이 잠수함의 모선으로 개조한 잠수함이다. 로샤릭은 2019년 7월 작전 중 화재사고로 인해 열네 명의 사망자가 발생하기도 했다. BS-64 잠수함은 러시아가 북극해에서도 스파이 작전을 한다는 것을 보여준 것으로 보인다.

종합해보면, 이번 사건은 러시아가 엄청난 도발을 한 것이다. 러시아는 이번 Umka-2021 훈련을 통해 북극해에서의 핵 공격 능력을 유감없이 보여주었다.

이제 기후변화로 인해 북극 항로가 열리고 있다. 이 항로는 수에즈운하를 통과하는 항로에 비해 40퍼센트 짧다. 또 북극해에는 방대한 탄화수소 및 광물 등 엄청난 천연자원이 있는 것으로 알려져 있다. 어업과 관광을 통한 경제적 이익과도 직결된다. 북극해는 강대국들에게 포기할 수 없는 바다가 되었고, 앞으로 더욱 첨예한 경쟁이 있을 것으로 보인다. 여기에 중국도 끼어들 조짐을 보이고 있다. 중국은 현재 일곱 척의 전략핵추진잠수함, 열두 척의 공격용 핵추진잠수함, 50척 이상의 디젤잠수함을 운용하고 있으며, 지속적으로 추가 건조하고 있다. 중국의 핵무장 잠수함이 다른 나라에 탐지되지 않고 북극해에 진입할 수 있다면 아시아 태평양 지역의 게임 체인저가 될 것이다. 그렇게 되면 앞으로 미국은 북극해에서 러시아와 중국을 상대해야 할 것이다. 만일 러시아와 중국이 협력한다면 두 나라를 동시에 상대해야 할지도 모른다.

북극해 얼음 밑에서 강대국들이 치열한 기싸움을 벌이고 있는 이때,

잠수함을 하나의 무기 체계로만 보아서는 안 된다. 잠수함을 전술적으로 운용할 때는 해군의 자산이지만 전략적으로 운용할 때는 국가의 자산이 된다. 잠수함은 어쩌면 가장 정치적인 무기 체계라 할 수 있다. 이러한 사례를 이번에 러시아가 북극해에서 보여주었다.

## 낭갈라함 침몰 사고 분석

2021년 4월 21일 인도네시아 잠수함 한 척이 실종된 안타까운 일이 발생했다. 사고 발생 직후 현지 언론을 통해 알려진 상황은 다음과 같다.

44년 된 구형 인도네시아 잠수함 낭갈라함Nanggala 402은 어뢰 발사 훈련차 53명을 태우고 항해하던 중 4월 21일, 현지 시각 새벽 3시 00분에 잠항 허가를 받고 출항했다가 4시 30분에 발리 북방 60마일96킬로미터 근해에서 실종되었고, 7시 00분에 실종 해역 인근에서 기름띠가 발견되었다. 인도네시아 해군은 탐색 작전을 펼치던 중 4월 24일, 낭갈라함에서 흘러나온 것으로 추정되는 구리스 병과 기도 매트, 기름 등을 발견했다. 해당 수심은 850미터였다고 한다.

국제 잠수함 탈출 및 구조 연락 사무소 ISMERLO가 지원을 약속한 가운데 호주, 인도, 말레이시아, 싱가포르에서 지원 전력을 파견했고, 미 해군 P-8 포세이돈 항공기가 4월 24일 아침 현지에 도착했다. 세계 각국에서 지원을 약속한 가운데 현지에서는 생존자 구조와 선체 탐색 작전에 주력했다.

지도를 통해 현지 해역을 살펴보면, 낭갈라함이 출항한 곳은 수라바야

기지인데, 그 인근 해역은 수심이 얕아서 인도네시아 잠수함들은 수심이 깊은 해역으로 이동해 어뢰 발사 훈련을 하는 것으로 추정되고, 낭갈라함이 사고 해역으로 간 것도 그 때문인 듯하다.

현지 언론에서는 수심 100미터 근해에서 자성체를 발견했다고도 하고, 예상 수심이 200미터라고 했다가 700~800미터라고 한 것을 보면 정확한 사고 지점을 알지 못했던 것으로 보인다. 그 이유는 훈련 해역의 수심이 50미터에서 적게는 200미터, 많게는 1,000미터로 급격히 깊어지는 곳이기 때문이다.

사고 발생 시점부터 선체를 발견하기까지 인도네시아 해군은 낭갈라함 승조원 인명 구조에 중점을 두고 탐색 및 구조 작전을 펼쳤다. 승조원의 생존 가능성은 우선 승조원이 함에서 탈출했을 가능성과, 탈출하지 못했지만 함 내에 생존해 있을 가능성, 두 가지 경우가 있을 수 있었다.

우선 낭갈라함 승조원이 탈출했을 가능성을 보자. 만일 낭갈라함이 선체 손상 없이 100미터 이내 수심에서 침몰했다면 맨몸으로 탈출했을 가

• 인도네시아 해군의 잠수함 KRI 낭갈라함 〈출처: Wikimedia Commons〉

능성이 있었다. 또 150미터 이내 수심이라면 탈출복을 입고 탈출했을 가능성도 있었다. 그러나 수면에서는 어떤 승조원도 발견되지 않았다.

현지에서는 승조원의 생존 가능성도 염두에 두었다. 잠수함에서 승조원들이 탈출할 수 없는 수심이지만 선체가 손상되지 않는 수심, 즉 수심 약 200미터에서 500미터 사이에서 사고가 났다면 심해 구조 잠수정DSRV으로 구조할 가능성이 있었다. 하지만 낭갈라함은 수심 838미터에서 침몰했기에 함 내에서 생존할 수 없었다.

2017년 발생한 아르헨티나 산후안함 사고와 이번 낭갈라함 사고에는 몇 가지 공통점이 있다. 둘 다 독일 HDW사현 TKMS사에서 건조했다는 것과 노후한 배로, 정비가 불충분했다는 것이다. 그리고 두 사고 모두 구조신호가 없었고 침몰 위치가 800미터 이상 심해였으며, 급경사 구간이었다는 점이다. 차이점이라면 낭갈라함 선체 탐색 범위가 산후안함 탐색 범위 대비 훨씬 좁았기에 일찍 찾았다는 것이다.

4월 25일 인도네시아 해군은 해저에서 낭갈라함 선체를 발견했고 승선 인원 53명 전원 사망한 것으로 확인되었다. 이후 밝혀진 내용도 있지만 아직까지도 논란이 되는 부분을 짚어보고자 한다.

인도네시아 해군의 발표에 의하면 새벽 3시 00분에 낭갈라함이 어뢰 발사를 위해 잠항 허가 요청을 했고, 4시 00분경 잠항 허가가 나온 직후 소실되었다고 한다. 4시 00분경 낭갈라함은 어뢰 발사를 위해 어뢰발사관을 충수하고 있었을 것이라고 했다. 인도네시아 합참은 4시 25분에 마지막 교신을 했고, 이때 8번 어뢰 발사를 허가했다고 했다. 또 다른 보도에 의하면, 낭갈라함이 소실되기 전에 한 발의 실전 어뢰와 한 발의 연습 어뢰를 발사했다고도 했다.

낭갈라함이 발견된 위치는 수심 838미터였고, 낭갈라함이 잠항했던 위치로부터 1,500야드[1,400미터] 떨어진 곳이었다. 그렇다면 거리로 봤을 때 잠항 직후 바로 침몰했다는 것인데, 4시 25분에 마지막 교신을 했고 8번 어뢰 발사를 허가했다는 해군의 발표는 납득이 되지 않는다.

낭갈라함이 수상 상태에서 잠항하면서 침몰했는지, 잠항을 완료한 후 침몰했는지, 아니면 어뢰 발사 훈련 기동 중에 침몰했는지 그 정확한 시점은 밝혀지지 않았다. 인도네시아 해군은 4월 22일과 23일 탐색을 하면서 수중에서 2.5노트로 기동하는 수중 물체 발견 직후 소실했다고 보고하고, 50~100미터 수심에서 자성을 띤 물체를 발견했다고 보고했는데, 이것은 무엇이었을까? 공식 발표는 없었지만 2.5노트로 기동하는 수중 물체는 허위 표적이었고, 자성을 띤 물체는 낭갈라함과 관련 없는 침몰한 다른 선박이었을 것으로 보인다.

원격 무인잠수정 ROV를 통해 침몰 선체를 확인하고 잠수함이 세 부분으로 쪼개졌음을 확인했는데, 왜 잠수함이 세 동강 났을까? 낭갈라함 선체 노후도를 고려했을 때 파괴수심이 약 200미터로 예상되나, 설계상 파괴수심인 500미터까지 버텼다고 해도 그보다 깊은 사고해점의 수압을 버티지 못하고 압력선체가 수압에 의해 찢어지는 현상, 즉 좌굴이 일어났을 것이다.

2018년 이후 3년간 잠항을 안 했다는 의혹이 제기되었는데, 이에 대해 인도네시아 해군은 일상적인 훈련은 일주일에 두 번씩 하고 지금까지 여러 차례 큰 훈련을 해왔다고 발표했다. 그러면서 2018년부터 지금까지 실시한 주요 작전 및 훈련 중 일부라며 코모도 자야[Komodo Jaya] 작전 훈련 18 등 일곱 가지 예를 들었다. 따라서 이 의혹은 사실이 아니다.

정원이 33명인 함정에 53명이 승함한 것에 대해 과적 및 정원 초과라며 '그렇게 많이 탔으니 침몰하지 않았나' 하는 의문에 인도네시아 해군은 잠수함 정원은 원래 33명이지만 필요에 따라 많이 승함하기도 하며, 구명정 정원이 50명이라 승조원 50명에 특수 요원 일곱 명까지 총 57명도 승함 가능하다고 했다. 잠수함의 승함 인원 제한은 중량 문제가 아니다. 승조원이 20명 초과해서 탄다 해도 그 무게가 2톤 미만일 것이다. 잠수함 내에서 2톤 정도의 중량을 보상할 수 있는 방법은 많다. 당시 낭갈라함은 어뢰도 적게 실었고 장기간 출동한 것이 아니었기에 부식도 그렇게 많이 싣지 않았을 것이다. 따라서 중량이 문제가 되지는 않았을 것이다. 함 중량보다 더 중요한 문제는 승함한 인원에 대한 탈출 및 안전 장구가 충분했는가 하는 것이다. 이에 대한 정확한 발표는 없었지만 안전 장구를 충분히 실었고, 인근 수상함이 안전함* 임무를 수행했다면 큰 문제는 없었을 것이라 판단한다. 또 낭갈라함에는 잠수함전대장과 세 명의 무장관계관이 승함했는데, 추가 승함한 이들 네 사람에 대해서도 일부 논란이 있다. 그런데 주요 훈련을 할 때 상급 지휘관이 승함하는 경우나 군 내 관련 부서, 조선소, 관련 업체 혹은 연구기관에서 어뢰 발사 훈련을 위해 승함하는 것도 그렇게 이상한 일이 아니다. 정원보다 인원이 많이 탔다는 것이 직접적인 침몰 원인이 된다고는 할 수 없다. 다만 함 내 분위기가 산만해져서 위급 상황 시 조치를 위한 집중도가 떨어질 수는 있을 듯하다.

사고 원인에 대해 인도네시아 해군 관계자는 여러 가능성을 피력했는데, 어떤 이는 전력 소실 가능성이 있다고 했고, 또 어떤 이는 잠항 시작 전까지 조명이 켜져 있던 걸로 봐서 정전 가능성은 적다고 했다. 인도네

* 잠수함의 안전이 완전히 확보되지 않았을 때 안전 항해를 지원하기 위해 근접 기동하는 수상함

시아 공과대학의 한 전문가는 밸러스트 오작동, 타기 오작동, 압력선체 파손 등을 원인으로 꼽았고, 해외의 전문가는 균열, 부식 등 금속 피로와 잠수함의 선령을 문제로 꼽았다. 따라서 현 상황에서 사고 원인이 무엇인지 규명하기는 어렵다. 확실한 것은 분명 어떤 문제가 있었고, 부상하기 위한 부력을 충분히 얻지 못했다는 것이다. 그 어떤 외부의 힘이 작용했을 수도 있지만 내부의 문제였을 가능성이 높다. 내부의 문제라면 전력 소실, 타기 고장, 승조원의 실수, 화재나 침수 등 어떤 문제이거나 이들 중 두 가지 이상의 문제가 복합적으로 작용했을 수도 있다.

인도네시아 해군은 사고 발생 무렵 발리 해에서 수중 파도underwater wave가 발생했다는 증거가 있다며, 인재가 아니라 수중 파도에 의한 사고였다고 밝혔다. 여기서 말하는 수중 파도는 내부파internal solitary wave라고도 하는데, 수면에서는 보이지 않고 수중에서 움직이는 파도라는 뜻이다. 발리 섬과 롬복 섬 사이에 있는 롬복 해협은 거의 2주에 한 번씩 강렬한 내부파를 생성하는 것으로 유명하며 미국의 NASA도 이 사실을 확인했다. 밀도가 다른 물의 성분이 수직으로 분포되어 있으면 어느 순간 잠수함이 밀도가 낮은 곳으로 갔을 때 배가 급격히 무거워질 수 있다. 사람이 바닷물에서 수영하다가 민물에서 수영하면 몸이 무거워지는 것과 같은 원리다. 그러나 내부파가 낭갈라함의 직접적인 침몰 원인이라는 데 대해서는 회의적이다. 아무리 강한 내부파가 있더라도 잠수함은 그 정도는 중량을 보상할 수 있는 기능이 있기 때문이다. 만약 내부파로 인해 배가 무거워졌을 때 중량 보상을 하지 못하는 또 다른 원인이 복합적으로 발생했다면 그때는 내부파가 침몰의 원인이 될 수는 있다.

인도네시아 당국은 낭갈라함보다 더 깊은 곳에서 잠수함 선체를 인양한 사례가 있다고 했다. 1974년 미국이 약 4,900미터 수심에 가라앉은 소련 잠수함 K-129의 선체 일부를 인양한 아조리안Azorian 프로젝트를 말하는 것이다. 선체 인양 방법에는 튜브나 풍선을 선체에 달아 부력을 이용해 인양하는 방법과 러시아 핵잠수함 쿠르스크Kursk함을 인양할 때처럼 크레인 바지선에서 강철 케이블을 이용해 인양하는 방법이 있다. 두 가지 방법 모두 비용이 많이 들고 기술적으로 어렵다. 800미터 이상 수심에 있는 세 동강 난 1,300톤의 선체를 인양하는 것은 쉬운 일이 아니다. 결국 선체 인양은 진행되지 않았다.

유가족들은 승조원의 유해라도 인양해줄 것을 요구했다. 유해를 인양하기 위해서는 150킬로그램까지 들어 올릴 수 있는 ROV 원격 무인잠수정을 이용하는 방법밖에 없다. 그러나 선체 안에 있는 승조원들에게 접근하기 위해서는 많은 구조물들을 제거하고 나아가야 하기에 이 또한 쉽지 않은 일이다. 결국 유해 인양도 이뤄지지 않았다.

4월 25일 인도네시아 공군 장군 출신 정치인 투바구스 하사누딘Tubagus

인도네시아 잠수함 보유 현황

| 함명 | 타입 | 건조 · 개조 | 취역 |
| --- | --- | --- | --- |
| 차크라(401) | 차크라급<br>209/1300 | 독일 HDW사 건조<br>한국 DSME사 개조 | 1981<br>2004 |
| 낭갈라 (402) | | 독일 HDW사 건조<br>한국 DSME사 개조 | 1981<br>2012 |
| 나가파사(403) | 나가파사급<br>209/1400 | 한국 DSME사 건조 | 2017 |
| 아르다데달리(404) | | 한국 DSME사 건조 | 2018 |
| 알루고로(405) | | 인니 PT-PAL 건조<br>(한국 DSME 협력) | 2021 |

Hasanuddin은 "한국에서 2012년에 실시한 정비가 잘못된 것으로 추정한다"라고 말했다. 고위관료가 한국에서의 정비를 문제 삼았다는 것이 좋은 현상으로 보이지는 않는다. 또 앞에서도 말했듯이 인도네시아 해군은 지난 3년간 낭갈라함이 많은 작전 · 훈련에 참가했다는 성명을 내놨는데, 이는 한국 언론에서 낭갈라함이 지난 3년 동안 잠항 실적이 없다고 보도한 데 대해 반박하기 위한 것이었다.

한국 언론은 여러 추측성 기사뿐 아니라 사실과 전혀 다른 내용까지 보도했다. 국내 SNS에서는 의혹과 왜곡, 음모론까지 대두되었다. 우리나라 대통령이 위로 전문을 보냈고, 구조 요청이 있으면 구조함을 지원하겠다고도 했지만, 현지에서는 낭갈라함 침몰 사고와 관련해 한국에 대한 우호적인 기사는 나오지 않은 듯하다.

1960~1970년대 소련에서 도입한 열두 척의 위스키급 잠수함을 운용한 바 있는 인도네시아는 오늘날 다섯 척의 잠수함을 보유하고 있는데, 이 다섯 척 모두 우리나라와 인연이 있다. 두 척은 독일 HDW사에서 도입했지만 우리나라 대우조선해양에서 창 정비를 했고 나머지 세 척은 대우조선해양에서 수출했다. 이는 현재까지 우리나라에서 외국 잠수함을 대상으로 실시한 유일한 창 정비이자 수출이다. 그리고 인도네시아와 후속 잠수함 수주와 관련하여 논의가 진행되고 있는 상황이다. 이같이 인도네시아는 잠수함과 관련하여 우리나라와 매우 밀접한 나라이다.

우리 언론도 의혹을 제기하기에 앞서 그들의 아픔을 위로하면서 사실은 사실대로 확인해 보도하는 태도가 필요하겠다.

## 남중국해에서 만난
## 퀸 엘리자베스 항모전단과 중국 잠수함

2021년 8월 9일 영국 신문 『데일리 익스프레스Daily Express』는 "7월 6일 영국 퀸 엘리자베스 항공모함 전단이 수에즈운하를 통과하여 1997년 이후 처음으로 남중국해와 서태평양으로 순항 훈련에 나선 가운데, 남중국해에서 태평양으로 향할 때 중국의 핵잠수함들이 미행하다 영국 측에 적발되었다"라는 소식을 전했다. 이 소식을 접한 중국 매체들은 8월 10일 『데일리 익스프레스』의 이 기사는 사실 무근이라고 맞불을 놓으며 국가 간 자존심 대결로 확대되었다. 이와 관련해 우리나라 매체들도 중국 잠수함이 굴욕을 당했다는 논조로 보도를 했다.

이 사건과 관련해 중국이나 영국 국방부의 공식 발표는 없었다. 유일하게 영국 『데일리 익스프레스』에서 몇몇 해군 관계자의 의견을 인용해 발표했을 뿐이다. 이 사건에 대해 판단하기 위해서는 기사 내용을 좀 더 면밀하게 살펴볼 필요가 있다.

『데일리 익스프레스』가 "중국 핵공격 잠수함, 태평양으로 진입하는 영국 신형 항공모함 미행"이라는 머리기사와 함께 내보낸 기사를 보면 영국은 중국 잠수함들의 미행을 예상했고, 영국 수상함은 중국 상급093급 잠수함 두 척을 접촉했고, 잠수함도 한 척 접촉했다고 한다. 하지만 이 기사의 핵심은 영국의 항공모함 전단이 중국 잠수함 세 척을 접촉했다는 사실이 아니라, 오히려 중국 잠수함에 의해 이미 미행당하고 있었다는 것, 그리고 중국의 해양력 팽창과 잠수함 전력 증강에 대한 우려였다.

이 기사에서는 중국 잠수함에 의한 의문의 미행이 얼마 동안 지속되었고, 영국의 항공모함 전단이 중국의 잠수함을 어느 정도 거리에서 접촉했으며, 그 잠수함이 중국의 093급이라고 판단한 결정적 증거는 무엇이었는지는 밝히지 않았다. 또 중국 잠수함을 탐지하기 전과 탐지한 후에 어떤 일이 있었는지에 대해서도 밝히지 않았다. 참고로 중국 093급 잠수함은 중국 최초의 핵추진 공격 잠수함인 091급한급 후속으로 나온 7,000톤급 최신예 핵공격 잠수함이다.

이 상황을 기반으로 국내 매체들은 주로 '중국 잠수함들이 서툴게 영국 항공모함 전단을 미행하다 들켜 국제적으로 망신을 당했다'고 보도했다. 정말 중국 잠수함들이 서툴게 행동했고 국제적인 망신을 당했을까? 그렇게 단정할 수만은 없다. 왜 그럴까?

잠수함의 생명은 은밀성이기에 상대방에게 노출되면 안 된다. 이번 경우도 그 잣대로 보면 중국 잠수함들의 명백한 패배로 보인다. 그런데 이번 경우는 다른 관점에서 볼 필요가 있다. 이번 사건은 중국 잠수함이 타국의 영해나 관할 해역에서 은밀하게 작전을 수행하던 중에 일어난 것이 아니라, 국제법상 공해지만 중국이 영유권을 주장하는 해역에서 일어난 것임을 염두에 두어야 한다. 중국은 2016년 7월 남중국해 중재판정에서 패소한 이후에도 판정 결과를 부정하면서 남중국해에 대한 관할권 주장과 영유권 강화 정책을 지속 추진하는 등 남중국해를 지키는 것을 양보할 수 없는 '핵심 이익'으로 간주하고 있다.

잠수함은 자국의 영해는 물론 그 이원의 공해에서도 자유 통항의 권리를 누릴 수 있다. 수중 항해를 할 수도 있고 수상 항해를 할 수도 있다. 물론 항해 안전에 관한 국제법규는 지켜야 한다. 이번 중국 잠수함은 수중 항해 중에 영국의 항공모함 전단에 발각되었다. 물론 미행 중에 탐지되었다. 만약 중국이 미행 중 영국의 항공모함 전단에 적대적 행위를 하거나 또는 그런 의도를 보였다면 영국의 항공모함 전단은 자위권 차원의 대응 조치를 취했을 것이다.

평상시에 잠수함이 상대 함정을 미행하는 것은 상대의 자위권 차원의 대응공격을 초래할 수 있는 사안은 아니다. 적대적 행위로 인해 공식적으로 적으로 대하겠다고 선포한 경우라면 몰라도 미행 그 자체만으로는 강제 부상등의 조치를 취할 수 없다는 것이 지배적인 법적 의견이다. 이번의 경우에도 영국이 실제로 중국의 잠수함을 접촉한 후 가상 공격이나 부상 조치, 그리고 증거 확보를 위한 사진 촬영 등을 했다는 내용은 없었다. 즉, 양국 세력 간에 아무 일이 없었던 것으로 보아 중국 잠수함이 어뢰나 유도탄 발사 등의 징후를 보이지 않았을뿐더러 항로 방해를 위한 충돌 위협 등을 하지 않았다고 추정할 수 있다.

하지만 이 관할 해역에서 언젠가 발생할지도 모를 미국 항공모함 전단과의 일전을 대비해야 하는 중국 입장에서는 제 발로 들어온 영국 항공모함 전단을 그냥 보내려 하지는 않았을 것이다. 항공모함 전단을 은밀히 추적하고 가상 공격을 함으로써 항공모함 공격 전술과 신형 잠수함들의 성능을 시험할 기회로 삼으려 했을 것으로 짐작해 볼 수 있다.

또한 영국은 중국 잠수함 세 척을 접촉했다고 했지만 최신형인 093형은 총 여섯 척이기 때문에 표준적인 대비 태세를 고려할 때 중국 잠수함은 최소 네 척 이상이 참가했을 것으로 추정해볼 수 있다. 그리고 놓치지 말아야 할 부분은, 작전에 참가한 잠수함들이 어떻게 기동했는가 하는 것이다. 수중에서 탐지될 확률과 피탐지될 확률은 비례한다. 탐지할 수 있다는 것은 피탐지될 가능성 또한 높다는 것을 의미한다. 중국 잠수함들은 영국 항공모함을 원거리 회피함으로써 피탐지의 가능성을 제거하려 하지 않았다는데 주목해야 한다. 즉, 중국 해군은 이번에 상당히 공세적으로 잠수함을 운용했다고 볼 수 있다. 여러 척의 잠수함들이 동시다발로 하나의 목표물을 상대하는 것은 통상 항공모함을 공격할 때 이용하는 전술이다.

『데일리 익스프레스』는 "중국은 미국이나 영국 잠수함들에 비해 냉전 기간 동안 축적한 전투 경험이 없다"라고도 했는데, 이 약점을 아는 중국 입장에서 자신의 관할 해역에서 공격당하지 않으면서 가상 전투 경험을 축적할 기회를 마다하지 않았을 것이다.

중국이 이번 미행 결과로 무엇을 얻었는지는 정확히 알 수 없다. 큰 성과물을 얻었을 수도 있고 기대 이하의 결과가 되었는지도 모른다. 최악의 경우, 은밀한 접근을 시도했는데 접근할 때마다 피접촉되었을 수도 있다. 그런데 설사 피접촉이 되었다 할지라도 그것이 과연 중국에게 굴욕적인 일이라고 할 수 있을까? 중국은 장차 일어날 실전에 대비해 좋은 경험 자료를 축적했을 것이다. 또 한편으로는 성능 개량이 필요한 부분을 발견하고 적용할 것이다. 필자의 판단은 중국이 좋은 연습 상대를 만나 피접촉을 감수하면서까지 경험 자료를 축적했기에 그들을 우습게 볼 수 없다는 것이다.

영국 신문과 우리나라 매체들의 시각 차이도 주목할 필요가 있다. 이번 사건을 보도한 영국의 신문은 "중국 잠수함이 영국 항공모함을 미행했다"라고 한 반면, 우리 매체들은 "중국이 미행하다 들켰다"라고 했다. 그러나 평시이기 때문에 설령 미행하다 발각되었다 하더라도 결과적으로 잃은 것보다 얻은 것이 더 많았다면 중국 입장에서는 해볼 만한 미행이었을 것이다. 이번 중국 잠수함의 미행 작전이 평소 훈련이나 연습이 얼마나 중요한지를 방증하고 있는 것은 아닐까?

# 도산안창호함 진수에서 취역까지 3년

우리 기술로 만든 최초의 중형 잠수함이자 장보고-3급 1번 함인 도산안창호함은 2018년 9월 14일 진수, 2021년 8월 13일 취역했다. 진수할 때나 취역할 때 사진을 보면 별로 달라진 것이 없어 보인다. 3년 전 진수식 때 이미 다 만들어진 것 같은데 왜 3년이 지나서야 해군이 인수할 수 있었을까?

먼저 진수는 무엇이고 취역은 무엇인지 알아보자. 진수는 육상에서 함을 다 만들어 물에 띄우는 것을 말한다. 처음으로 물에 띄울 때 하는 행사를 진수식이라고 하며, 이 진수식은 전통적으로 잠수함과 관련된 가장 큰 행사로, 취역식보다도 더 크게 치러진다.

함의 모든 시험이 끝나고 성능이 증명되면 조선소는 운용 군, 즉 해군에게 인도한다. 이때 배의 주인이 조선소에서 해군으로 바뀌게 되는데, 이 행사를 인도식 및 인수식이라 한다. 해군은 배를 인수하여 해군 자산으로 운용하게 되었음을 알리는 행사를 하는데, 이것이 취역식이다.

진수하고 나면 바로 배가 바다로 나가 항해할 것 같지만 사실은 그렇지 않다. 진수식 시점에는 겉만 새 배일 뿐, 사실 내부는 아직 바다로 나갈 준비가 전혀 돼 있지 않다. 진수해서 배를 물에 띄우면 앞뒤와 좌우 무게를 맞춘다. 그리고 진수 전에 이미 대부분 장비는 설치되어 있지만 진수 후에는 함 자체 동력으로 각 장비에 전원을 넣고 해수 계통, 청수 계통, 공기 계통, 유압 계통 등 각 계통이 정상 작동할 수 있도록 준비한다. 모든 장비가 작동 가능 상태가 되면 장비와 계통별로 시험을 한다. 이 단계를 정박 시운전이라 하는데, 이 기간도 상당히 오래 걸린다.

정박 시운전이 끝났더라도 바다로 바로 나가지는 못한다. 아직 배는 정상석으로 항해할 수 있는 상태가 아니기 때문에 조심조심해서 단계별로 바다로 나갈 준비를 한다. 처음에는 예인선에 끌려서 나간다. 예인선에 홋줄을 연결하고 밸러스트 탱크에 물을 채우고 조금씩 내려간다. 이를 정적 잠항시험이라고 한다. 이렇게 물속으로 내려가서 수중에서 함의 중량을 조절한다.

그리고 항해할 준비가 되면 가장 먼저 안전 장비 시험을 한다. 탈출 장치, 긴급 부상 장치, 비상 호흡 장치 같은 것들이 안전 장비에 속한다. 이런 안전 장비들은 이후에도 매번 출항 전 반드시 확인해야 하고, 조금이라도 결함이 발견되면 출항할 수 없다.

안전 장비들까지 이상이 없는 것이 확인되면 이제 자력으로 바다에 나가서 수상 항해 시험을 한다. 수상에서 함 기동 특성을 익히고, 모든 장비와 각종 센서가 정상적으로 작동하는지 확인한다. 수상 항해 시험이 끝나면 드디어 잠항 항해 시험을 시작한다. 처음부터 바로 깊은 심도로 내려가는 것이 아니라 처음에는 잠망경 심도 시험을 하고 50미터, 100미터…… 하는 식으로 조금씩 심도를 늘려가며 단계별로 시험을 한다.

항해 시운전 중 해야 할 시험 종목은 매우 많다. 그중 난도가 높은 시험 몇 가지만 알아보자.

잠수함에 설치된 긴급 부상 장치가 작동하는지 확인하는 시험이 있다. 이 장치는 함이 정상적으로 부상할 수 없는 위급한 상황에서 사용하는 장치다. 항해 시운전 시 함에 일부러 위험한 상황을 만들어 이 장치가 작동하는지 확인한다.

잠수함이 조난되어 해저에 가라앉았는데 부상할 수 없는 상황을 가정해 안전장치가 작동하는지, 탈출용 구명정이 제대로 사출되는지 확인하는 시험을 한다. 이 시험을 하기 위해서는 일부러 큰 트림을 만들어 주어야 한다. 수중 호버링Hovering. 제자리 비행 상태에서 큰 트림trim 각을 만들고 구명정 사출 시험을 하려면 고난도의 기술과 긴장감이 요구된다.

적의 어뢰가 날아온다고 가정하고 수중에서 전속력으로 달리고, 전타를 사용해 심도 변경과 침로 변경을 한다. 모터 앞으로 전속 상태에서 모터 뒤로 전속도 해야 하고 전속 상태에서 키 오른편 전타, 키 왼편 전타, 위로 전타, 아래로 전타 등을 하며 급격하게 기동한다. 또 이러한 상황에서 타기가 고장 나는 상황을 가정하고 제2, 제3의 대체 장비가 작동하는지 시험한다.

수중으로 점점 깊게 내려가면서 하는 수밀 시험은 단순히 해당 심도로 내려가는 게 다가 아니다. 해당 심도에 도착하면 전 계통을 꼼꼼하게 검사한다. 잠수함에는 수많은 관통구가 있고, 그 관통구 밸브는 이중으로 안전장치가 돼 있다. 수밀 시험 중에는 그 안전장치를 제거하고 밸브 한 개만으로 시험을 한다. 만일 이 밸브가 수압을 버티지 못하고 터지면 큰 사고로 이어질 수 있기에 만일의 사고에 대비해 긴급 부상할 수 있는 태세를 유지하며 초긴장 상태에서 시험한다.

이렇게 수밀 시험 심도를 계속 늘려가다가 마지막에는 시험심도test depth까지 내려간다. 이 심도는 해당 잠수함이 수명을 다할 때까지 단 한 번만 내려가는 심도다. 이후에는 최대 작전 심도까지만 내려가며, 잠수함이 수명을 다할 때까지 내려갈 일이 없다. 잠수함 승조원들 중 이 시험심도까지 내려와 본 승조원은 별로 없다. 따라서 시험심도에 도달하면 승조원과 편승자 들은 심해 해수를 받아 축배를 들면서 시험성공을 기념한다.

이와 같이 해상 시운전은 취역 후 정상적인 함 운용 중 발생할 수 있는 상황을 가정하기만 하는 것이 아니라 아주 특별한 위험 상황을 일부러 연출해 시험하는 것이기에 피를 말리는 긴장감을 유지해야만 한다.

시험 기간이 많이 소요되는 시험도 있다. 그러나 연료전지 사용 가능 기간이 2주라고 해서 2주간 시험하는 것은 아니다. 최대 작전 일수가 50일이라고 해서 50일 동안 시험하는 것도 아니다. 이런 경우에는 기간을 단축해서 시험하는데, 예를 들어 하루 또는 이틀 시험을 하고 연료 소모량을 산출해 전 기간 작동이 가능한지를 산출한다.

항해 시운전 기간 동안에는 시험만 하는 것이 아니라 함의 특성을 알고, 정밀 세팅을 하는 과정도 포함된다. 모든 배에는 SOE, 즉 안전 운항 영역이 있는데, 이 표를 만들기도 하고, 이 배만이 가지는 고유의 특성 값으로 장비를 정렬하고 배의 특성 값을 컴퓨터에 입력하기도 한다.

잠수함의 해상 시운전은 어떠한 무기 체계 시험보다도 복잡하고 힘든 과정이다. 바다는 넓지만 적절한 시험 해역을 찾는 것은 쉬운 일이 아니다. 누구나 이용하는 바다를 시험 전용으로 선포하고 다른 배들을 못 들어오게 하는 것도 쉽지 않다. 표적을 10마일까지 멀어지게 하면서 탐지하는 시험이 있는데, 조금씩 멀어지다가 시험 종료 직전에 간섭 선박이 들어오면 처음부터 다시 시험해야 한다.

수많은 수밀 시험을 하는데 육상에 잠수함이 들어갈 수 있는 챔버chamber가 있으면 압력을 올려가며 안전하게 시험할 수 있다. 실제로 작은 잠수함은 이런 챔버에서 시험하기도 한다. 사용 가능한 챔버가 없기에 승조원들이 직접 타고 물속 깊은 곳으로 내려가면서 아슬아슬한 시험을 하는 것이다.

바람이 너무 불거나 파도가 높거나 시정이 좋지 않으면 시험을 하지 못한다. 또 잠수함은 시험할 수 있는 조건인데 지원함선이 지원할 수 있는 조건이 안 되면 시험을 할 수 없다. 대부분 기상이 나빠 시험을 못 하

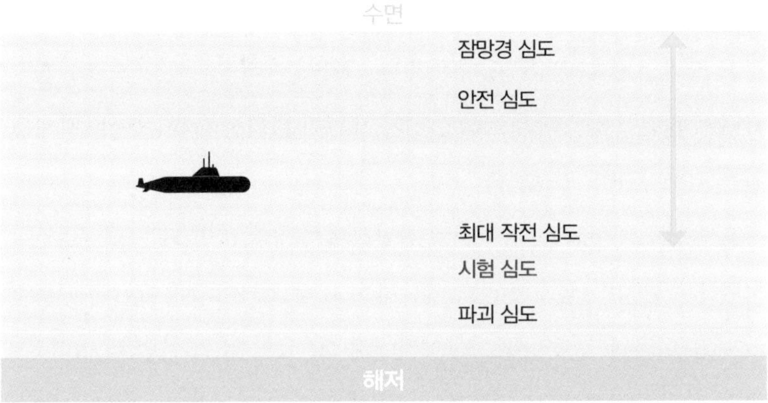


는 경우가 많지만, 어떨 때는 기상이 좋아서 시험을 못 하는 경우도 있다. 파고 5미터에서도 스노켈 항해가 가능한지 확인하는 시험이라면 파고 5미터가 되는 날을 기다려 시험해야 한다.

시운전 기간 중에는 모든 장비나 계통이 아직 안정된 상태가 아니기 때문에 고장도 많이 발생한다. 고장이 발견되면 조선소에서는 수리 요원을 비상소집해 다음 날 출항하기 전까지 밤새워 고쳐 놓는다. 만일 다음 날 출항 시까지 고치지 못하면 시운전 일정에 차질이 생긴다. 시험 종목에 따라 시험 잠수함과 안전 지원함선뿐 아니라 함정, 항공기, 육상 시험소, 잠수부 등 시운전 관계기관과 수많은 참가 인원의 일정과도 연계되기 때문에 일정이 틀어지면 또다시 그 일정을 잡기까지 시간이 걸린다.

잠수함 해상 시운전의 가장 큰 애로 사항 중 하나는 잠수함은 인원 제한이 있다는 것이다. 잠수함은 안전장구 가용 범위에 따라 최대 편승 인원이 정해진다. 예를 들어 최대 편승 인원이 50명이라면, 그 인원을 초과해 승함 할 수 없다. 잠수함은 안전이 항상 우선이다. 그런데 시운전에 필요한 사람은 조선소 관계자, 승조원 외에 감독관, 시험 담당 요원, 평가 요원, 장비 제작사 관계자까지 다양하다. 그렇다 보니 항상 타야 할 사람은 많고 자리는 부족한 상황이 벌어진다. 그래서 계획된 시험이 순조롭게 다 끝나고 시간이 남았더라도 해당 평가 요원이 없어서 다른 시험을 하지 못하는 경우가 자주 발생한다.

잠수함도 자동차를 살 때처럼 진열장에서 골라 사면 되는 것으로 아는 사람도 있는데, 그렇지가 않다. 잠수함은 워낙 고가이기에 그런 부담을 안고 미리 여러 척 만들어놓고 구매자에게 파는 조선소는 전 세계 어디에도 없다. 항상 수주를 받고 운용자의 요구에 맞추어 건조하고, 요구한 성능이 나오는지 시험한다. 다른 나라에서는 시제함을 만들어 시험한 뒤 초도함을 건조하는 경우도 간혹 있지만, 대부분은 시제함과 초도함이 같은 경우가 많다.

항해 시운전 중 함 내 상황은 보통 사람들이 예상하는 잘 갖춰진 군함의 내부 모습과는 다르다. 식사를 거르기도 하고, 다 식은 도시락을 먹거나 침대도 없는 바닥에서 자는 경우도 허다하다. 그리고 항해 시운전 기간 동안 시운전 잠수함만 고생하는 것은 아니다. 아직 잠수함의 안전이 보장되지 않았고 고난도 시험을 많이 하기 때문에 항상 안전 지원함선이 붙어 다닌다. 상황실에서는 예의주시해서 안전을 확인하고 위급 시 투입할 수 있는 안전 지원 부대가 비상대기 한다. 시험 항목에 따라서는 다른 해상 전력이나 항공기 등도 지원에 나선다. 이런 때는 지원 전력과도 일정을 맞춰야 하기 때문에 군사 작전 이상으로 복잡하다.

1번 함의 해상 시운전은 항상 예기치 않게 차질이 빚어지는 경우가 많다. 모든 것이 처음이기 때문이다. 지금까지 한국 해군이 인수한 장보고급, 손원일급도 난관이 없었던 것은 아니지만, 이미 독일에서 설계해 다른 나라로 수출한 경험이 있었기 때문에 경험 자료가 있었다. 하지만 도산안창호함은 전 세계에 유일한 함이었기에 축적된 경험 자료가 없었다. 우리 해군은 그런 도산안창호함의 모든 시운전 절차와 평가 절차를 수립했는데, 이는 앞으로 나올 후속 함들을 운용하는 데 있어서도 매우 중요한 일이다.

세계 잠수함 건조 역사를 살펴보면, 설계는 했지만 건조하지 못한 잠수함도 있고, 건조했지만 시험을 통과하지 못해 취역하지 못한 잠수함도 있다. 또 취역하기는 했지만 예기치 못한 결함으로 수정 기간이 오래 걸려 1번 함과 2번 함의 순서가 바뀐 경우도 있다. 예를 들면 네덜란드 발루스급 1번 함은 발루스함이 아니다. 그런 의미에서 이번 도산안창호함 인수는 우리나라 잠수함 건조 역사에 있어 자축해도 좋을 큰 성과임이 틀림없다.

## 제4장

# 잠수함에 숨겨진 뒷이야기

## 북한에 전시된 미국 UUV

북한 평양에 있는 조국해방전쟁승리기념관에는 미국 정보함 푸에블로Pueblo함이 전시되어 있다. 푸에블로함은 1968년 1월 23일 북한 원산 인근 해역에서 임무를 수행하던 중 북한에 의해 납치되었다. 당시 전 세계의 이목을 집중시킨 이 사건은 푸에블로함 승조원들이 억류되어 있다가 11개월 만에 풀려나면서 잠잠해졌는데, 이후 북한은 이 배를 평양에 선전용으로 전시해놓았다. 여기서 주목하고자 하는 것은 푸에블로함이 아니라 바로 그 옆에 전시돼 있는 것이다. 팻말에는 '미군 극소형 수중 무인정찰 잠수정'이라 표기되어 있다.

북한은 그것을 2006년 8월 함흥에서 획득했다고 발표하면서, 미국에 해명을 요구했다. 이에 대해 미국은 사실을 확인할 수 없다고 발표했다. 그것의 정체는 무엇일까? 잠수함 마니아들은 전시된 그것의 외형이 미국의 NMRSNear-Term Mine Reconnaissance System와 일치한다는 것을 인정한다. 미국이 사전 공개한 NMRS의 외형이 북한에 전시된 그것과 일치하는 것이다. 특히 정교한 추진기를 보면 여지없이 미국의 NMRS이다.

NMRS란, 우리말로 '단기 기뢰 정찰 체계'라 할 수 있다. 잠수함이 적

• 평양 대동강변에 전시된 푸에블로호(위)와 NMRS(아래) 〈출처: Wikimedia Commons〉

연안 가까이 가려면 적이 설치해 놓은 기뢰 같은 위험물이 있는지 사전에 확인해야 하는데, 그러한 임무를 수행하기 위한 장치라 할 수 있다. 이러한 수중 무인 잠수 체계를 수중 드론이라고도 하고, AUV 또는 UUV라고도 한다. 미국은 수중 드론을 여러 형태로 개발하고 있는데, 크기도 소형, 중형, 대형, 초대형 등 다양하다. 이 중 NMRS는 중형에 해당한다.

1990년대 후반에 개발된 NMRS는 로스앤젤레스급 잠수함의 어뢰발사관에서 발사하고, 회수할 수 있게 돼 있으며, 해저를 탐색하기 위한 여러 종류의 소나가 달려 있는데, 해저 탐색 정보는 광섬유 케이블을 통해 실시간으로 잠수함에 제공한다.

NMRS가 북한 손에 들어간 것으로 미루어 미 해군 잠수함이 북한 연안을 정찰해 왔다는 것을 짐작할 수 있다. 그러면 왜 미 해군은 수중 드론을 회수하지 못하고 북한 손에 들어가게 했을까?

먼저 잠수함용 수중 드론의 특성에 대해 알아보자. 잠수함용 수중 드론은 수상함용에 비해 크기가 작다. 잠수함은 탑재 공간이 제한적이기 때문이다. 크기가 작은 수중 드론은 큰 수중 드론에 비해 상대적으로 성능도 떨어진다고 볼 수 있다. 잠수함이 클수록 더 많은 전투 장비와 센서를 탑재할 수 있는 것처럼 수중 드론도 덩치가 커야 더 많은 센서를 탑재할 수 있고 더 큰 배터리를 넣어 더 오랜 시간 임무를 수행할 수 있기 때문이다. 잠수함용 수중 드론은 마치 어뢰처럼 생겼다. 수상함용 대형 수중 드론은 잠수함에 넣을 공간이 없다. 그나마 수중 드론을 넣기에 가장 적합한 곳이 어뢰발사관이기 때문에 외형도 마치 어뢰처럼 생겨야 하는 것이다.

잠수함용 수중 드론은 회수가 어렵다. 수상함은 상대적으로 안전한 곳에서 작전을 하기에 물 위에서 회수하면 된다. 하지만 잠수함은 적지의 물속에서 은밀히 기동하면서 수중 드론을 회수해야 하기 때문에 어려운 기술이 요구된다. 이처럼 한계가 많음에도 잠수함이 수중 드론을 사용하는 이유는 그런 위험을 감수하고서라도 얻을 수 있는 정보가 매우 가치가 있기 때문이다. 잠수함에서는 수중 드론을 운용하며 연결된 광섬유 케이블을 통해 신호를 받고 상세한 적지의 해저 지형도를 얻을 수 있다. 이렇게 얻은 정보는 추후 상륙작전을 펼 때, 특수 요원이 침투할 때, 수상 세력이 연안 작전을 펼 때, 또 잠수함이 연안 가까이 들어갈 때 매우 유용하게 쓰인다. 이는 다른 어떤 무기 체계도 하지 못하는 일이기에 잠수함이 위험을 무릅쓰고서라도 이용하는 것이다.

미국의 NMRS가 북한에 전시되어 있다는 것은 한마디로 미국 잠수함이 운용 후 회수하지 못했다는 것이다. 잠수함에서의 수중 드론 회수 문제는 지금도 여러 가지 방안이 논의되고 있지만, 그 기술적 문제가 완전히 해결되었다고 말하기는 어렵다.

잠수함이 수중 드론을 회수하는 방안은 여러 가지가 있다. 먼저 어뢰발사관을 이용한 회수 방안으로, 깔때기 모양의 회수구를 만들어 발사관 내로 들어오게 하는 방법, 회수용 팔을 설치해서 집어넣는 방법, 회수용 낚는 줄을 내어서 끌어들이는 방법, 탑재용 플랫폼을 이용하는 방법 등 다양하다. 또 어뢰발사관보다 회수하기 쉬운 DDS^Dry Deck Shelter^를 이용하는 방법도 있다.

덩치가 큰 잠수함에는 특수전용 챔버를 부착할 수 있는데, 이것을 DDS라고 한다. DDS를 이용해서 회수하기 위해 깔때기를 쓰기도 하고, 탑재용 플랫폼을 이용하기도 한다. 또 수직발사관에 회수기를 설치하고 수중 드론을 잡아 세운 다음 수직발사관에 집어넣는 방법도 있다. 이처럼 여러 방법이 있지만, 어떤 방법을 쓰더라도 수상함처럼 수상에서 회수하는 것보다는 어렵다.

미국의 잠수함용 수중 드론이 북한에 전시된 사실을 통해 알 수 있는 것은 무엇일까?

우선, 미국 잠수함이 최소 한 번 이상 북한 해역에서 작전을 하며 정찰 임무를 수행했다는 것이다. 그리고 미국 잠수함의 수중 드론 회수 시스템이 제대로 작동되지 않았다고 단정 지을 수 있다. 잠수함에서 보다 안전하게 수중 드론을 회수하기 위해 오늘날에도 많은 연구가 이뤄지고 있지만, 북한이 미국 수중 드론을 획득한 2006년 상황이라면 회수 기술이 지금보다 더 불완전했을 것이다.

회수가 제대로 되지 않았을 경우를 대비해 수립해 놓은 우발 계획(偶發計劃)도 제대로 작동되지 않았다는 사실을 알 수 있다. 수중 드론을 운용하고 나면 회수하는 것이 정상이지만 기술적, 환경적 문제로 인해 회수하지 못하게 될 수도 있다. 그러나 그렇더라도 그 수중 드론을 적에게 넘길 수는 없다. 그래서 통상 그런 상황이 되면 깊은 곳에 가라앉게 하거나, 아니면 사전 프로그래밍 된 위치로 보내서 안전한 해역에서 회수하는 등의 우발 계획을 수립하는데, 이 우발 계획조차 가동되지 않았던 것이다.

아무튼 지금 미국 잠수함에서 운용했던 수중 드론 하나는 북한에 전시되어 선전용으로 이용되고 있다. 언젠가 미국 잠수함이 어떻게 이 수중 드론을 잃어버렸는지 그 배경이 공개되길 기대해 본다.

## 유보트에는
## 헬기도 있었다

유보트 마니아들이 관심 있어 할 만한 주제로 항공기를 운용했던 유보트에 대해 알아보고자 한다.

항공기를 실을 수 있는 항공모함은 해전의 양상을 바꿀 정도로 큰 역할을 했지만, 덩치가 워낙 커서 금방 적의 표적이 된다는 것이 단점이었다. 항공기를 잠수함에 실어 나르면 적의 탐지를 피해 먼 곳에서 항공기를 운용할 수 있기에 큰 이점이 있을 것으로 판단하여 실제로 제2차 세계대전 중 운용된 잠수함 중에는 항공모함 잠수함도 있었다.

대표적인 항공모함 잠수함으로 일본의 I-400형을 들 수 있다. 이 잠수함은 동체에 날개가 고정되어 있는 고정익 항공기를 세 대나 실을 수 있었다. 연합국인 영국, 프랑스, 소련에서도 항공모함 잠수함을 운용한 사례가 있다. 독일은 상대적으로 경제적이고 작은 잠수함을 많이 만들어 운용했다. 그래서 항공기를 탑재할 만큼 큰 잠수함이 없었을 것 같은데, 유보트에서도 항공기를 운용했을까?

독일은 유보트 자체가 크지 않았기 때문에 항공기에 폭탄을 실어 적함이나 적지를 공격하는 개념이 아니라 멀리 있는 표적을 발견하기 위한 용도로 개발했다. 유보트는 적의 상선을 찾아 공격하는 파괴전에 주로 참여했는데, 선체가 낮아 멀리 볼 수 없다는 단점이 있었다. 그래서 견시 감시탑을 세워 좀 더 높은 곳에서 볼 수 있게 했지만, 이 또한여의치 않자 항공기를 탑재하기로 했다.

먼저 Ar 231이라는 유보트 탑재용 접이식 고정익 해상항공기를 만들었다. 이 1인 잠수함용 해상항공기는 유보트 타입 9B에 탑재하려 했지만 시험 결과 강도가 약해 잘 깨지고 출력이 충분하지 않아 기대만큼 잘 날 수가 없었다. 그래서 이 단점을 해결해 개발한 것이 바로 Fa 330 헬기 바흐스텔체Bachstelze다.

바흐스텔체는 우리말로 할미새를 의미하는데, 헬기가 나는 모습이 마치 할미새가 나는 모습과 비슷하다고 해서 이렇게 이름 붙여졌다. 이 바호스텔체의 제작사 이름은 'Fa 330헬기'였지만 헬기로서 자체 항해 능력이 있는 것이 아니라 유보트와 줄로 연결되어 유보트의 추진 속력에 의해 바람을 타고 나는 개념이었다. 마치 연처럼 말이다. 바흐스텔체에는 조종사 한 사람만 탑승할 수 있었고, 이 조종사는 상공에서 360도 견시 임무를 수행하며 접촉한 표적 정보를 연결된 통신선을 이용해 유보트에 알리는 역할을 했다. 바흐스텔체 길이는 4.42미터, 날개 직경 7.32미터, 무게 68킬로그램이었으며, 최대 43노트에서도 예인되도록 설계되었다. 유보트 중 덩치가 큰 타입 9 중에서도 가장 큰 타입 9D에 장착 되어 200미터 상공까지 올라갈 수 있고 50킬로미터까지 정찰할 수 있었다. 유보트 함교에서는 최대 9킬로미터까지밖에 정찰을 못 했는데, 그에 비하면 다섯 배 이상 먼 거리까지 정찰이 가능했다.

그런데 유보트가 연합국 항공기에게 발각되면 공격당하기 전에 재빨리 잠항을 해야 하는데, 이런 헬기를 달고 있다가는 잠항도 못 하고 속수무책으로 공격당하지 는 않았을까? 어떻게 이런 헬기 를 운용할 수 있었을까? 그래서 이 헬기는 연합국 항공기로부터 위협 받을 수 있는 해역에서는 사용하지 못했고 항공기의 위협이 없는 대서양 남단과 인도양에서만 사용했다.

바흐스텔체의 작동법은 다음과 같다. 함교탑에 있는 테이블 뒤쪽에 두 개의 원통형 통이 있는데, 그 속에 헬기를 분해해서 보관하다가 운용해야 할 때 테이블 위에서 조립하고, 조립이 끝나면 조종사가 탄 다음 연결되어 있는 줄을 느슨하게 풀면서 연을 띄우듯 헬기를 올렸다. 그리고 복귀 시에는 줄을 감는 드럼 장치를 이용해 테이블 위로 복귀시키고 기체는 다시 분해해 앞에 있는 통에 보관하는 방식이었다. 헬기 설치에 소요되는

• Fa 330 바흐스텔체 〈출처: Wikimedia Commons〉

시간은 기상이 좋을 때는 4분, 기상이 나쁠 때는 20분 걸렸다.

이 헬기를 통해 독일 유보트는 얼마나 많은 전과를 올렸을까? 독일은 Fa 330 헬기를 총 200개 제작해 U-177, U-181, U-852 등에서 운용했지만, 헬기를 통한 격침 전과는 U-177이 1943년 8월 6일 그리스 증기선 에프탈리아 마리Efthalia Mari를 격침시킨 것이 유일했다.

## 죽어서도 올라오지 못하는 잠수함 승조원들

우리 국방부에는 유해발굴감시단이 있다. 지금도 6·25 전사자 유해를 발굴하고, 신원을 확인하여 유가족에게 통보하고, 예를 갖추어 안장식을 거행한다. 전사자 유해에 대해 격식과 예우를 갖추는 것은 비단 우리나라뿐 아니라 다른 나라도 마찬가지일 것이다. 미국 대통령이 전사자 유해가 본국에 도착할 때 직접 공항에 나가서 깍듯하게 맞이하는 모습을 언론을 통해 본 적이 종종 있을 것이다. 나라를 위해 목숨 바친 군인들의 유해에 대한 예우는 아무리 강조해도 지나침이 없을 것이다. 그럼, 잠수함과 함께 물속에 가라앉은 잠수함 요원들의 유해는 어떻게 취급되고 있을까? 정중하게 인양되어 국립묘지에 안장될 것 같지만 현실은 그렇지 않다.

바닷속에는 가라앉은 수많은 잠수함들이 있다. 그중에는 잠수함을 폐기하기 의해 의도적으로 침몰시킨 잠수함도 있지만, 작전이나 전투 중 사고나 적의 공격에 의해 승조원과 함께 침몰한 잠수함도 많다.

예를 들면 2017년 침몰한 아르헨티나 산후안함의 승조원 44명은 지금도 잠수함에 승조한 채 전원 해저 907미터에 가라앉아 있다. 2021년 침몰한 인도네시아 낭갈라함의 승조원과 편승자 53명도 전원 해저 838미터에 가라앉아 있다. 탐색 작전을 통해 침몰 위치를 파악했기 때문에 당연히 인양하고 승조원의 유해를 수습해 가족에게 돌려보내야 하지만, 현실은 그렇지 못하다. 수심 깊은 곳에 가라앉은 조각난 선체를 인양하기에는 기술적으로나 경비 측면에서나 어려움 있기 때문이다. 그래서 이들의 유가족들은 해상에 헌화하는 것으로 아픔을 달래고 있다.

승조원과 함께 침몰한 독일 유보트들도 수중에 아직 많이 남아 있다. 제2차 세계대전 중 유보트 승조원 약 4만 명 가운데 3만 명 정도가 사망했지만 유해라도 인양된 이들은 많지 않다. 그래서 독일 유보트 전사자들의 묘지에는 무덤 대신 동판에 이름을 새겨서 그들의 희생을 기리고 있다. 칼 되니츠 제독의 두 아들도 해군으로 전장에 나갔다가 돌아오지 못했고, 그의 가족 묘지는 아들들의 비석만 있고 유해는 없다.

그럼 인양 가능한 잠수함 안에 있는 유해는 어떻게 취급되고 있을까?

2013년 호주에서는 한 장의 사진을 공개했는데, 말레이시아 해역에서 인양된 제2차 세계대전 당시의 네덜란드 침몰 잠수함 O-16의 선체 사진이었다. 이 선체는 관련 법규가 정해지지 않은 상태에서 고철 상인이 임의로 인양한 것이었다. 잠수함에는 고품질의 금속이 많이 있고 일부는 골동품으로 매각할 수 있기 때문에 고철 상인에게는 돈이 된다. 문제는 고철 상인들이 선체를 불법으로 인양한 것도 있지만, 잠수함 내부에 있던 승조원들의 유해에 그 어떤 예도 갖추지 않고 훼손시켜버렸다는 것이었다.

이 사건은 네덜란드 잠수함 유가족들에게 큰 충격을 주었고, 이후 침몰된 잠수함 승조원의 유해에 예를 갖춰달라는 운동이 전개되었다.

이 운동에 앞장선 이는 네덜란드에 사는 브롬이라는 이름의 여성이다.

브롬 여사의 아버지는 제2차 세계대전 중 네덜란드 잠수함 K-XVI의 전기관이었다. 태평양전쟁 개전 시 네덜란드는 식민지였던 인도네시아 수라바야 기지에 잠수함 총 열다섯 척을 전개하고 있었다. 이 네덜란드 잠수함들은 당시 영국 해군과 협력하며 일본군을 상대로 싸웠다. 그녀의 아버지가 승조한 K-XVI은 1941년 12월 25일 남중국해 보르네오 60마일 지점에서 일본 잠수함 I-166에 격침되어 승조원 전원이 사망했다. 1942년생인 브롬 여사는 그때 어머니 배 속에서 있었다.

아버지 얼굴을 보지 못하고 성장한 브롬 여사는 성장 후 아버지의 흔적을 찾아 나섰다. 그녀의 아버지가 승조했던 K-XVI을 포함해 제2차 세계대전 중 인도네시아 근해에서 소실돼 못 찾고 있던 세 척의 네덜란드 잠수함을 찾기로 결심하고 1982년부터 네덜란드 침몰잠수함발굴협회에서 활동하고 있다. 그러던 중 그녀의 아버지가 승조한 K-XVI을 격침시킨 일본 잠수함 I-166 역시 영국 잠수함 텔레마코스Telemachus함이 쏜 어뢰에 맞아 격침되었다는 사실을 알게 되었다. 그리고 종전 후 60여 년이 지난 2006년, 네덜란드 K-XVI 전기관의 딸 브롬 여사와 일본 I-166 기관장의 아들 아키라Akira Tsurukame, 영국 잠수함 텔레마코스의 함장 킹William Leslie de Courcy King과 그들의 가족들은 네덜란드, 일본, 영국을 상호 방문하며 화해와 우정을 상징하는 기념식수를 했다. 이들의 상호 방문은 세계잠수함협회에서 큰 쟁점이 되어 지금도 그때 행사가 회자되고 있다.

2013년 10월 말레이시아의 고철 상인들에 의해 침몰 잠수함이 불법으로 훼손된 사건이 알려진 후 인근에 침몰해 있던 K-XVII도 심하게 훼손된 것이 확인되었다. 잠수함과 시신 훼손은 말할 것도 없고 일부 네덜란드 잠수함의 항해등 등의 물품은 불법으로 유통되어 호주의 경매장에서 팔리고 있었다. 이에 네덜란드 잠수함협회는 고철 상인들의 불법적인

• 선친의 사진과 함께한 브롬 여사 〈출처: 필자 제공〉(위)
• 브롬 여사와 영국의 킹 함장, 일본의 아키라 씨 〈출처: 필자 제공〉(가운데)
• 2019년 베오그라드 세계잠수함협회 모임에서 브롬 여사와 필자 〈출처: 필자 제공〉(아래)

침몰 잠수함 훼손과 인양에 대해 네덜란드 정부와 각국에 탄원했고, 이후 많은 발전이 있었다. 네덜란드 정부는 공식적으로 캄보디아와 말레이시아 정부에 침몰 잠수함 발견 시 소속 국가에 통보해줄 것과 유해에 대한 예우를 요청했고, 협조 약속을 받아냈다. 네덜란드 잠수함에서 불법으로 탈취되어 호주에서 판매된 항해등 등의 물품은 네덜란드로 반환되었고, 이후 네덜란드 헬데르 잠수함 박물관에 전시되었다.

네덜란드를 비롯한 폴란드, 영국 등 제2차 세계대전 중 소실된 잠수함을 찾는 나라들은 함부르크에 있는 ITLOS 국제해상법재판소에 공식적으로 문제를 제기하여 입법화하기 위해 노력하는 한편, 각국에 협조를 호소하고 있다. 이들은 발견된 잠수함의 소유권을 주장하는 것이 아니라 인도적인 차원에서 발견된 유해에 최소한의 예를 갖춰줄 것과 가족들에게 인도해줄 것을 요청하는 것이다.

전쟁은 끝났지만 유해가 훼손되는 것도 막지 못하는 잠수함 전사자 가족들의 아픔은 지금도 계속되고 있다.

## 독일 잠수함에는 맥주가 있다

독일 212급 잠수함을 다룬 다큐멘터리에는 U32가 출동 준비를 하면서 여러 가지 부식을 잠수함에 적재하는 모습이 나온다. 함수 해치를 통해 부식을 전달하면 함 내에 있는 승조원들이 줄줄이 서서 부식을 적당한 장소로 날라 옮긴다. 잠수함 내 구석구석에 부식을 적재하고 고정시킨다. 바나나를 줄에 걸기도 하고 공간을 최대한 활용해 적재한다. 이런 모습은

• 독일 212급 잠수함 〈출처: Bundeswehr〉

출동 준비하는
독일 잠수함 U32
관련 다큐멘터리

아마 모든 잠수함에서 볼 수 있는 일반적인 모습일 것이다. 그런데 이 다큐멘터리에서는 몇 가지 특이한 점을 발견할 수 있다. 독일 잠수함은 우리가 생각하는 일반적인 상식과 다르게 운용되는 것들이 많은데, 그중 몇 가지를 소개해 보겠다.

우선 독일 잠수함에는 여군이 승함한다. 물론 이는 독일 잠수함만의 색다른 점이라고는 할 수 없다. 이미 다른 많은 나라들에서도 잠수함에 여군이 승함하고 있다. 하지만 독일 잠수함에는 여군이 승함하는 다른 나라 잠수함에 비해 크기가 작고, 여군만을 위한 분리된 격실이 없다. 지금은 1,500톤의 212급이지만 이전 500톤 미만의 206급에도 여군이 승함했다는 것을 감안하면, 독일은 가장 작은 잠수함에 여군이 승함한 나라라고 할 수 있다.

독일 잠수함에는 정박 시 함 내 당직자가 없다. 일반적으로 군함은 정박 상태에서도 함 내에 당직자가 근무한다. 그런데 독일 잠수함은 정박하면 배를 비워두고 모두 퇴근한다. 자동차를 주차장에 주차한 뒤 시동을 끄고 그냥 두는 것처럼, 개인 요트를 정박한 후 시동을 끄고 그냥 두는 것처럼 말이다. 독일은 군함도 일반 자동차나 개인 요트처럼 취급하는 것 같다. 물론 수상함도 마찬가지다. 그렇다고 당직자가 전혀 없는 것은 아니다. 부두 입구에서 몇 명의 육상 요원들이 통합 당직을 서고 순찰을 돈다.

독일 잠수함부대에는 잠수함 전용 군수지원함이 있다. 엘베Elbe급 군수지원함은 잠수함이 원거리 작전 시 근접해서 기동하며 잠수함의 주요 장비가 고장 났을 때 응급 수리를 하고 잠수함 승조원 중 결원이 생겼을 때 인원을 지원하며 응급 환자 발생 시 수술을 하기도 한다. 또 여러 가지 시험을 할 때도 지원한다.

독일 잠수함에는 지정된 승조원이 없다. 현재 독일 잠수함부대는 212

급 여섯 척을 보유하고 있는데, 각 함별로 승조원이 정해져 있는 것이 아니라 승조원 여덟 개 팀을 운용하며 준비된 잠수함이 있을 때 가용한 팀을 배치한다. 그럼 배는 여섯 척인데 승조원은 여덟 개 팀이니 인원 낭비가 아닌가 생각할 수 있지만, 이들 인원은 당직 2직제로 간소해졌기에 오히려 인원은 감축된다. 이들은 육상에서 팀워크를 만든 다음 준비된 잠수함을 타고 나가 임무를 수행하고, 입항하면 잠수함을 전대에 반납한다. 그러면 담당 육상 정비부대에서 관리하고 정비한다. 따라서 승조원들에게는 '내 배'라는 개념이 없다.

독일 잠수함에는 맥주를 싣는다. 우리나라 잠수함에서는 보기 힘든 모습이다. 이 맥주는 공용 부식이 아니라 편의를 위해 사두었다가 필요한 개인에게 판매하는 개인 물품이다. 또 이 맥주는 함장 통제 품목이나. 반드시 함장 허가가 있어야 판매할 수 있고, 하루 두 병까지만 허용한다. 독일 잠수함 부대에는 항해를 마치고 입항하면 동승했던 승조원들이 부두에 모두 모여 안전한 입항을 자축하며 맥주를 마시는 관례가 있다. 이때 외치는 구호가 있는데, 잠수함 내에 있는 각종 탱크에 얼마나 많은 액체가 들어 있는지 측정할 때 쓰는 구호를 외친다. "Klar Machen zum Peilung[측심 준비]", 이어서 "Peilung Achtung![준비!]"이라고 외치고 곧 "Null![집행!]"이라고 한다. 승조원 중 좋은 일이 있는 사람이 승조원 모두에게 맥주를 한 병씩 돌리기도 한다. 독일은 맥주 값이 싸고 승조원이 스물다섯 명 정도 되므로 큰 부담은 되지 않는다. 재미있는 점은, 잠수함은 공간이 좁지만 절대 캔으로 된 맥주는 싣지 않는다. 이상하게도 독일인들은 캔 맥주를 맥주 중 제일 하품으로 취급하기에 공간을 많이 차지하고 뒤처리가 힘들지라도 반드시 병맥주를 마신다.

독일 잠수함에는 면세점도 있다. 잠수함에서 면세로 파는 술과 담배를 살 수 있다. 영공을 벗어나는 비행기를 탔을 때 면세품을 살 수 있는 것처럼 잠수함도 영해를 벗어난 곳에서는 면세품을 살 수 있다. 사실 편법을 써서 영해 안에서나 정박하고 나서도 면세점을 이용하고 서류 처리만 하면 될 것 같지만, 절대 그렇게 하지 않는다. 어떻게 그것을 지킬까 싶지만, 지키는 것이 독일이다. 면세점은 잠수함에만 국한되는 것이 아니고 일반 수상함, 심지어 낚싯 배에서도 운영한다.

사실 독일뿐 아니라 나라별로 잠수함 문화에는 차이가 있다. 그리고 그러한 잠수함 문화는 결국 그 나라의 문화에 기반한다. 잠수함에 맥주를 싣는 것이 조금 생소해 보여도 독일 문화를 이해하면 그렇게 이상한 일도 아니다. 독일인들의 맥주 사랑은 남다르고, 일반적으로 맥주 한 병 정도 마신 후 운전을 하는 것도 사회적 통념상 허용되는 문화이기 때문이다.

## 6·25 전쟁에 참전한 잠수함도 있다*

한국 전쟁에 얼마나 많은 미국 잠수함이 참가했고, 그 잠수함들이 어떤 역할을 했는지에 대한 국내의 연구 실적은 미미하다. 제2차 세계대전 당시 미국 잠수함은 해군의 2퍼센트 병력으로 500만 톤 이상의 적 함선을 격침시켰는데, 이는 격침시킨 전체 적 함선의 50퍼센트에 해당되는 수치다. 그만큼 미국 잠수함은 많은 활약을 했지만, 제2차 세계대전 이후 시

* Gregory M. Billy, "Operational Analysis of United States Submarine Employment in the Korean War", U.S. Naval War College, June 17, 1994.

행된 군비 축소 정책은 잠수함 전력에도 영향을 주어 수백 척이었던 잠수함은 6·25 전생이 발발한 1950년에는 72척으로 줄어들었다. 나머지 잠수함들은 스노켈을 장착하고 속력과 스텔스 기능을 증대시키고 잠항을 오래할 수 있는 구피급으로 개조되었다. 미국의 잠수함 수는 줄어들었지만 잠수함의 임무는 더욱 다양해져서 기존의 전투 임무 외에 병력과 화물 수송, 극지방 초계, 유도탄 발사 등으로 그 임무가 확대되었다.

미국 잠수함은 6·25 전쟁 개전과 동시에 전개한 전력 중 하나이며, 종전 시까지 그 임무를 수행했다. 참전 잠수함들은 일본 요코스카에 모母기지를 두었고, 행정적으로는 서태평양잠수함사령관 예하에 속해 있었으며, 작전상으로는 CTG 96.9 전투단의 통제를 받았다. 미국 잠수함 작전의 위협요소는, 북한군에게는 대잠전을 할 만한 전력이 없었으나 소련과 중국 공산당의 잠수함들은 참가 가능성이 있다는 것이었고, 연합군의 미 해군 잠수함에 대한 우군 간 오인 공격에 대한 우려도 있었기에 그에 대한 대책을 세워야 했다. 북한군의 해상 전력은 미미했지만 기뢰를 설치해 해안으로의 접근을 막았으므로 미국 잠수함이 연근해 작전을 펼칠 때 큰 위협이 되었다. 미국 잠수함은 6·25 전쟁 발발로 갑작스럽게 참전해서 참전 초기에는 그 역할과 임무가 불분명했다. 해상은 모두 연합군이 장악해 직접 교전해야 할 적 함선이나 공격해야 할 큰 상선이 없었기 때문이다. 그러다 시간이 지나면서 미국 잠수함의 임무는 구체화되었다.

전쟁 기간 중 소련과 중국이 직접 참전할지가 초미의 관심사였기에 미국 잠수함은 주로 소야해협 근해에서 소련 병력 침공에 대비한 정찰·감시와 조기 경보 임무를 수행했다. 미국 잠수함들은 1950년 11월 4일부터 종전 때까지 소야해협 인근에서 서른한 번의 작전을 수행했다. 미국 잠수함에 내린 정찰 지시를 보면 ① 소련으로부터 일본 방향으로 다수의 항공기 접촉 시, ② 소련에서 일본 방향으로 항공 엄호와 해상 호송을 받는 대규모 선단 접촉 시, ③ 일상적 해상 통행량이 갑자기 중지되었을 때, ④ 호송 작전을 시작하거나 소련 선박이 야간 항해등을 켜지 않았을 때 즉각 지휘부에 보고토록 했다. 그리고 대만해협에서도 중국 병력에 대한 정찰 및 감시 작전을 수행했다. USS 피커럴[USS Pickerel]함과 USS 캣피시[USS Catfish]함은 중국의 대만 침공을 우려해 대만해협에서 공산당 세력의 참전을 감시했던 대표적인 잠수함이었다. 서해는 얕은 수심으로 인해 잠수함 작전에 한계가 있었으므로 미국 잠수함들은 주로 동해에서 전술항공 지원, 기뢰 부설해역 탐사, 특수 요원 침투 지원, 상륙 예상 지역에 대한 정보 수집 및 사진 촬영 임무를 수행했다. 그리고 미국과 영국의 대잠함과 항공기에 대한 대잠전 훈련을 지원했다. 이 훈련 지원 비중이 점차 커져서 나중에는 전체 미국 잠수함 임무 중 약 60퍼센트에 달했다.

6·25 전쟁 중 미국 잠수함이 수행했던 특이한 작전들을 소개하면 다음과 같다. ① 1950년 8월 USS 피커럴함은 북한 해안선을 따라 정밀 사진 촬영 임무를 수행했고, USS 펄치[USS Perch]함은 특수 요원 침투를 위한 상륙 지점을 사전 확인했다. ② 1950년 9월 피커럴함은 블라디보스토크 근해 소련 작전 구역에 침투해 정찰 및 감시 작전을 수행했다. ③ 1952년 12월 스캐버드피시[Scabbardfish]함은 남중국해 연안 정찰 및 감시 작전을 수행했다. 미국 잠수은 6·25 전쟁 중 실제 전투 임무에 단 한 차례 참가했는데, 바로 1950년 10월 1일에 있었던 USS 펄치함의 동해안 침투작전이 그것이다. USS 펄치[SSP-313]함은 제2차 세계대전에 전투용 잠수함으로 참전했지만, 1948년 병력 수송용 잠수함으로 개조되었다. 함미에 특수전 장비를 실을 수 있는 내압 챔버를 설치해 '임산부 펄치'라는 별명을 가지고 있었다. USS 펄치함은 1950년 9월 시험을 종료하고, 북한 함경남도 단천

인근에서 특수 요원 침투 작전에 참가했다. 60명의 고도로 훈련된 영국 해병 특수 요원들을 싣고 야간에 기뢰 부설 예상 구역을 무사히 뚫고 목표 지점에 침투하여 특수 요원들을 상륙시키는 데 성공했다. 특수 요원들의 목표는 해안선을 따라 남북으로 이어지는 열차 터널을 파괴하는 것이었다. 당시 북한은 연합군의 해상통제권 장악으로 해상 수송이 불가능했으므로 육상에서의 화물 이송이 유일한 수단이었는데, 연합군은 이 열차 수송마저 불가능해지면 북한군에게 큰 타격을 줄 것으로 판단했다.

특수 요원들은 신속히 목표지로 가서 철도선로에 폭탄을 설치하고 열차 통과 시 폭파시켜 작전에 성공했지만 북한군 순찰대에게 발각되어 치열한 교전을 벌였다. 상호 간의 총성은 바다에 대기하고 있던 USS 펄치함에까지 들렸으며, USS 펄치함의 군의관은 만일에 대비해 사관실에서 수술 준비를 해놓고 있었다. 격렬한 총격전으로 특수 요원 한 명이 치명상을 입고 USS 펄치함까지 귀함했지만 결국 숨져 이 작전에서 유일한 사상자가 되었다. 이후 동해상에 있던 USS 펄치함 후갑판에서 사상자의 장례식을 엄숙하게 거행했다. 유니언잭으로 관을 덮고 동료 특수 요원들과 USS 펄치함 승조원들의 도열 속에 사상자의 해상 장례식이 거행되었으며, 인근에 있던 두 척의 미국 구축함은 스물한 발의 조포를 쏘았다. 한 명의 사상자가 발생했지만 성공적인 작전 수행으로 USS 펄치함은 전투기장을 받았다. 6·25 전쟁 전투기장을 받은 잠수함은 USS 펄치함과 USS 피커럴SS-524함이 유일하다. 이후 북한군의 기뢰 부설 위협으로 인해 잠수함을 이용한 특수전 지원 작전은 없었다.

미국 잠수함의 6·25 전쟁 참전 경험은 이후 다가온 냉전시대 잠수함의 정찰 및 초계 작전에 큰 교훈이 되었다. 6·25 전쟁 이후에도 미국은 한반도 인근 해역에 소련의 잠수함 전력이 증가할 것을 우려해 잠수함 두 척을 더 증강 배치했다. 또 미국 잠수함의 6·25 전쟁 참전 경험은 미국 차세대 잠수함, 즉 핵추진잠수함 개발에도 도움을 주었다. 수동 센서의 개선 발전, 잠망경 김 서림 현상 개선, 거주성 향상, 잠수함 선체와 어뢰 결함에 대한 개선의 계기가 되었다. 작전 측면에서는 우군 간 교전 방지대책이 수립되었고, 지휘소와의 통신 체계가 향상되었으며, 적 기뢰 위협의 중요성이 인식되어 기뢰 회피 소나 장착의 필요성이 대두되었다. 미국 잠수함의 6·25 전쟁 참전 결과를 종합해보면, 미국 잠수함들은 6·25 전쟁 개전 시부터 종전 시까지 참전하였으며, 동해와 소야해협 근해, 대만해협 근해에서 정찰 및 초계 작전과 대잠전 훈련 지원, 특수전 지원 임무를 수행했다.

하지만 전쟁에 대한 직접적인 기여도는 미미했다고 할 수 있다. 미 해군 잠수함들은 6·25 전쟁 참전으로 나름 많은 실익을 얻었는데, 구피급 잠수함으로 개량한 미국 잠수함들의 성능을 확인할 수 있었고, 정찰 및 감시 작전 능력을 향상하고 지휘통신 체계를 발전시킴으로써 이후 다가온 냉전시대에 공산권 잠수함 대비 질적으로 우위에 서는 계기가 되었다. 결론적으로 미국 잠수함이 6·25 전쟁에 미친 영향보다 6·25 전쟁이 미국 잠수함부대에 미친 영향이 더 컸다고 할 수 있다.

## 니미츠 VS 되니츠

전쟁사를 연구하는 방법은 시대 순으로 사건을 보는 방법이 있고, 인물을 중심으로 연구하는 방법이 있다. 제2차 세계대전 기간 중 해전은 크게 대서양 해전과 태평양 해전으로 나눌 수 있는데, 이들 해전에서 빼놓을 수 없는 인물을 꼽는다면 태평양 해전을 주도했던 미국의 체스터 윌리엄 니미츠Chester William Nimitz 제독과 대서양 해전을 주도했던 독일의 칼 되니츠 제독을 들 수 있다. 이 둘 사이에는 개인적인 인연이라곤 전혀 없다. 그런데 이들의 전기를 읽다보면 우연의 일치라고 하기에는 너무나 많은 공통점이 발견된다.

니미츠 제독은 1885년 2월 24일 출생하여 1966년 2월 20일 사망했으며, 되니츠 제독은 1891년 9월 16일 출생하여 1980년 12월 24일 사망했으니 동시대를 살았다고 할 수 있다. 이름도 비슷한 두 제독은 모두 독일계라는 공통점이 있다. 니미츠는 독일 귀족 집안에서 태어났는데, 할아버지대에 독일에서 미국으로 이주했다. 니미츠는 독일 이주민 사회에서 자연스럽게 독일어와 영어를 익히며 성장했다.

두 사람은 모두 잠수함 함장 출신이다. 니미츠는 1910년부터 USS 스네퍼USS Snapper, 나월Narwhal, 스킵잭의 함장을 역임했고, 되니츠는 1918년 UC25와 UB68의 함장을 역임했다.

제2차 세계대전 중 이들은 미국과 독일 해군의 최고 지휘관이었다. 니미츠 제독은 제2차 세계대전 중 미 태평양함대 사령관 및 태평양 전구 최고 사령관으로서 연합군의 육 · 해 · 공 전체 전력을 지휘했다. 되니츠 제독은 제2차 세계대전 발발 시 잠수함부대장이었고, 이후 해군 참모총장총사령관으로 대서양 해전을 지휘했으며, 전쟁 말기 히틀러 사망 후에는 그의 뒤를 이어 국가 원수직을 맡았다. 이들의 계급은 전시에만 달 수 있는 최고 계급인 오성장군, 즉 원수였다.

두 제독들은 해군답게 국내 사정보다는 바다 너머의 세상에 대한 식견이 높았다. 니미츠 제독은 일본과의 전쟁을 예견했으며, 되니츠 제독도 히틀러가 부정하는 가운데서도 영국과의 전쟁을 예견했다. 그들은 남들이 예견하지 못할 때 가상의 적에 대한 준비를 게을리하지 않았으며, 적이 될 나라에 대한 지리적 특성과 국민성은 물론 해군 전략에 대한 연구를 계속했다.

그들은 업무에는 철두철미하게 임했지만 부하들로부터 존경받는 지휘관이었다. 니미츠는 리더의 표상이 되어 오늘날에도 훌륭한 리더십의 본보기가 되고 있다. 되니츠도 유보트 승조원들로부터 절대적인 신뢰와 존경을 받았다. 이들은 부하들을 자상한 인품으로 대했지만 확신을 관철시킬 때는 강한 추진력을 보여주었다. 니미츠 제독은 주위의 반대를 무릅쓰고 전력을 집중하여 미드웨이 해전과 콰잘레인 전투에서 승리함으로써 승전의 단초를 마련했다. 되니츠는 주위의 반대를 무릅쓰고 독일 해군이 대영 함대를 상대할 방법은 유보트밖에 없다는 신념으로 그의 의지를 관철시켰다.

이들은 지휘관으로서의 지휘 능력뿐 아니라 기술적인 전문성까지 갖추고 있었다. 니미츠 소령은 당시 미 해군 최고의 디젤 기관 전문가였으며, 가솔린 기관을 디젤 기관으로 바꾸는 데 주도적인 역할을 했다. 되니

니미츠와 되니츠 〈출처: Wikimedia Common〉

츠 소령도 어뢰 전문가였는데, 그가 저술한 어뢰 교범은 전 독일 해군에 통용되었다. 제2차 세계대전 당시 어뢰의 자기신관 불량으로 미국과 독일 모두 곤란을 겪었지만 독일이 상대적으로 빠르게 이 문제를 해결할 수 있었던 것은 되니츠가 어뢰에 대한 전문을 갖추고 있었기 때문이기도 했다.

두 함장은 노블리스 오블리주를 손수 실천했다. 니미츠 제독은 아들이 하나 있었고, 되니츠 제독은 아들이 둘 있었다. 그들은 전시에 아들들을 해군, 그것도 사망률이 가장 높다는 잠수함 장교로 근무케 했다. 니미츠 제독의 아들은 제2차 세계대전과 한국전쟁 중에 잠수함 함장으로 참전하기도 했고, 되니츠 제독의 두 아들도 해군 장교로 참전했다.

이들은 창의적인 전술을 지속적으로 개발하여 실전에 적용했다. 니미츠 제독은 해군대학 시절 워게임wargame에서 습득한 효과적인 항공모함 호위 진형인 원형진圓形陣 개념을 미 해군에 적용시켰다. 되니츠 제독은 대위 시절 습득한 독창적인 아이디어로 대서양 해전의 대표적인 전술이 된 이리떼Wolfpack 전술을 개발해 적용했다.

이들이 군인으로서 최고의 지위에 오르기까지 좋은 배경만 있었던 것은 아니었다. 니미츠는 유복자였으며, 되니츠는 네 살 때 어머니를 잃는 등 불운한 어린 시절을 보냈다. 해군에 입대한 뒤에도 그렇게 순탄치만은 않았다. 제1차 세계대전 당시 잠수함 함장이었던 되니츠 제독은 영국 수상함의 공격을 받고 자신의 배를 버리고 포로가 되었던 경험이 있다. 니미츠 제독은 소위 시절 자신의 배가 좌초되어 직무 수행 능력이 부족하다는 이유로 군법회의에 회부된 경험이 있다. 니미츠에게는 신체적인 단점도 많았다. 그는 평생 귀가 어두웠으며 잦은 병치레를 할 정도로 약골이었다. 사고로 인해 손가락이 절단되기도 했다.

오늘날 이들은 어떻게 기념되고 있을까? 미국 국민의 추앙을 받고 있는 니미츠 제독의 경우 그의 이름을 딴 기념관, 항공모함, 학교, 거리, 고속도로, 건물, 기념일, 기념비가 있고 골든게이트 국립묘지에 안장되어 있다. 반면 되니츠 제독은 함부르크 근교 시골마을 공원묘지에 조용히 묻혀 있다.

두 함장은 일생 한 번도 만난 적이 없지만, 그렇다고 전혀 교감이 없었던 것은 아니다. 종전 후 되니츠 제독은 뉘른베르크 전범재판소에서 재판을 받았다. 그의 혐의는 평화를 파괴한 죄, 전쟁 지휘법 위반에 따른 전쟁 범죄·전쟁 음모에 대한 책임, 반인륜적 행위에 대한 책임이었다. 검찰은 되니츠 제독의 지휘 아래 독일 유보트들이 무장하지 않은 상선을 공격하고 물에 빠진 병사들을 구조하지 않은 반인륜적인 행위를 했다고 주장했다. 이에 대해 되니츠 제독의 변호인 측은 니미츠 제독에게 변론을 요청했고, 니미츠 제독은 변론서를 제출했다. 니미츠 제독의 변론서에서 태평양 해전에서 미국 잠수함들도 일본 상선들을 경고 없이 공격했고, 설령 그때 물에 빠진 병사들이 있더라도 잠수함이 위험할 것으로 예상되는 상황에서는 구조하지 않았다고 진술했다. 이 변론서가 도움이 되었는지 되니츠 제독은 히틀러의 후계자임에도 전쟁 음모에 대한 책임이나 반인륜적 행위에 대한 책임은 무죄로 판결 받아 상대적으로 적은 10년 형을 선고 받았다.

전쟁에서는 적이었지만 전쟁 후 니미츠 제독은 승자로서의 여유와 인품을 보여주었다. 니미츠 제독은 되니츠를 위한 변론을 해주었을 뿐 아니라, 일본의 전후 복구를 지원하고 침몰된 일본의 제1차 세계대전 기함 미카사함三笠艦을 복구하고 일본 해군 제독이었던 도고 헤이하치로東郷平八郎 제독 기념관을 건립하는 데도 노력을 기울였다.

니미츠와 되니츠 두 제독의 삶을 보면 이들이 서로 만난 적은 없지만 명징으로시의 뭔가 비슷한 DNA를 갖고 있었던 것 같은 느낌이 든다.

## 쿠르스크함 사고 당시 구조 전력이 바로 투입되었더라면*

2000년 8월 12일 러시아 북방함대 소속 오스카Oscar급 핵추진잠수함 쿠르스크함이 북극해의 바렌츠해에서 훈련 도중 승조원 118명과 함께 침몰했다. 사고 후 수차례 구조 작업을 시도했지만 모두 실패하고 단 한 명의 생존자도 구조하지 못한 채 구조 작전은 마무리되었다.

사고 3일 후 영국과 노르웨이는 쿠르스크함 구조 작업에 자국의 지원을 제안했으나 러시아는 처음에 보안을 이유로 거절했다. 그러다 구조 작업이 난항을 겪자 지원을 받아들여 사고 9일 만에 노르웨이 구조대가 쿠르스크함 탈출 해치에 접근할 수 있었다. 당시 서방 언론은 이 사고는 인재이며, 러시아의 미숙한 대응으로 '골든타임'을 놓쳤다고 비난했다. 과연 서방의 지원을 바로 받아들였다면 쿠르스크함의 생존자들을 구조할 수 있었을까?

2000년 8월 12일 11시 29분에 쿠르스크함의 전부 발사관 내에서 첫 번째 폭발이 발생하고, 그 충격이 함 내로 전달되며 어뢰실과 전투정보실이 순식간에 화염에 휩싸였다. 화재와 화학반응은 계속 확대되어 2분 30

* 로버트 무어. 『쿠르스크(KURSK)』. 이동훈(역). 울력. 2021.

초 후인 11시 31분에 어뢰저장고에 있는 다수의 어뢰에서 두 번째 대형 폭발이 일어나 함수가 날아가버렸다. 폭발로 인한 소음이 났지만 러시아 해군은 당일 17시 00분이 돼서야 쿠르스크함에 문제가 발생했음을 인지했다. 나토NATO군은 이틀 후인 8월 14일 월요일 아침에야 러시아 해군에게서 이상한 움직임을 감지했다. 휴가철이었기에 많은 이들이 휴가를 떠난 상태였다. 월요일 11시 3분에 러시아는 쿠르스크함 사고 소식을 보도했고, 서방은 사고 잠수함이 쿠르스크함이라는 것을 알게 되었다.

러시아는 8월 13일 17시 20분에 구조정으로 최초 도킹을 시도했다. 하지만 도킹에 성공하지 못하고 아무런 성과 없이 사고 현장에서 철수했다. 물론 승조원의 생존을 확인할 만한 어떤 소리도 듣지 못했다. 이후 인양한 시신을 부검한 법의학자들은 스물세 명 승조원들의 사망 시간은 빠르면 8월 12일, 늦으면 8월 17일이었을 것으로 판정했다.

러시아 해군은 예산 부족으로 인해 구조 자산의 운용과 정비가 어려웠다. 구조정 배터리는 오래 사용하기 힘들었고, 재충전을 하는 데 12시간이 걸리기도 했다. 도킹을 시도했지만 탈출 해치 가운데 막대기를 잡는 데 실패했기에 첫 번째, 두 번째는 아예 도킹을 하지 못했다. 세 번째 시도 끝에 겨우 막대기를 잡았지만 무슨 이유에서인지 기밀氣密이 되지 않았다. 구조정 접합면의 정비 불량 때문이었을 수도 있고 쿠르스크함 선체가 변형되었기 때문이었을 수도 있다. 아니면 양쪽 다 정상이었지만 구조정 운용자들의 실력이 미숙했을 수도 있다. 영국의 잠수함 구조정 LR5가 현장까지 갔지만 결국 러시아의 거부로 접합을 하지 못했다. 만일 영국 LR5가 접합을 했다면 선체의 접합면에는 이상이 없고 러시아 구조정 문제였다는 것이 밝혀졌을 것이다. 아직도 러시아 구조정이 왜 접합을 못 했는지에 대한 원인은 밝혀지지 않았다.

2001년 10월 쿠르스크함을 인양한 뒤 정밀 사고조사를 한 결과 생존자들이 있었던 후부 9구역에서 화재의 흔적이 발견됐다. 그런데 이 화재의 흔적은 사람 허리 높이 이상에서만 발견되었다. 그리고 일부 시신에서 화상이 발견되었는데, 아무도 하체에는 화상을 입지 않았다. 그리고 산소를 발생시키는 캐니스터를 사용한 흔적들이 발견되었다. 이 캐니스터는 습기와 반응하여 산소를 발생시키는 화학제로, 물에 잠겨버리면 폭발하는 특성이 있다. 종합해 보면 물이 허리까지 찬 상태에서 산소 캐니스터가 물에 떨어져 폭발했고 물 위에 있는 기름띠에 불이 붙어 순식간에 큰 불이 되었음을 짐작할 수 있다. 하지만 어느 시점에 이 화재가 발생했는지는 모른다. 이 시점에 생존자가 있었다면 산소는 1~2분 내에 고갈돼 버렸을 것이다.

러시아가 세 번째 도킹 시도에 실패한 뒤 영국-노르웨이 잠수사들이 함 내 진입을 시도했다. 서방 잠수사들이 우여곡절 끝에 다이빙벨diving bell, 잠수종을 이용해 현장에 도착한 것은 8월 20일 오전이었다. 하지만 그들도 상부 해치를 여는 데 실패했다. 상부 해치는 다음 날인 8월 21일 이른 아침, 상부 해치에 달아놓았던 부력 백에 의해 저절로 열렸다. 그리고 8월 21일 오전 10시 30분 ROV가 하부 해치를 열었다. 잠수사들이 직접 내부로 진입하지 않고 긴 막대기 끝에 비디오카메라를 달아 내부를 촬영했다. 그리고 물속에 떠다니는 시신을 확인했다. 이렇게 해서 공식적으로 쿠르스크함 승조원 전원이 사망했음을 알게 되었다.

10월 26일이 되어서야 러시아 잠수사들이 함 내로 진입하고 시신 두 구를 인양했다. 이 중 한 구의 시신은 7구역 현장 책임자 드미트리 콜레스니코프D. R. Kolesnikov 대위였는데, 그의 상의 주머니에서 메모가 발견되었다. 사고 당일인 8월 12일 13시 34분에 작성한 생존자 스물세 명의 명단과,

같은 날 15시 45분에 작성한 마지막 글이었다. 이 메모를 통해 사고 후에도 스물세 명이 생존해 있었다는 사실이 밝혀졌다. 러시아 해군과 언론은 승조원들이 생존해 있었고, 망치 소음을 들었다고 보도했다. 하지만 실제 구조 작전 중 생존자의 생존 신호를 확인한 적은 없었다.

민감한 질문이긴 하지만, 러시아가 서구에 빨리 지원 요청을 했더라면 스물세 명의 생존자 중 한 명이라도 살릴 수 있었을까? 러시아 내에서는 즉각 서방에 지원 요청을 하자는 의견과 반대하는 의견이 있었다. 서방 구조 전력이 도착한 후에도 함 내 진입을 지원해야 한다는 의견과 반대하는 의견으로 나뉘었다. 콜레스니코프 대위는 침몰 후 2시간이 지난 시점에 생존자 스물세 명의 명단을, 그로부터 2시간여가 지난 시점에 아내에게 보내는 안부 글과 그 시간을 메모로 남겼다. "함 내는 이미 어둡고 촉감으로 글을 쓴다"라고도 쓰여 있었다. 다른 시신에서도 메모가 나왔지만 절망적인 내용이었고, 시간은 적혀 있지 않았다. 결국 확인된 승조원의 최종 생존 시각은 사고 당일인 8월 12일 15시 45분이었다. 그리고 이때 이미 함 내의 전원은 소실되고 좋은 상황이 아니었다.

법의학자들은 생존자들의 사망 시간이 빠르면 8월 12일, 늦으면 8월 17일이었을 것으로 판정했는데 17일까지 생존해 있었고, 사고 직후 서방의 구조 자산이 적극적으로 사고 현장에 투입됐더라면 그들을 구조할 수 있었을지도 모른다. 그러나 구조 자산이 투입되기 전에 생존자들이 모두 사망해버렸을 가능성도 배제할 수는 없다.

## '사운드 오브 뮤직'의 주인공 폰 트라프의 일대기

영화 '사운드 오브 뮤직The Sound of Music'에 남자 주인공으로 나오는 캡틴 조지 폰 트랍은 실존 인물이다. 실제 이름은 게오르그 폰 트라프Georg Ludwig Ritter Von Trapp로 귀족 출신이다. 그는 오스트리아-헝가리 제국의 해군 장교로 제1차 세계대전에 참전하여 수많은 연합국 함선을 격침시켜 '잠수함 에이스'라는 칭호를 얻었다. 1880년생인 그는 해군 장교였던 부친의 뜻에 따라 1894년 해군사관학교에 입학했다. 1908년에는 아직 걸음마 단계인 잠수함에 흥미를 갖고 잠수함 근무를 지원해 1910년부터 1913년까지 잠수함 U-6의 함장을 역임한다. 당시 그의 계급은 대위였다.

제1차 세계대전 초기였던 1915년 4월 17일 폰 트라프는 U-5 함장으로 취임했다. U-5는 개전 당시 오스트리아-헝가리 제국이 보유했던 잠수함 네 척 중 한 척이었다. 폰 트라프는 U-5로 아홉 번 출동하는 동안 잠수함 함장으로서 그 능력을 십분 발휘했다. 함장 취임 9일 만에 프랑스 해군 중순양함 레옹 강베타Leon Gambetta함을 야간에 어뢰 두 발로 격침시켰다. 1만 2,500톤급 프랑스 중순양함은 10분 만에 침몰했고, 이 배에 탑승하고 있던 빅토르 센느Victor Baptistin Senes 소장을 포함해 648명이 사망하고 137명이 생존했다. 이 공격은 아드리아해 최초의 수중 야간 공격으로, 연합국에 큰 충격을 주었다.

1915년 8월 5일, 폰 트라프는 수상 항해 중인 이탈리아 잠수함 네라이드Nereide를 발견했다. 먼저 네라이드가 U-5를 향해 어뢰 한 발을 발사했으나 빗나갔고, 그후 U-5가 회피 잠항하는 네라이드를 향해 쏜 어뢰 한 발이 명중했다. 네라이드는 전 승조원과 함께 침몰했다. 이 교전은 제1차 세계대전 중 치러진 희귀한 잠대잠전으로 기록된다. 이어서 U-5는 같은 달 29일 그리스 증기선 케팔로니아Cefalonia를 격침시키기도 했다.

폰 트라프는 1915년 11월 U-14의 함장으로 취임했는데, 그가 지휘를 맡은 U-14는 특이하게도 원래 프랑스 해군 소속 최신형 잠수함 퀴리Curie였다. 전쟁이 시작되자 퀴리는 오스트리아-헝가리 제국 해군의 모항인 풀라항에 침투하려다 방어 그물에 걸려 격침당했고, 오스트리아-헝가리 제국 해군은 이를 인양, 수리해 U-14로 명명해 재사용하고 있었다. 폰 트라프는 U-14에서도 많은 활약을 펼쳐 수많은 전과를 올렸다. 열아홉 번 출동해 열세 척의 연합국 선박 총 4만 5,669톤을 격침시켰고, 상선 한 척을 나포했다. 그는 명실상부한 오스트리아-헝가리 제국 최고의 잠수함 함장이었다.

한국에서는 영화의 주인공을 '폰 트라프 대령'이라고 했지만 실제 계급은 소령이었다. 영화의 원작은 1949년 마리아 폰 트라프가 쓴 회고록 『트라프 가족의 합창단 이야기The story of the Trapp Family Singers』로, 1956년에 독일에서 먼저 영화화되었다. 이 영화에서 마리아와 결혼하는 장면이 나오는데, 이때 폰 트라프가 소령 계급장을 달고 나온다.

폰 트라프는 평소 자신을 '캡틴'이라고 소개했고, 주위에서도 모두 그를 '캡틴 폰 트라프'라고 불렀다. 우리나라에서 그를 대령으로 칭한 이유는 영화 번역 과정에서 영어권의 계급 명칭 '캡틴captain'을 '대령'이라고 번역하는 오류를 범했기 때문이다. 그러나 '캡틴'은 계급 명칭 외에도 군함 함장, 상선 선장, 항공기 기장 등 다양한 의미를 내포하고 있다. 폰 트라프는 자신이 잠수함 함장이었다는 사실에 자부심을 지니고 있었다. 따라서 자신이 언제 어디서든 '함장'으로 불리기를 바랐을 것이다. 따라서 '폰 트라프 함장'이라고 부르는 게 맞다고 본다.

• 게오르그 폰 트라프 남작 〈출처: Wikimedia Common〉(위)
• 트라프와 마리아의 결혼식(가운데)
• U-6(아래)

## 에니그마 노획으로 연합국이 대서양 해전에서 승리했다고?

독일의 암호 장비 에니그마Enigma를 노획한 것이 제2차 세계대전 대서양 해전에서 연합국이 대유보트전에서 승리하는 계기가 되었다는 견해가 있다. 우선 에니그마가 무엇인지 알아보겠다.

전쟁에서는 암호가 아주 중요하다. 모든 군대는 암호 체계를 가지고 있다. 당시 영국은 암호 책자를 사용했지만, 독일은 암호 제작기를 사용했으므로 그 암호 체계가 영국을 앞섰다고 할 수 있다. 에니그마는 그리스어로 '수수께끼'라는 의미이며, 1918년 독일 엔지니어 아르투르 셰르비우스Arthur Scherbius가 상업용으로 처음 개발했다. 1920년부터 상업용으로 사용했으며, 1926년 독일 해군이 도입했고, 1928년 독일 육군이, 1935년 독일 공군이 도입했다. 에니그마는 독일뿐 아니라 이탈리아, 스페인, 스위스, 일본 등에서 군용 및 외교용으로 널리 사용되었다.

에니그마는 기계적인 신호를 전기적 신호와 합성해 전혀 다른 체계로 신호를 전달하는 방식이다. 스물여섯 개의 알파벳 중 a를 눌렀다고 가정을 할 때, 이 신호는 전기적인 회로를 거쳐 회전자에 전달되며, 이 신호는 회전자의 작동 원리에 따라 불규칙적인 회로를 거치게 된다. 최종 생산된 그 신호는 다시 s라는 시그널에 접촉이 되며 전기적인 신호로 변환되어 d에 신호로 입력되어 d의 램프에 불이 들어오게 된다. 즉 a라는 알파벳이 d로 변환되는 것이다. 하지만 a를 누른다고 항상 d로 출력되는 것은 아니다. 그 원리는 회전자의 작동 원리에 달려 있는데, 이 회전자는 해당 암호를 복잡하게 전달하는 기능을 가지고 있다. 초기에는 세 개의 회전자로 암호를 만들었고, 이후에는 네 개의 회전자로 더욱 복잡하게 만들었다. 회전자는 여러 방식으로 변형 가능하며, 이러한 회전자가 독일 해군용으로 네 개, 육군과 공군용은 세 개 있었다. 회전자는 암호코드로 전파되며, 그 코드의 조합으로 인해 거의 무한대에 가까운 조합이 가능했다.

작동 원리가 있다고 해도 실질적으로 사용하기 위해서는 코드북code book이 아주 중요하다. 회전자를 바꾸면 전혀 다른 문자가 나오는데, 이 회전자를 바꿀 수 있도록 코드북도 발간되었다. 독일 해군은 해상에서 적에게 나포되면 해상에 버리기 때문에 그 인쇄된 내용들이 쉽게 지워질 수 있도록 분홍색 종이에 붉은색 수용성 잉크로 인쇄했다. 독일은 에니그마를 통해 잠수함에 보급선의 위치, 상봉 장소, 관련 국가 무기, 기상 조건 등 모든 정보를 전달했다.

연합국은 제2차 세계대전 중 에니그마를 열다섯 번 획득했다. 그중 열세 번은 영국에서 획득했고, 캐나다와 미국도 한 번씩 획득했다. 가장 먼저 에니그마를 획득한 것은 영국으로, 독일의 타입 9B 유보트 U-110에서 획득한 것이다. U-110은 1940년 11월 21일 취역하고 1941년 5월 9일 두 번째로 출동해 영국 호송 선단을 공격했다가 오히려 영국의 HMS 불도그HMS Bulldog, HMS 브로드웨이HMS Broadway, HMS 오브리에타HMS Aubrietia 등에 발각되었다. U-110은 폭뢰 공격을 받으면서 부상을 강요당했고, 영국군 함장은 적의 승조원들에게 이함을 명령했다. 그 과정에서 독일 함장을 포함해 열다섯 명이 사망하고 서른두 명이 포로가 되었다. 이 교전에서 영국군은 U-110에 진입해 코드북과 에니그마를 획득했다. 코드북은 유효기간이 매우 중요한데, 다행히 획득한 코드북은 잔여 유효기간이 7개월 남아 있었다. 아쉽게도 U-110은 영국으로 예인되던 중 침몰했다. 영국의 처칠 수상은 코드북 획득을 굉장한 전과로 인정했고, 이러한 사실을 비밀리에 미국 루스벨트 대통령에게 통보했다.

U-559도 영국에 나포된 유보트였다. 이는 타입 7C 유보트였는데, 1941년 2월 27일 취역해서 1942년 10월 30일 열 번째 출동 중이던 지중해 이집트 연안에서 영국 항공기에 발각되었고, 네 척의 구축함에 의한 폭뢰 공격으로 16시간 동안 회피하다가 결국 압력선체가 손상되고 잠항 불가 상태가 되어 부상했다. 부상 후 영국 수상함들의 포사격을 받으며 이함과 자침을 시도했지만, 모든 벤트 밸브를 여는 데는 실패했다. 영국 수색팀은 압력선체가 손상되어 침수돼 가는 U-559 함 내에 들어가 에니그마와 코드북을 확보하는 데 성공했다. 하지만 수색팀 중 두 명은 침몰하는 U-559와 함께 사망하고 말았다.

U-505는 미 해군에 나포된 유보트였다. U-505는 타입 9C였으며, 1941년 5월 24일 취역했다. 1944년 6월 4일 열두 번째 출동을 나갔다가 미 해군에 나포되었다. 당시 미 해군 항공모함 USS 과달카날USS Guadalcanal은 다섯 척의 구축함과 함께 작전을 수행했는데, 1944년 6월 4일 10시 00시경 독일 유보트 U-505를 발견하고 소나로 접촉해 항공모함에서 항공기를 띄웠다. 항공기는 폭뢰 공격을 가해 U-505을 부상케 하고 부상한 유보트에 전포 사격을 했는데, U-505 함장은 함이 침몰할 거라고 판단하고 이함을 명령했다. 여덟 명의 미군이 U-505에 들어가 가라앉지 않도록 침수밸브를 닫고 엔진을 정지시킨 후 항공모함 USS 과달카날에 예인색曳引索을 연결해 미국 항구로 3일에 걸쳐 예인했다. 미국은 U-505 나포로 에니그마를 확보했을 뿐 아니라 독일의 신형 어뢰 G7 호밍 어뢰의 성능에 대한 정보까지도 확보했다. 미국은 U-505 나포 사실을 극비에 부쳤으며 U-505 승조원들을 다른 전쟁포로와 같이 두지 않고 격리 수용해 독일에서는 U-505가 나포되었다는 사실을 몰랐다. 그리고 나포 사실을 은폐하기 위해 외관의 색깔을 바꾸고 함명도 USS 네모USS Nemo함이라고 명명했

다. U-505는 미국이 보유한 유일한 유보트로, 현재 미국 시카고 박물관에 전시되어 있다.

이밖에 연합국이 나포한 유보트는 U-570, U-744, U-1024 등이 있다.

그렇다면 정말 연합국의 에니그마 나포가 대유보트전을 연합국의 승리로 이끈 결정적 계기가 되었을까? 이를 확인하려면 에니그마 노획 전과 후에 격침된 영국 상선과 독일 유보트의 수량을 비교해 보면 될 것이다. 그런데 에니그마 노획 후에도 침몰한 연합국 상선 수는 계속 증가했다. 또 격침된 유보트 수는 에니그마 노획 후 약간 증가세지만 크게 변화된 것은 아니다. 따라서 에니그마 노획이 연합국의 대유보트전에 어느 정도 기여한 것은 사실이지만, 획기적으로 기여했다고 보기는 어렵다. 오히려 연합국에서 레이더를 개발한 후에 침몰한 유보트 수는 증가하고 연합국 상선 수는 감소해 기존과 비교해 확연한 차이를 보였다.

『U-333』의 저자 피터 크레머Peter-Erich Cremer 함장은 종전 후 영국의 독일 암호 해독 수준에 대해 평했는데, 그 결과 "영국의 독일 무선신호 해독 수준은 1943년 3월 기준, 최소 3일에서 7일 소요되었으며, 해독 자체가 불

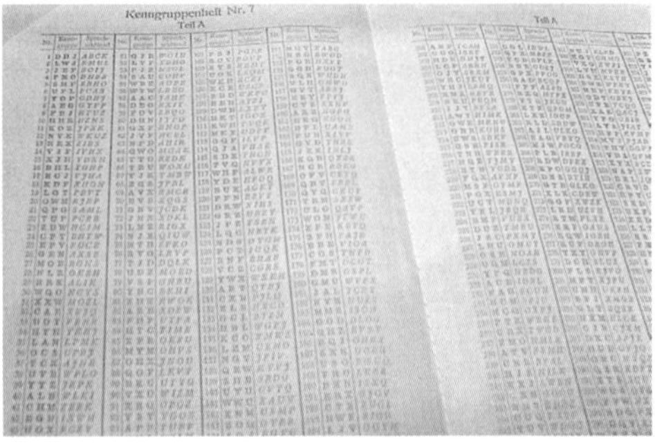


• 에니그마와 코드북 〈출처: Uboat.net〉

가능한 경우가 많았다"라고 서술했다. 에니그마 확보 후 암호를 즉각 해독하고 연합국 작전에 활용한 것은 아니었다. 정보라는 것은 승리를 결정지을 수 있는 몇 가지 요소 중 하나일 뿐, 승리를 위한 초월적 요인은 아니었던 것이다.

## 제5장

# 유보트의 고향 독일에서 본 유보트

## 세상에는 유보트의 매력에 푹 빠진 사람들이 많다

먼저 유보트의 의미를 알아보기 위해 독일어 어원을 살펴보도록 하자. 우리나라는 군함을 크기에 따라 '함艦'과 '정艇'으로 구분한다. 그래서 구축함이나 고속정이라는 표현을 쓴다. 영어는 큰 배를 'ship'이라 하고 작은 배를 'boat'라고 한다. 독일어도 비슷하게 'Schiff'와 'Boot'로 구분한다. 잠수함에 있어서도 우리나라는 큰 잠수함을 '잠수함潛水艦', 작은 잠수함을 '잠수정潛水艇'이라고 부른다. 영어로는 'submarine'과 'midget submarine'이라 표기한다. 독일어로는 큰 잠수함을 'Unterseeboot'라 하고 작은 잠수함을 작다는 표현인 'klein'을 붙여서 'klein Unterseeboot'라고 한다. 러시아에는 작은 항공모함 정도 크기의 3만 톤이 넘는 타이푼Typhoon급 잠수함이 있는데, 그렇게 큰 잠수함을 독일에서는 'Schiff'라고 부를까? 아니다. 독일에서는 잠수함은 어디까지나 'Boot'에 속한다. 그래서 독일은 모든 종류의 잠수함을 'Unterseeboot'라고 한다. 이를 줄여서 'U-Boot'라고 하며, 영어식으로 하면 '유보트U-boat'가 된다. 결국 유보트는 독일어로 잠수함이라는 말이다. 우리나라에 '특전 유보트'라는 이름으로 알려진 유명한 유보트 영화의 제목은 'Das Boot'이다.

배의 크기에 따른 구분

| 우리말 | 한자 | 영어 | 독일어 |
|---|---|---|---|
| 배(큰 배) | 船, 艦 | ship | Das Schiff |
| 배(작은 배) | 船, 艇 | boat | Das Boot |
| 잠수함<br>(큰 잠수함) | 潛水艦 | Submarine | Das Unterseeboot<br>(줄여서 Das U-boot) |
| 잠수정<br>(작은 잠수함) | 潛水艇 | Midget<br>Submarine | Klein<br>Unterseeboot |

독일어 명사에는 남성, 여성, 중성 세 가지의 성이 있는데, 'Boot'는 중성이므로 정관사 'das'가 붙어서 '그 보트'를 의미한다. 유보트는 잠수함이라는 의미로 영어의 'submarine'과 같은 말이기도 하지만 일반적으로 독일 잠수함을 의미한다.

잠수함 마니아 대부분이 피해갈 수 없는 부분이 유보트이다. 잠수함 관련 기념품을 수집하든 모델을 수집하든 게임을 하든 유보트가 빠지지 않는다. 해전사 연구나 잠수함전을 연구할 때도 항상 유보트는 그 중심에 있다. 왜냐하면 유보트는 세계 잠수함 발전사의 중심에 있기 때문이다.

잠수함은 유보트 이전의 잠수함과 유보트 이후의 잠수함으로 구분된다. 과거의 가잠함과 현대의 잠수함 사이에 유보트가 있기 때문이다. 그리고 유보트는 전쟁사에서 그 어떤 무기 체계보다 큰 존재감을 드러내고 있기 때문이다. 제1차 세계대전에서 U-9은 한 시간 만에 영국 전함 세 척을 격침했고, 제2차 세계대전 때는 유보트로 영국을 아사 직전으로까지 몰고 갔다. 이러한 사례는 실전 경험을 할 수 없었던 잠수함 보유국들에 잠수함전에 대한 간접 경험 기회를 제공하고 있다.

유보트 관련 자료는 전부 공개되어 있어 마니아들의 흥미를 자극하고 있다. 패전국이었던 독일 정부는 전쟁이 끝난 후 유보트 전사戰史 정리를 별도로 하지 않았다. 하지만 전승국인 미국이나 영국보다도 그 역사가 잘 정리되어 있는데, 이는 개개인들의 힘으로, 제2차 세계대전 때 운용되었던 1,100척 이상 되는 모든 유보트의 역사가 정리되어 있고, 지금도 정리하고 있다. 분석하고 기록하고 토의하는 것을 좋아하는 독일인들의 국민성을 바탕으로 정리된 유보트 관련 정보가 흥미를 유발하기 때문에 더 많은 유보트 애호가 들이 모여든다. 필자도 유튜브채널을 운영하며 국내에서 유보트에 관심 있는 이들을 많이 알게 되었다. 이 중에는 유보트 게임에 심취한 이도 있고, 유보트 모델과 디오라마를 제작하는 사람, 유보트 관련 영화나 소설을 기획하는 사람, 잠수함 탑재 장비를 개발하며 유보트 자료를 찾는 사람, 취미로 전쟁사를 연구하는 소위 '밀리터리 마니아'들

• 영국 전함 세 척을 격침시킨 U-9 〈출처: Wikimedia Commons〉

도 많다.

유보트의 본고장 독일에는 아직도 유보트의 흔적이 많이 남아 있다. 전쟁을 혐오하는 사람들이 대부분이지만, 그들 중에는 역사를 추적하고 기록하고 보존하고 전시하는 이들도 있다. 다른 분야와 마찬가지로 독일에서 유보트의 흔적을 찾는다면 평생을 투자해도 다 찾지 못할 만큼 그 사료가 방대하다. 언젠가 국내 유보트 마니아들과 같이 독일 유보트 테마 여행을 가는 꿈을 꾸면서 필자가 다녀온 독일에 남아 있는 유보트의 흔적 몇 가지를 소개하고자 한다.

## 유보트 요원들의 묘지 없는 묘지 우보트에렌말

전해지기로는 제2차 세계대전 중 독일의 유보트 승조원 4분의 3이 사망했다고 한다. 그렇다면 정확한 사망자 수는 얼마나 될까? 어떤 자료에서는 3만 명이라고 하고 또 어떤 자료에서는 2만 5,000명이라고 하는데, 필자는 평소 가지고 있던 그 의문에 대한 답을 찾기 위해 슐레스비히 홀슈타인주의 주도 킬과 인접한 멜텐오르트라는 곳을 방문했다. 앞쪽에는 킬항이 있는데, 독일 최초의 잠수함 브란트타우허가 건조된 곳이기도 하고 제1, 2차 세계대전 당시 조선소가 많이 있었던 탓에 잠수함 건조로 유명한 도시이다. 우리나라 최초의 잠수함인 장보고함도 이곳에서 건조되었다. 항만 오른쪽은 발트해와 바로 연결된다. 이곳에 독일 유보트 승조원들의 성지인 우보트에렌말U-Boot-Ehrenmal이 있다. 우보트에렌말은 우리말로는 잠수함 기념관인데, 이곳은 일반적인 기념관이 아니라 유보트 승조원들의 묘지이다. 유보트와 함께 사망한 유보트 승조원들 대부분은 시신을 찾지 못했기에 조문객들은 이곳을 방문해 헌화하며 고인을 기린다. 이곳에는 제1, 2차 세계대전 중 침몰한 모든 유보트의 함 번호와 사망한 유보트 요원들의 이름이 기록되어 있다. 광장 중앙에는 큰 독수리상이 세워져 있는데, 이 독수리는 오른쪽으로 고개를 돌려 외해를 바라보고 있다. 마치 그 눈빛이 출동 나간 유보트 승조원들이 안전하게 돌아오고 있는지 살펴보는 것처럼 보인다.

광장 한쪽 게시판에는 제1차 세계대전 중에 침몰한 유보트의 함 번호와 그 위치가 표시돼 있다. 대부분 영국 근해이고, 일부는 지중해에서도 침몰했음을 알 수 있다. 또 다른 게시판에는 제2차 세계대전 중 침몰한 유보트의 번호와 위치가 표시돼 있다. 대서양과 지중해, 인도양은 물론 미국 동부 연안과 카리브해, 아프리카 연안, 북극해까지도 그 침몰 위치가 표시돼 있으며, 각 해역별로 사망자 수를 기록해 두었다.

광장 중앙에는 기념관의 배치도가 있다. 제1차 세계대전이 벌어졌던 1914년부터 1918년까지 199척의 유보트가 침몰하고 5,249명이 사망했으며, 제2차 세계대전이 벌어졌던 1939년부터 1945년 사이에는 739척의 유보트가 침몰하고 30,003명이 사망했다고 기록돼 있다. 침몰한 유보트들은 구역별로 함 번호 순으로 전시되어 있다.

그렇다면 이제 또 다른 질문이 생긴다. 전쟁 기간 중 전투와 관계없이 바다에서 익사한 유보트 승조원이 있다면, 이 숫자에 포함됐을까? 혹은 바다가 아닌 땅에서 연합군의 항공기가 투하한 폭탄에 의해 사망한 유보트 요원은 이 숫자에 포함됐을까? 혹시 전쟁 기간에 자살을 했다면, 또 전범 재판에서 사형을 당했다면 이 숫자에 포함됐을까? 이번에는 이 30,003명이라는 숫자의 의미에 대해서 좀 더 자세히 알아보려고 한다.

• 유보트 승조원들의 안식처 우보트에렌말 〈출처: 필자 제공〉

우보트에렌말 내부로 들어가려면 지하로 내려가야 한다. 지하 입구에는 헌화할 수 있는 곳이 있고 지금까지 헌화한 꽃이며 리본이 전시되어 있다. 지하지만 천장은 없고 하늘이 보인다. 지하에 만들어놓은 유보트 요원들의 묘지에서는 경건한 분위기가 느껴진다. 곳곳이 꽃으로 단장되어 있고 깨끗하고 엄숙해 보인다. 시계 방향으로 함 번호가 낮은 번호부터 높은 번호 순으로 배열되어 있다. 따라서 사망자가 승조했던 유보트 함 번호를 알면 쉽게 그 명단을 찾을 수 있다. 함 번호별로 함장 이름과 침몰 위치, 그리고 사망자 명단이 생일과 함께 기록되어 있다. 유명한 귄터 프린의 U-47을 찾아보려면, 입구에서 조금 오른쪽으로 가면 쉽게 찾을 수 있다. U-47의 함장은 귄터 프린 소령이고 1941년 3월 8일 북대서양에서 영국 구축함에 의해 침몰되었다는 기록과 함께 사망자 명단이 적혀 있다. 되니츠 제독의 아들 페터 되니츠도 잠수함 승조원이었는데, 시신조차 찾지 못했다. 그의 명단도 30,003명 중 한 사람으로 기록돼 있었다.

한쪽에는 제1차 세계대전 사망자들을 기리고 있다. 제2차 세계대전 사망자 명단과 조금 다른 점은 명단만 있고 생일은 기록하지 않았다는 것이다. 반원형으로 땅을 파서 공간을 확보해 공간이 넓은 바깥쪽에는 사망자가 많은 제2차 세계대전 전사자를, 상대적으로 공간이 협소한 안쪽에는 사망자가 적은 제1차 세계대전 전사자를 기록해 두었다.

이곳 우보트에렌말에서는 제1, 2차 세계대전 기간 외에 사고로 사망한 독일 잠수함 승조원들도 기념하고 있다. 독일은 전쟁 기간을 제외하고 U-3, U-18, U-HAI 총 세 척의 잠수함을 사고로 잃었다. U-3은 제1차 세계대전 발발 전인 1911년 1월 17일 킬항 내에서 사고로 침몰했고, U-18은 1936년 11월 20일 사고로 침몰했으며, 서독 해군 잠수함 U-HAI는 1966년 9월 14일 침몰했다.

제2차 세계대전 유보트 사망자를 가리키는 30,003이라는 숫자는 동판을 새로 입힌 자국이 있어 그 숫자가 수정되었음을 알 수 있다. 자세히 보니 한쪽에 2005년경 추가로 발견된 제2차 세계대전 중 사망한 유보트 승조원들의 명단이 있다. 사망자 명단이 출생일, 사망일과 함께 기록되어 있다. 또 다른 한쪽에는 2010년도에 추가적으로 발견된 유보트 사망자 명단이 있다. 이들도 30,003명에 포함되었다. 우리가 6 · 25 전사자 명단을 추가로 발굴하듯 이들도 유보트 요원 중 전사자 명단을 추가로 발굴하면 전체 사망자 숫자를 수정하고 있음을 알 수 있다.

한곳에는 유보트 승조원이었지만 유보트와 함께 사망하지 않고 항공 폭격 또는 다른 이유로 전쟁 기간 중 사망한 이들의 명단이 기록되어 있다. 이들도 30,003명에 포함되어 있다. 이들 사망자 중에는 특이한 사연을 가진 이들도 있다. U-625의 한스 벤커Hans Benker 함장은 1917년 2월 21일 생이고 1944년 1월 2일 사망했다고 기록되어 있는데, 그는 수상 항해 중 적기 공습을 받자 긴급 잠항 지시를 내리고 함교 요원을 함 내로 모두 대피시키고 정작 본인은 함 내로 내려갈 시간적 여유가 없어서 함교탑 해치를 발로 밟아 닫으면서 배를 살리고 자신은 죽음의 길을 택한 인물이다. 이렇게 명예로운 죽음을 택한 이가 30,003명 안에 포함된 것은 전혀 이상할 것이 없어 보인다.

그럼 불명예스럽게 죽은 유보트 요원은 어떨까? U-852 함장 하인츠-빌헬름 에크Heinz-Wilhelm Eck 대위는 연합국 상선을 격침한 뒤 물에 빠진 이들을 구조하지 않고 사살한 죄로 전범재판소에서 사형선고를 받고 1945년 사형을 당했다. U-501 함장 후고 푀르스터Hugo Förster 소령은 그의 배와 승조원들을 버리고 혼자 영국 구축함 갑판으로 뛰어내려 항복했다. 그는 포로 교환으로 독일로 다시 돌아왔지만 1945년 2월 27일, 죄책감에 못 이겨 권총으로 자살했다. 이렇게 사형을 당했거나 자살했던 사람도 30,003명에 포함된다. 어떠한 이유든 전쟁 중 사망한 모든 유보트 요원은 30,003명에 포함이 된다.

한쪽에는 소형 잠수정 사망자 명단이 있다. 참고로 독일은 제2차 세계대전 중 제훈트Seehund, 몰시Molch 같은 소형 잠수정을 운용했다. 이러한 소형 잠수정 요원 중 사망자도 30,003명에 당연히 포함되어 있을 것 같지만, 의외로 그들은 이 숫자에 포함되지 않는다. 제2차 세계대전 중 소형 잠수정 요원들은 유보트 함대와는 다른 조직으로 운영되어 유보트 요원으로 취급받지 못했다. 이들 사망자 명단은 원래 우보트에렌말에 없었는데 여러 사람이 건의해서 2005년경 이곳으로 옮겨왔다. 하지만 아직도 소형 잠수정 사망자는 30,003명에 포함되지 않는다.

이곳에는 U-31a, U-31b 같은 특이한 함 번호가 있다. U-31은 승조원과 함께 침몰해서 사망자가 발생했는데 이후 인양해서 수리 후 사용하다가 다시 침몰해서 사망자가 발생한 유보트이다. 또 보통의 유보트 번호와는 다른 방식으로 표기한 함 번호가 있다. 함 번호로는 생소한 UIT22, UIT23이라고 표기돼 있는데, 원래 이탈리아 잠수함이었지만 독일 승조원들이 운용하다가 침몰했기에 여기에 기록되어 있다. UIT22는 남아프리카에서, UIT23은 말라카에서 침몰했다고 되어 있다. 이탈리아 잠수함이지만 독일 승조원들이 탔다가 침몰했던 이 배들은 침몰 척수에 포함할까? 침몰했는데 인양해서 수리 후 사용하다가 다시 가라앉은 유보트는 한 척으로 계산할까, 아니면 두 척으로 계산할까? 막연하게 제2차 세계대전 중 700여 척의 유보트가 침몰했고 약 3만 명의 유보트 승조원이 사망했다는 말은 들었지만 이렇게 복잡한 배경이 있는 줄은 몰랐을 것이다. 이렇게 혼선이 있을 수 있지만 그럼에도 불구하고 침몰한 유보트나 사망자와 관련된 가장 권위 있는 자료는 이곳에 있는 것들이다. 이 관련 자료들은 지금도 계속 연구해서 보완하고 수정되고 있다.

## 현존 유일 타입 7 U-995

제2차 세계대전 당시 실제 활동했던 유보트는 현재 단 네 척이 남아 있다. 두 척은 독일에 있고 미국과 영국에 각 한 척씩 있다. 제2차 세계대전 유보트 중 가장 많이 건조되었고 가장 많이 활약한 타입 7은 유일하게 한 척 남아 있다. 킬 외곽에 있는 라보에Laboe에는 바로 제2차 세계대전 유보트 중 가장 용맹을 떨쳤던 타입 7C U-995가 전시되어 있다.

U-995는 타입 7C/41로, 1943년 7월 22일 함부르크에서 진수, 같은 해 9월 16일 취역, 1945년 5월 8일 퇴역했다. 속력은 수상 항해 시 17노트 잠항 시 7.6노트다. 수상 7노트로 1만 마일 항해가 가능하고, 잠항 시 2노트로 130마일 항해가 가능했다. 종전 후 영국에서 이 잠수함을 가져갔으며, 노르웨이 해군이 1952년부터 1962년까지 실습함으로 이용하다가 1965년에 독일로 반환했다. 이 잠수함은 1972년부터 라보에 해군기념관 근처에서 전시되고 있다.

U-995는 배수량은 수상 759톤, 수중 1,070톤으로 승조원은 장교 4명, 부사관 10명 포함 총 44~52명이 탑승했다. 함미 좌우에 날개가 세 개씩 달린 프로펠러가 단단히 고정되어 있고 그 뒤에 수평타와 수직타가 붙어 있다. 추진보다 타효를 우선해서 비상시 빨리 잠항할 수 있는 구조로 되어 있다. 함교탑에는 잠망경 두 개가 올려져 있고 레이더, 통신 안테나와

대공포 3문이 설치되어 있다. (이후에 발전된 타입 7은 함미 쪽으로 대공포를 더 설치했다.) 배는 전체적으로 제2차 세계대전 당시의 유보트 모습 그대로 온전하게 복구해서 전시하고 있다. 함교탑 오른쪽에는 여느 선박과 같이 녹색의 항해등이 있다. 현측 옆구리에 불룩하게 나와 있는 이 부분은 디젤유를 저장하는 연료탱크이다. 기름은 물보다 가볍기에 탱크 안의 디젤유를 위에서부터 뽑아서 사용하면 아래쪽 빈 공간은 해수로 채워진다. 전체적으로 작고 간편하며 단단한 인상을 주는 외형으로 바다에서 잘 싸웠을 것 같은 느낌을 준다.

관람객을 위해서 함수와 함미 쪽에 선체를 뜯어서 출입구를 만들어 놓았다. 함미쪽 입구로 들어가면, 중앙에 후부발사관 한 개가 있다. 어뢰 발사 스위치, 어뢰 발사용 고압공기 발생기 등 어뢰 발사 장치도 있다. 어뢰

• 킬 인근에 있는 U-995 잠수함 박물관 〈출처: 필자 제공〉

의 가스켓은 빼서 별도로 전시해 놓았다. 여기에는 4단 공기압축기가 설치되어 있고 수직타[방향타]가 정상적으로 작동되지 않을 때 사용할 수 있는 비상조타 장치가 있다. 수직타 전시기는 좌우 35도까지 표시되어 있고, 타기는 기계적으로 함미 수직타 쪽으로 축을 통해서 연결이 되어 있다. 함미에 추진전동기가 좌우에 한 개씩 있고, 그 위에 주 배전반이 설치되어 있다.

수밀문을 열고 앞쪽으로 가면 기관실이 나오는데, 좌우에 하나씩 설치돼 있는 디젤엔진이 그 격실을 가득 메우고 있다. 디젤엔진에 공급하기 위한 외부 공기가 들어오는 곳이 있고, 천장 좌현에는 적색, 우현에는 녹색, 중앙에는 흑색의 외부 공기 흡입을 위한 밸브가 있다. 설명판에는 여섯 개의 실린더 1,400ps 디젤 기관이 최대 17노트까지 속력을 낼 수 있고, 10노트로는 7,900마일, 17노트로는 3,250마일까지 항해가 가능했다고 기록되어 있다. 제2차 세계대전 잠수함인데도 장비 배치나 결선 상태, 밸브에 손이 가는 위치 등이 매우 깔끔하게 정리되어 있어서 앉아서 가상으로 작동을 해보아도 충분히 힘을 쓸 수 있을 듯이 보인다. 색깔도 적색, 녹색, 흑색으로 구분해서 오작동을 방지하도록 했다. 각종 계기판도 한눈에 들어오도록 잘 배열해 놓았다.

기관실에서 배 중앙부로 가다 보면, 수밀문을 달아서 소음이 새 나가지 않도록 해놓았음을 알 수 있다. 승조원 거주 공간과 기관실 사이에는 취사장이 있는데, 소음 방지를 위해 이곳에 조리실을 배치한 것으로 보인다. 이곳에는 전기 오븐과 전기 국통이 설치되어 있고 조리 공간이 있다. 조리실 위쪽에는 해치가 있는데, 이곳은 승조원들이 다니는 공간은 아니고 부식이나 함 내에 필요한 자재를 이송할 때 쓰는 해치이다.

"잠수함에서는 조리사가 한 사람의 예술가와 같다. 제한된 공간에서

56명의 승조원을 위해 매일 요리를 해야 한다. 예비 화장실은 사용하지 않을 때 부식 적재 공간으로도 사용한다"라고 적혀 있다. 바로 옆이 예비 화장실이다. 화장실이지만 주로 부식 적재 공간으로 사용했다. 앞쪽으로 이동하면 승조원 침실이 나온다. 이 침실에는 좌우에 네 개씩 총 여덟 개의 침대가 있다. 그 위에는 물품을 저장할 수 있는 목재로 된 사물함들이 빽빽이 설치되어 있다. 이곳은 부사관이 사용하는 공간이다. 한 명이 당직을 설 때 다른 한 명은 취침하며 두 명이 사용했다. 위쪽 침대를 내리면 의자 등받이가 되고 아래 침대는 의자가 된다. 그리고 행정 작업이나 식사를 할 수 있는 테이블도 설치되어 있다. 테이블은 3단으로 접을 수 있다. 바닥 밑은 배터리실이다.

부사관 침실에서 앞쪽으로 가면 전투정보실이 나온다. 부사관 침실과 전투정보실 사이에는 한쪽이 침수되더라도 다른 한쪽 격실은 침수되지 않도록 수밀문이 설치되어 있다. 이 수밀문은 승조원들이 쉽게 뛰어서 넘어갈 수 있도록 적당한 높이에 설치되어 있다. 전투정보실 한쪽에는 밸러스트와 트림trim을 조정하기 위한 밸브들이 있고, 주 해수펌프main seawater pump와 트림펌프가 있다. 전부와 후부 그리고 왼쪽과 오른쪽으로 해수를 이송할 때 사용하는 펌프다. 해수를 청수로 만드는 조수기와 함 자이로gyro도 설치되어 있다. 항해실은 해도를 놓고 위치를 내고 표적 정보를 분석할 수 있을 정도로 공간이 충분하다. 중앙에는 잠망경이 설치되어 있다. 잠망경은 쇠줄로 힘을 받아서 올라가고 내려가고 한다. 접안경에 한쪽 눈만 댈 수 있도록 되어 있고 손잡이는 필요할 때 세워서 힘을 주어 사용하며, 사용하지 않을 때는 저절로 내려가는 구조로 되어 있다. 잠망경 위에는 방위환이 붙어 있어서 잠망경으로 바라보는 방위를 알 수 있다. 잠망경에는 배율과 고각을 조절할 수 있는 스위치도 설치되어 있다.

한쪽에는 공기를 조절할 수 있는 공기밸브 다기관과 유압펌프가 있다. 오른쪽이 주 펌프, 왼쪽이 보조 펌프다. 유압을 이용해서 수평타를 올리고 내린다. 유압이 작동되지 않을 때는 수동으로 돌려서 타기를 작동할 수 있게 해두었다. 속력은 최대 20노트까지 계기판에 전시되어 있고, 수직타는 최대 35도까지 계기판에 나와 있다. 천심도 심도계는 25미터까지 정밀하게 눈금이 표시되어 있다.

전투정보실에서 전부로 이동하다 보면 통신실 스피커에서 실제 전투 상황을 모사한 통신음이 흘러나온다. 그 옆 청음실은 외부 소음으로부터 방해받지 않고 조용히 청음에 전념할 수 있도록 별도의 문이 설치되어 있다. 한 사람이 앉아서 일할 수 있을 정도의 공간에 장비들이 효율적으로 배치되어 있다. 통신실 바로 앞에 함장실이 있다. 문 대신 커튼을 설치해 비상시 커튼만 걷고 바로 나갈 수 있도록 되어 있다. 바닥 아래는 배터리실인데 투명한 아크릴로 돼 있어서 안을 내려다볼 수 있다.

사관실에는 책상과 접이식 테이블이 있고, 양쪽에 2층 침대가 한 개씩 놓여 있다.

전부로 가면 승조원 침실 구역이다. 좌우에 침대가 두 개 있고 격벽 사이 공간에 물품을 저장할 수 있도록 나무 막대를 고정해 놓았다. 유보트 영화를 보면 이 공간에 소시지와 과일 등 온갖 부식과 물품을 보관하는 것을 볼 수 있다. 침실 옆에는 함에서 유일하게 사용하는 화장실이 있다. 변기와 세면기가 있고, 샤워 시설은 없다. 화장실은 수심 25미터까지 사용할 수 있다. 전부 승조원 거주실 바닥 밑에는 좌우 세 개씩 총 여섯 개의 어뢰를 저장할 수 있었다. 발사관에 있는 어뢰를 다 사용하면 이 저장고에 있는 어뢰를 올려서 비어 있는 발사관에 재장전하게 돼 있다. 어뢰 작업을 하지 않을 때는 침대를 설치해서 승조원들이 거주하고 취침할 수 있는 공간으로 사용했는데, 총 27명이 이곳에서 생활할 수 있었다.

앞에 전시해놓은 타입 G7e 어뢰는 오늘날 어뢰와 외양이 거의 같은 정교한 형태로 되어 있다. 어뢰 방향과 심도를 조절할 수 있는 수직 · 수평타가 있고, 날개 여섯 개짜리 추진기 두 개가 서로 방향이 엇갈린 채로 설치되어 있다. 어뢰발사관은 오른쪽 위가 1번, 왼쪽 위가 2번, 오른쪽 아래가 3번, 왼쪽 아래가 4번이라고 되어 있다. 3번 발사관은 관람객을 위해 내부 문을 열어두었고 어뢰 한 발을 넣어 두었다. 어뢰는 전부 예비 저장고에 6기, 발사관에 4기, 후부 발사관에 1기, 저장고에 1기 등 총 12기를 탑재할 수 있었다. 어뢰발사관 사이 통로에서 수작업을 할 수 있도록 공간 배치를 실용적으로 해놓았다.

출구를 통해 바깥쪽으로 나가면 함수가 보인다. 함수 잠항타가 있고 그 앞에 타기 보호대가 있다. 닻anchor도 보이는 곳에 그대로 설치해놓았다. 함교탑에는 U-995가 사용했던 함 마크가 부착되어 있다. 갑판 위 함수와 함미에 연결되어 있는 긴 케이블은 통신 안테나다. 함교탑 옆에 붙은 두 줄짜리 선은 승조원들이 떨어지지 않도록 설치해 놓은 안전줄이다. 지금 스노켈 마스트는 누워 있는 상태지만, 이 U-995는 스노켈 마스트를 보유하고 있었다. 스노켈 마스트가 세워지면 바닥 홈에 고정이 되고, 스노켈을 할 수 있었다. 압력선체 밑에 수직으로 내려온 부분은 용골이다. 영어로는 'keel'이라 하고 독일어로는 'kiel'이다. 배를 만들 때 킬을 중심에 세우고 배를 만드는데, 이 도시의 이름 킬은 여기서 유래했다. U-995 밑에 설치된 이 킬은 착저着底도 해야 하기 때문에 함의 전체 무게를 버틸 수 있도록 튼튼하게 지어졌다.

필자는 다른 관람객들에게 방해받지 않고 자세하게 관찰하고 싶어서 사람이 가장 적은 월요일 아침 9시 문 여는 시간에 맞춰서 도착했다. 그럼에도 꽤 많은 관람객이 몰려왔다. 가족 단위로 온 사람들도 많고 아이들도 많았는데, 관람객들의 관람 태도는 사뭇 진지했다. 이 나라 사람들은 어디를 가도 이렇게 새로운 것을 보는 데 돈을 기꺼이 쓰는 것 같다. 그래서 이 박물관이 유지되는 것일 거라는 생각과 함께, 내가 다음에 다시 방문하더라도 이 박물관이 변함없이 있을 것이라는 믿음이 생기니 기분이 좋았다.

## 함부르크 해양박물관 내 잠수함 전시관

함부르크 시내에 있는 국제해양박물관Internationales Maritimes Museum Hamburg에는 페터 탐Peter Tamm이라는 수집가가 함부르크시에 기증한 수집품들이 전시되어 있다. 이는 개인 수집품으로는 세계 최대 규모로, 1,700여 개의 거대한 선박 모형과 5만여 점의 척도 1:1,250 함선 모형도, 7,000여 점의 미술품, 5만여 점의 건조 도면, 12만여 권의 책자, 2,000여 개의 영화, 100만 장이 넘는 사진, 1만 5,000여 장의 승선권 그리고 실제 사용했던 소형 선박과 잠수정 등이다.

1층부터 9층까지 항해의 역사, 해양력, 해양과학, 복제와 무기, 현대 선박, 해양 탐험, 예술품, 모델 등이 큰 건물을 가득 메우고 있는데, 군데군데 유보트 관련 전시물도 많다. 중앙 통로를 따라 올라가다 보면 제1차 세계대전의 영웅 오토 베디겐과 그가 지휘한 U-9 사진, 관련 신문 기사 및 자료, 각종 기념품, 그가 착용했던 훈장이 전시되어 있고, 제1, 2차 세계대전 시 유보트 요원들의 휘장과 패용증, 각국 잠수함 휘장도 전시되어 있다. 전시실 중앙에는 1.5배, 6배 배율의 유보트 잠망경을 비치해 관객들이 볼 수 있게 해놓았다.

박물관 5층에는 잠수함 전시관이 있다. 잠수함 전시관 입구에는 라보에에 있는 U-995함의 내부 사진을 크게 붙여 놓았다. 입구 맞은편에는 프랑스 항구였지만 독일이 점령했던 잠수함 기지 브레스트Brest의 모습을 매우 현실감 있게 제작해 놓았다. 유보트 벙커 앞에서 타입 7C 유보트U-203가 좌현 계류를 하기 위해 들어가고 있고, 또 한 척의 유보트U-244는 벙커 밖에 계류된 채 부식을 적재하며 출동 준비를 하는 모습을 재연했다. 부두에서는 고급 장교들이 점검을 하고, 어뢰를 탑재하는 모습도 볼 수 있다. 해상에는 잠수정 제훈트와 몰시가 움직이고, 잠수사가 수중 선저 검사를 하기 위해 준비하는 모습도 매우 사실적으로 묘사되어 있다. 대충 만든 것이 아니고 당시의 실제 상황을 연출한 것이다. 브레스트 유보트 벙커의 내부 모습도 디오라마로 제작해 놓았는데, 천장에 크레인이 매달려 있는 모습과 육상의 수리시설들을 볼 수 있다. 한쪽 벽면에는 독일에서 사용했던 해도가 있고, 당시 독일의 위치표시법에 대해 설명해 놓았다.

타입 7C 내부를 볼 수 있는 모델도 있고, 타입 21을 구역별로 나누어 내부를 볼 수 있도록 해놓았다. 프랑스 최초의 핵추진잠수함 SSBN 르두터블Redoutable 모델도 있는데, 후갑판에 SLBM을 좌우에 8기씩 총 16기 수직으로 탑재했다. 독일이 현재 쓰고 있는 212A급 잠수함 모델은 수중 기동성을 향상시켰고 AIP를 탑재하고 있다.

한 구역은 별도로 영화 '다스 보트'의 실제 모티브가 된 U-96 관련 자

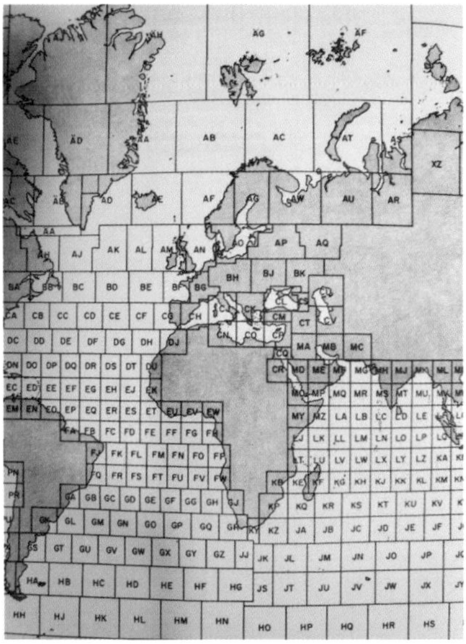

• 함부르크 국제해양박물관과
전시물들 〈출처: 필자 제공〉

료를 전시해 놓았다. U-96의 함 마크와 그 모형, '다스 보트' 원작자인 로탈 귄터 부크하임Lothar-Günther Buchheim의 작품들과 실제 U-96이 항해하는 사진들도 전시해 놓았다.

한쪽 벽면 전체는 잠수함 발전사를 시대별로 기록하고 모델들을 전시해 놓았다. 1775년 최초로 고안된 공격용 잠수함 터틀에서부터 독일 최초의 잠수함 브란트타우허, U-1은 물론 제1차 세계대전 시기, 제1차 세계대전 이후, 제2차 세계대전 시기, 제2차 세계대전 이후 순으로 독일 잠수함들을 전시해 놓아서 시대별 차이점을 쉽게 파악할 수 있다. 제2차 세계대전 잠수함은 제1차 세계대전 잠수함과 비교해서 보다 정교해졌고 항해 능력이 증대되었다. 제2차 세계대전 종전 시기에 개발된 타입 21은 함외 돌출물을 최소화하고 수중 속력을 수상 속력보다 더 높임으로써 진정한 의미의 잠수함이 되었다. 수상 275톤으로 비교적 작지만 타입 21과 함께 수중 속력을 수상 속력보다 더 높인 타입 23은 우리나라의 돌고래급 잠수함과 형상이 비슷하다.

전후 독일은 500톤 이상의 잠수함은 수출용으로만 건조할 수 있었고 보유는 금지되었기에 자국 내에서는 500톤 이하의 잠수함을 만들어서 운용했다. 독일이 재통일한 이후 이러한 제재가 풀렸고 현재 독일은 수상 1,450톤, 수중 1,830톤인 212급 잠수함을 운용하고 있다.

각국의 대표적인 잠수함 모델들도 전시하고 있는데, 프랑스의 항공모함 잠수함, 미국의 노틸러스 잠수함, 러시아 아쿨라2급 잠수함, 중국의 진晋급 잠수함 등이 있다. 언젠가 우리나라의 장보고-3급 모델도 이곳에 전시되지 않을까 하고 기대해본다.

소형 잠수정들만 별도로 전시해 놓은 공간도 있다. 제2차 세계대전 중 독일, 일본, 영국의 소형 잠수정 모델과 실제 사용했던 물품들이 전시되어

• 되니츠 제독의 지휘봉과 『베를린신문』 〈출처: 필자 제공〉(위)
• 외부에 전시된 잠수정 제훈트 〈출처: 필자 제공〉(아래)

있다. 제2차 세계대전 당시 유보트용 에니그마 원형도 있다.

한쪽에서는 교육용 자료들이 비디오로 반복 재생되고 있다. 비디오에서는 유보트 승조원들이 압력 테스트를 하고 탈출 연습을 하고 신호를 보내는 훈련을 한다. 레더 제독이 격려를 하고 유보트를 진수하는 장면, 기동 훈련을 하는 장면, 함 내에서의 생활상, 수상 항해 장면, 함교탑에서 경계 근무를 서는 모습, 비상 상황 시 승조원들이 함수와 함미로 뛰어다니는 모습, 긴급 잠항을 하는 모습, 배가 수상에서 잠항하는 과정, 어뢰 발사와 잠망경으로 침몰 표적을 확인하는 모습, 기관을 작동하고 부상하는 장면 등이 영상으로 상영되고 있다.

칼 되니츠 제독이 사용하던 지휘봉과 1946년 10월 2일자 『베를린신문』 기사가 전시되어 있는데, 기사는 뉘른베르크 전범재판소에서 열두 명에게 사형을 선고했고, 되니츠에게 10년형을 선고했다는 내용이다.

박물관 외부에는 소형 잠수정 원형이 전시되어 있다. 1944년부터 운용했던 1인용 잠수정 몰시와 그보다 훨씬 큰 2인용 잠수정 제훈트가 있다. 제훈트도 좌우에 1기씩 총 2기의 어뢰를 탑재했다. 제훈트의 추진기는 덕트로 둘러쌌다. 이로 인해 추진 속력을 더 높이고 방향타 역할을 할 수 있었다.

이 해양박물관은 일주일을 투자해도 다 보지 못할 정도로 많은 자료가 있다. 그중 잠수함만 해도 하루 종일 봐야 할 만큼 많다. 함부르크를 여행할 기회가 있다면 이곳을 꼭 방문하길 권한다.

• 전후 미 해군에 나포된 타입 21 유보트 〈출처: Wikimedia Commons〉

## 현존 유일 타입 21 유보트 U-2540

타입 21은 제2차 세계대전 말기에 건조되어 전쟁에 결정적인 영향을 끼치지는 못했지만, 오늘날 잠수함처럼 출항 후 전 작전 기간을 수중에 머무를 수 있었던 최초의 잠수함이다. 이전까지의 잠수함은 수상 항해 중 필요시에만 잠항할 수 있었다. 또 수중 속력이 비약적으로 높아졌는데, 타입 7C가 7.6노트였던 반면 타입 21은 17.2노트까지 높아졌다. 타입 21 유보트 중 유일하게 U-2540이 독일 북부에 있는 도시 브레머하펜Bremerhaven에 전시되어 있다.

U-2540은 1945년 2월 24일 취역하였지만 출동을 한 번도 하지 못한 상태에서 종전이 되었다. 종전 후 승조원들에 의해 자침되었으나 12년 후인 1957년에 인양되어 수리, 개조 과정을 거쳐 1960년 U-빌헬름 바우어Wilhelm Bauer라는 이름으로 서독 해군에 재취역했다. 그리고 시험용 잠수함으로 1983년 퇴역하였다.

U-2540은 함교탑 앞뒤에 함포가 장착되어 있고 잠망경 두 개와 스노켈 마스트, 통신 마스트를 올려놓았다. 각각 세 개의 날개가 달린 두 개의 프로펠러는 분리해서 입구에 놓아두었다. 이전에 갑판에 있던 함포를 함교탑 앞뒤로 옮겨놓아 외부에서 봤을 때는 돌출물이 거의 없고 깔끔한 모습이다. 함명 빌헬름 바우어는 독일 최초의 잠수함 브란트타우허를 개발한 발명가의 이름에서 따온 것이다.

바다에 띄워 놓았지만 원래 흘수선 6.5미터에서 2미터가량 더 띄워서 흘수선을 4.5미터로 해 놓았다. 따라서 실제로는 물속에 있어야 할 폐기 출구 측을 물 밖에서 볼 수 있다. 함 내로 입장하면 전부 어뢰실이 나온다.

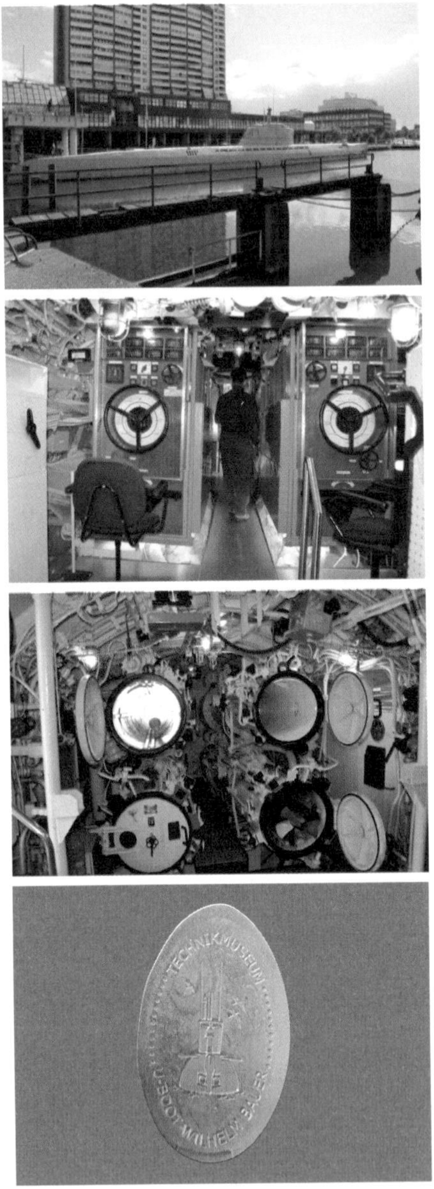


• U-2540의 내부와 기념품 〈출처: 필자 제공〉

타입 7은 어뢰실을 승조원 침실로도 사용했지만, 타입 21은 어뢰실 전용 격실이 있고 승조원 침실을 별도로 만들어 놓아 전투 장비를 운용하기에 훨씬 효율적일 것으로 보인다. 발사관에 6기, 어뢰 저장고에 14기, 총 20기의 어뢰를 적재할 수 있었다. 전체적으로 타입 7C보다 훨씬 공간이 넓고 깔끔해 보인다. 오늘날 잠수함에 비해서도 손색이 없을 정도로 격실과 장비 들이 잘 배열되어 있다. 후부 쪽으로 이동하면 소나 핑 소리, 폭뢰 폭파 소리가 스피커에서 들린다. 바닥 아래에 있는 축전지실은 위에서 볼 수 있도록 투명 창으로 해놓았다.

1960년대 서독 해군에서 운용하던 시절의 사진도 부착해 놓았으며, 천장에는 원래는 없었지만 서독 해군에서 소나 시험용으로 사용했던 흔적이 남아 있다. 상부에는 물품 이송 전용 해치가 있는데, 사람이 다닐 수 있는 사다리는 없다. 이는 타입 7과 동일하다.

수밀문을 통과해서 함미 쪽으로 가면 배 중심부에 있는 전투정보실이 나온다. 타기를 조종하는 곳에 수직타, 함수수평타, 함미수평타가 설치되어 있고 타수의 눈에 잘 띄는 곳에 심도계와 함속력계가 있다. 속도계는 최대 24노트까지 전시가 가능하다. 함교탑으로 올라가는 사다리가 있지만 안전상 사용을 통제하고 있다. 전투정보실 한쪽은 항해실로 사용하며, 측심기와 해도대가 있다. 독일 자이스Zeiss 잠망경이 설치되어 있고 1.5배, 6배 배율의 외눈용 접안경이 부착되어 있다. 잠망경은 두 개가 있는데, 앞쪽은 공격용, 뒤쪽은 탐색 및 대공 감시용으로 사용했다.

조리실에는 조리장이 일하는 모습을 재연해 놓았고, 취사시설 및 식기 세척기가 보인다. 함미 쪽으로 더 이동하면 부사관 침실이 나오는데, 소파 등받이를 올리면 침대로 사용할 수 있다. 3단형 테이블은 타입 7과 동일하다. 수밀문을 통과해 후부로 가면 기관실이 나온다. 두 개의 엔진과 고압/저압 공기압축기가 있고 공기정화기가 설치되어 있다. 엔진은 12기통인데 서독 해군에서 사용하던 엔진이고, 제2차 세계대전 때는 6기통 두 개가 부착되어 있었다. 우현 추진장치는 녹색, 좌현 추진장치는 적색으로 색을 달리해 함미를 보고 운용하더라도 혼란스럽지 않게 했다. 기관실도 타입 7에 비해서 상대적으로 공간이 넓다. 추진 모터가 좌우에 한 개씩 있는데, 그 뒤에 있는 추진축을 통해 추진기와 연결된다. 무게 조절용 밸러스트 추가 곳곳에 있고, 신호탄 발사기와 비상조타장치가 있다. 압력선체 후부 끝부분 상단에 특수 요원 탈출실이 있는데, 승조원도 비상 탈출 시 사용할 수 있다. 함미 화장실에는 두 개의 변기와 세면기가 있다.

기관실을 마지막으로 출구를 통해 밖에 나왔다. 압력선체 상부 외부 구조물에는 물 빠지는 구멍들이 있는데, 새가 들어가지 못하게 망을 설치해 두었다. 선체를 뜯어서 출구를 만들어놓아서 압력선체와 자유충수구역의 구조도 볼 수 있다.

밖으로 나오면 동전을 넣어서 기념품을 만드는 기계가 있다. 5센트 짜리 동전을 넣고 1유로를 넣은 후 버튼을 돌리면 5센트가 길게 늘어나며 기념 로고가 찍혀 나온다.

이 박물관은 순수하게 방문객들의 입장료로 유지되고 있다. 필자가 방문했을 때 입장료는 3.5유로로 한화로 약 4,800원이었다. 우리나라에도 바다에 띄워 놓은 군함박물관들이 있는데, 대부분 운영하기가 어렵다고 한다. 이곳은 입장료만으로 운영되고 있다고 하니 대단하기도 하고 부럽기도 하다. 더구나 3월부터 10월까지만 개방하고 겨울철에는 정비를 한다고 하니 그만큼 관람객이 많다는 것이다.

## 독일 최대 유보트 벙커 발렌틴

독일 북부 브레멘Bremen 근교에는 지금은 폐허가 되었지만 제2차 세계대전 당시 3만 5,000제곱미터에 달하는 독일 해군 유보트 조선소 발렌틴Valentin이 있었다. 이 조선소는 공중 폭격으로부터 보호하기 위해 벙커로 지어졌다. 이 벙커는 독일에 있는 유보트 벙커 중 가장 규모가 크다. 이곳은 특별히 전쟁 말기에 유보트 타입 21을 건조하기 위해 만들어졌는데, 유보트를 건조하기 전에 전쟁이 끝나고 말았다. 1943년 5월부터 1945년 4월까지 민간인, 전쟁포로, 강제수용소 수감자 등 유럽 전역에서 수천 명의 사람들이 강제 동원되었고, 1,100명 이상이 기아와 질병, 살인 등으로 사망했다. 독일은 이후 기념비를 세워 나치 정권이 저지른 이런 만행을 알리고 있다.

필자도 독일 내에 이렇게 어마어마한 유보트 벙커가 있는지 미처 몰랐었다. 종전 후 서독 해군이 보수해서 사용했다고 하는데, 폭격의 흔적이 일부 남아 있기도 했다. 입구로 들어가면서 보니 당시 공사 사진이 통행로를 따라 설치돼 있었다. 이 벙커의 두께는 3미터 이상은 돼 보였는데, 웬만한 폭격에도 무너지지 않을 정도로 웅장하고 견고하게 만들어 놓았다. 아마 필자가 일평생 본 건물 중 가장 견고하게 지어진 것 같았다. 하와이에 있는 미국 인도-태평양 사령부 벙커보다도 튼튼해 보였다. 이 근방은 평지로 이뤄져 있어 산을 이용할 수도 없었을 것이다. 평지에 콘크리트로 세운 건물인데 견고하기가 이루 말할 수 없다. 부서져 있는 벽 틈을 통해 안을 들여다보니 밖에는 시멘트가 칠해져 있지만 안은 블록으로 지어졌고, 수많은 철근이 조밀하게 엮여 있다.

- 발렌틴 유보트 조선소의 전경과 내부 〈출처: 필자 제공〉(위, 가운데)
- 발렌틴 유보트 조선소에서 강제노역으로 사망한 사람들을 위한 추모비 〈출처: 필자 제공〉(아래)

안에는 사망자들을 기리기 위해 정숙하게 관람하라는 안내문이 붙어 있다. 마치 홀로코스트 메모리얼과 비슷한 분위기이다. 조용하면서도 음산한 분위기 속에 유보트 관련 사진과 팸플릿을 전시해 두었고 입장료는 없다.

서독 해군 자재 창고로 사용되었던 공간이자 육상 잠수함 건조 공장이었던 곳이 나온다. 공간만 있고 다른 구조물은 다 철거되고 없다. 이 공간만 해도 잠수함 열 척 정도는 들어갈 만큼 넓다. 학생들도 단체로 엄숙하게 견학을 하고 있다. 한쪽 벽면에는 사망자들의 인적사항과 사진을 계속 차례로 비춰준다.

공장 안으로 들어가면서 문득 '계획대로 타입 21이 생산되었더라면 전쟁에서의 패전을 승전으로 반전시킬 수 있었을까?' 하는 의문이 들었다. 안쪽으로 더 들어가니 넓은 공간이 나온다. 어마어마하게 넓은 공간이다. 당시의 벙커 건설 장면을 곳곳에 사진으로 전시해 놓았다. 이 정도 공간이면 수십 척의 잠수함을 건조할 수 있었을 것이다. 이렇게 크고 웅장하며 보호가 잘 된 건물은 본 적도 없고 상상도 못 해봤다. 천장 일부는 폭격으로 인해 파괴된 채로 있는데 큰 시멘트 구조물이 철근에 붙어 공중에 매달려 있다. 벌써 70년도 더 되었는데 저 정도이니 얼마나 튼튼한지 알 수 있다. 영국 항공기가 투하한 폭탄 두 발이 제대로 명중했던 것인데,그 틈을 통해 음산한 두 줄기 빛이 어둠을 뚫고 공장 안으로 들어온다. 천장에서 떨어진 건물 잔해물들이 아직도 공장 곳곳에 쌓여 있고, 당시 노동자들이 손으로 밀던 수레들이 원형 그대로 남아 있다. 기계가 아니고 인력으로 이 수레들을 움직였다고 생각하니 더 마음이 무거워진다. 유보트 사적지를 찾아다니면서 이런 기분은 처음 느꼈다.

한참을 들어가니 진수 공간이 나온다. 이 공장에는 열세 척의 타입 21

유보트를 동시에 수용할 수 있는 공간이 있다. 독일 브레멘과 함부르크, 폴란드의 그단스크 세 곳에서 아홉 개로 나눠 부분 건조한 후 이곳에서 컨베이어 시스템을 이용해 순차적으로 조립하는데, 1번 벨트부터 12번 벨트까지 거치며 순차적으로 조립해 완성한 유보트를 13번 벨트에서 진수할 수 있게 설계했다. 매 56시간마다 그 큰 타입 21 유보트가 한 척씩 완성되는 구조였다고 하니 참으로 대단하다. 불행인지 다행인지 이곳은 종전으로 인해 실제 사용되지는 않았다. 하지만 이미 수많은 사람들이 목숨을 잃은 후였다.

칼 되니츠 제독이 현장을 순시하는 사진도 있고, 건설 책임자 한스 요한이 수행하는 사진도 있다. 제2차 세계대전 당시 독일 해군이 잠수함 건조에 얼마나 열을 올렸는지 알 수 있다. 이것이 좀 더 일찍 만들어지고 타입 21이 이들 계획대로 56시간마다 한 척씩 건조되었다면 전쟁의 양상은 어떻게 되었을까? 당시 연합국에는 이 정도 수준의 잠수함도 없었고 완전히 잠항한 유보트를 탐지할 대잠 전력도 없었기에 아마 대서양 해전은 새로운 국면으로 바뀌었을지 모른다.

13번 구역에서 진수된 유보트는 벙커 밖의 베저강으로 바로 빠져나갈 수 있게 돼 있고, 베저강은 북해로 연결된다. 여기까지 보고 나면 이 벙커를 왜 이곳에 건설했는지 그 이유를 알 수 있게 된다. 베저강의 폭은 우리나라의 낙동강보다 좁아 보이지만 브레멘에서 북해 방향으로 고속으로 항해하는 2만 톤급 컨테이너선을 보면 그만큼 수심이 깊다는 것을 알 수 있다. 유보트를 건조해서 북해로 진출시키는 데 이만큼 좋은 곳이 없을 것이다. 강 옆이라 항공 폭격에 취약했을 텐데, 그 약점을 보완하기 위해 벙커 형태로 건설했다니 놀라울 따름이다.

• G7es T11 어뢰 〈출처: Wikimedia Commons〉(위)
• G7a T1 어뢰 〈출처: Wikimedia Commons〉(아래)

# 유보트 어뢰*

제2차 세계대전 중 유보트들은 군함 175척, 상선 2,825척 등 약 3,000척의 연합군 함선을 어뢰로 침몰시켰는데, 제2차 세계대전 당시 유보트들이 어떤 어뢰들을 사용해 표적을 격침시켰는지 살펴보면 잠수함 어뢰에 대해 좀 더 쉽게 이해되지 않을까 한다.

제2차 세계대전 당시 독일 어뢰는 G7a, G7e, G7es 등이 있었다. 여기서 G는 직경 21인치, 숫자 7은 7미터의 길이, a는 증기식 추진, e는 전기식 추진, s는 음향 추적을 의미한다. 제2차 세계대전 때 사용했던 어뢰에 음향 추적 기능까지 있었던 것을 보면, 당시 독일의 어뢰 기술이 상당히 발전되어 있었음을 알 수 있다. 그럼 유보트 어뢰에 대해 하나씩 알아보겠다.

제2차 세계대전 당시 독일 해군의 첫 번째 표준 어뢰는 G7a T1 어뢰

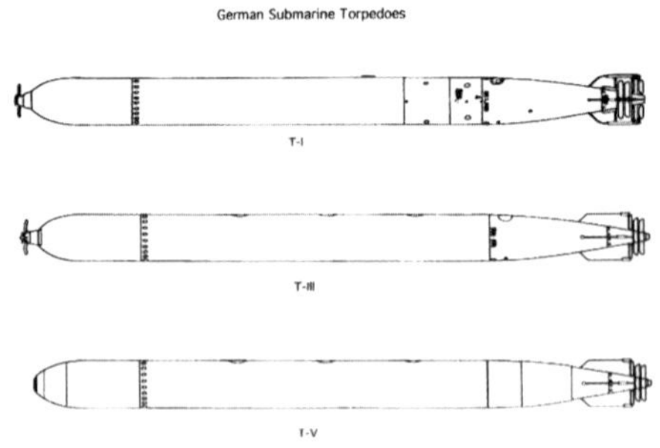


• 제2차 세계대전 당시 독일의 G7 어뢰 〈출처: Wikimedia Commons〉

* 본 내용은 인터넷 자료와 독일에서 발간된 책 『독일 유보트의 어뢰들(Die Torpedos der deutschen U-Boote)』을 참조하였다.

다. 이 어뢰는 직주 어뢰다. 앞에서 설명한 것과 같이 G7a, 즉 21인치 직경에 길이 7미터의 증기식 추진 어뢰이고, 44노트로 6,000미터, 40노트로 8,000미터, 30노트로 1만 4,000미터나 주행할 수 있었다.

추진 방식은 혼합 압축공기와 증기를 사용하였으며, 주행 시 시끄럽고 공기방울 항적이 수면에 보이는 것이 단점이었는데, 이러한 추진 방식은 당시 다른 나라 어뢰에도 일반적으로 적용되었다. (단, 일본의 타입 95 잠수함용 어뢰는 산소농축 방식으로 예외였다.) T1 어뢰는 주간에는 표적 수상 선박에서 어뢰 항적을 볼 수 있다는 단점도 있었다

T1 어뢰에는 표적을 직접 타격하거나 표적 하부를 지나가도 폭발하는 접촉-자기 복합 신관이 처음으로 장착되었는데, 실전 배치 전 충분한 시험이 부족해 실전에서 심도 조절 기능 불량과 조기 폭발 등으로 고장률이 30퍼센트에 달했다. 어뢰 결함에 대한 운용자들의 불만에 대해 지휘부에서는 운용자들의 운용 미숙 탓으로 돌렸는데, 미 해군의 마크 14Mark 14 어뢰의 경우도 유사한 사례가 있었다.

T1 어뢰는 직주 어뢰이지만, 자이로 각도와 기동 패턴을 입력할 수 있었다. 원하는 침로로 주행하게 할 수 있었고, FAT* 방식이나 LUT** 방식을 입력해 호송선단 표적에 대한 명중률을 높일 수 있었다. G7a는 1935년부터 실전에 배치되었으며, 유보트들은 1939년 개전 후부터 1941년까지 사용하였다.

* FAT(Flachenabsuchender Torpedo): '평면을 휘젓는 어뢰'라는 의미로 지정 침로로 일정 거리를 항주한 다음 지그재그로 항주하는 방식이다.

** LUT(Lagenunabhänger Torpedo): '어떤 상황에서도 사용할 수 있는 어뢰'라는 의미로, FAT 기능이 더 다양해졌다.

T1 어뢰에서 발전된 G7e T2 어뢰는 e가 의미하듯이 전기 추진 어뢰로, 물살이 발생되지 않는 어뢰였다. G7e 어뢰는 약 스무 가지 버전으로 출시되었는데, T2 어뢰는 1936년부터 독일 유보트에 탑재되었으며 제2차 세계대전 개전 시부터 실전에 사용하였다.

T2 어뢰는 납 배터리로 구동되었다. 당시 납 배터리는 함 내에서 정비 유지가 필요했으며, 최대 효율을 발휘하기 위해서는 어뢰 발사 전 예열이 필요했다. 예열을 했을 경우 초기 버전은 30노트로 5,000미터를 항주할 수 있었지만, 예열하지 않았을 경우에는 28노트로 3,000미터밖에 주행하지 못했다.

T2 어뢰는 T1 어뢰에 비해 제작이 간단하고 거의 반값 정도로 저렴하였을 뿐 아니라 조용하고 물살이 없어서 수상에서 관측이 어려운 장점이 있었다. 하지만 T1 어뢰에 비해 신뢰도가 떨어지고 사거리가 짧으며, 속력이 30노트에 불과하고, 발사 전 30도로 배터리를 예열해야 하는 단점이 있었다.

자기감응 신관은 표적 함선의 선저 아래로 항주하다 감응되어 폭발하도록 설계되었지만, 조기에 폭발해버리기도 하고 감응을 하지 못하기도 했다. 이로 인해 유보트 사령부는 모든 T2 어뢰는 접촉 신관으로만 발사하라고 지시했다. 하지만 접촉 신관 역시 신뢰성이 떨어지는 것으로 드러났다. 영국 HMS 넬슨HMS Nelson은 U-56이 쏜 세 발의 어뢰가 명중했음에도 살아남았다. 이러한 기술 결함으로 최소 한 척의 전함, 일곱 척의 중순양함, 일곱 척의 구축함과 수 척의 상선이 명중되었음에도 격침되지 않았다. 유보트 사령부는 이러한 문제를 심각하게 받아들여 T2 어뢰의 결함인 접촉 신관 문제와 심도 유지 장치, 그리고 자기 근접 감응 기능을 개선하였다. 그리고 배터리 용량을 늘려 T2의 사정거리를 5,000미터에서 7,500

미터로 증가시켰다.

독일의 어뢰 성능 결함은 1941년 말에 해결되어 개선된 G7e T3 어뢰가 남은 전쟁 기간 동안 유보트의 표준 전기 어뢰가 되었다. T3 어뢰는 T2 어뢰에 비해 성능이 크게 개선되었는데, 특히 감응 신관이 개선되었다. 신뢰성 높은 근접 신관을 사용하여 표적의 선체 하부에서 정확히 폭발시킴으로써 파괴력을 높였다. 그리고 T1, T2 어뢰와 마찬가지로 주행 패턴인 FAT, LUT를 프로그램으로 입력하여 호송선단 공격용으로 사용하는 등 T3 어뢰는 그 이전의 어떤 어뢰보다도 치명적이었다.

독일은 1933년부터 음향 추적 어뢰를 개발하기 시작했다. 직주 어뢰는 수상이나 잠망경 심도에서 어뢰를 발사해야 하는데, 표적에게 발각되기 쉽고 명중률도 떨어지지만 음향 추적 어뢰를 사용하면 대충 표적 쪽으로만 쏘아도 어뢰가 표적 소음을 따라가서 명중시키기에 유보트는 깊은 심도에서 어뢰를 쏠 수 있었고, 명중률을 높일 수 있었다. 독일은 세계 최초의 수동음향 호밍 어뢰를 개발하여 1943년 3월 U-603, U-758, U-221이 연합국 호송선단 HX-229와 SC-122 공격 작전에 사용했다. 이 어뢰가 G7es T4 Falke 어뢰이다. T4 어뢰는 20노트로 7,500미터를 항주할 수 있었다. T4는 시끄러운 소리를 찾아가는 어뢰이므로 유보트가 쏜 어뢰가 부메랑이 되어 자신을 공격하지 않도록 대책을 세워야 했다. 따라서 처음 400미터까지는 소리를 듣지 못하고 직진어뢰와 동일하게 주행하도록 하고, 이후 센서가 활성화되어 표적을 찾도록 했다. 또 어뢰 자체의 소음이 높으면 표적 소음을 잡기가 어려우므로 어뢰를 속력 20노트로 낮추어 조용하게 주행하도록 했다. 속력이 낮아도 T4 어뢰의 주 표적은 상선이었기에 충분히 상선 표적들을 명중시킬 수 있었다.

T4 어뢰보다 더 빠르고, 주행거리를 연장한 어뢰가 G7es T5 어뢰다.

T5 어뢰는 24노트로 5,700미터를 주행할 수 있었기에 적 군함도 공격할 수 있었다. 이는 1943년 8월부터 사용되었으며, 같은 해 9월 호송선단 공격에서 좋은 성과를 냈다. T5 어뢰는 15노트 이동 선박을 450미터에서 접촉할 수 있었으며, 자기감응 또는 접촉 기폭장치가 장착되어 있었다.

T5는 T4와 마찬가지로 400미터 항주 후 가장 큰 소음을 찾아가도록 설계되었지만, 어뢰가 되돌아와 어뢰를 발사한 유보트를 공격하는 사례가 발생했다. 1943년 12월 U-972와 1944년 1월 U-377은 확실히 자신들이 쏜 T5 어뢰에 의해 격침되었다. 유보트 사령부는 자신들이 쏜 어뢰가 부메랑이 되어 자신들을 공격하지 않도록 어뢰 발사 후 유보트는 즉각 심도 60미터로 내려가 모터를 정지하고 완전 정숙 상태를 유지하도록 지시했다.

연합군은 유보트의 T5 어뢰에 대응하여 폭서라고 부르는 조음기를 개발하였다. 이 조음기는 일반 선박의 추진기보다 훨씬 큰 소음을 내게 하여 적이 쏜 어뢰가 표적이 아닌 이 조음기 쪽을 향하도록 유도하는 장치이다. 연합국은 1943년 9월 말 대서양에 있는 모든 호위 선박에 폭서를 설치하도록 했다.

연합군의 조음기 폭서에 대응하여 독일은 T5 어뢰를 개선하여 G7es T11 어뢰를 개발하였다. T11 어뢰는 폭서에 거의 영향을 받지 않도록 설계해 자기가 따라간 표적이 조음기라고 판단되면 그 앞쪽으로 가서 진짜 표적을 찾아 공격하도록 했다. 하지만 이 T11 어뢰는 종전 직전 개발되었기에 실전에서 사용되지는 않았다.

종합해보면 제2차 세계대전 독일 유보트 어뢰는 다음 표와 같이 발전했다. 이 표를 보면서 일반인들이 가지는 어뢰에 관한 몇 가지 오해에 대해 말해보고자 한다.

제2차 세계대전 당시 유보트 어뢰의 종류

| 타입 | 모델명 | 기간 | 형태 | 의의 |
|---|---|---|---|---|
| T1 | G7a | 1939년 개전 ~1941년 | 증기추진 직주 어뢰 (기동패턴) | 최초의 표준어뢰 |
| T2 | G7e | 1939년 개전 ~1941년 | 전기추진 직주 어뢰 (기동패턴) | 항적 문제 해결 |
| T3 | G7e | 1941년~ | 전기추진 음향 호밍 어뢰 | 어뢰 불발 등 기술적 문제 해결 |
| T4 | G7es Falke | 1943년 3월~ | 전기추진 음향 호밍 어뢰 | 적 상선 공격용 |
| T5 | G7es Zaunkoenig GNAT | 1943년 8월~ | 전기추진 음향 호밍 어뢰 | 적 상선 + 군함 공격용 |
| T11 | G7es Zaunkoenig II | 1945년 | 전기추진 음향 호밍 어뢰 | 기만기 대응 |

많은 이들이 직주 어뢰는 함수 방향으로 직진만 하는 것으로 알고 있다. 물론 직주 어뢰를 함수 직전 방향으로 보낼 수도 있지만, 자이로 각을 입력해 원하는 침로로 보낼 수도 있고, 항주 패턴을 입력 지그재그 기동을 시킬 수도 있었다. 개전 전부터 FAT와 LUT 같은 항주 패턴 기능이 있었고, 이는 호송선단 공격에 유용하게 사용되었다.

그리고 제2차 세계대전 어뢰는 항적을 남겼고, 수상함에서 경계를 잘하면 충분히 피할 수 있었다고 생각하는 이들이 많다. 유보트들이 제2차 세계대전 개전 시 사용한 어뢰는 T1과 T2인데, 이 중 T1은 항적을 남겼고 T2는 항적을 남기지 않았다. 유보트에서 T1 어뢰를 사용하면 표적 선박에서 어뢰 웨이크를 볼 수 있었으므로 주로 야간에 사용하도록 했다. 그리고 T1 어뢰는 1941년 이후 유보트에서 전혀 사용되지 않았으므로 이후에는 항적을 볼 수 있는 유보트 어뢰는 없었기에 실전에서 유보트가 쏜 어뢰의 항적을 보기는 쉽지 않았다.

또, 비접촉폭발어뢰를 최신형 어뢰로 아는 이들이 많다. 어뢰가 표적 수상 선박을 직접 맞추는 것이 아니라 표적 아래에서 터지게 하는 방법은 이미 제2차 세계대전 전부터 실용화되어 오던 것이고 잠수함이 대수상 표적으로 쏘는 어뢰에서는 기본으로 사용되는 일반적인 방식이다.

이상 제2차 세계대전 당시 독일 유보트 어뢰에 대해 알아보았는데, 생각보다 당시 어뢰의 성능이 대단했다는 것을 알 수 있다. 그리고 오늘날 잠수함의 성능이 제2차 세계대전 당시 것과 비교할 수 없을 정도로 발전했듯이 어뢰 또한 제2차 세계대전 당시와 비교할 수 없을 정도로 많이 발전했다.

## 유보트 연구의 최고 권위 유보트 아카이브

세상에는 유보트 마니아들이 많다. 아직도 침몰한 유보트가 심심찮게 발견되기도 한다. 그 외에도 유보트 관련 논쟁거리가 생기면 누가 최종적으로 정리를 할까? 결론을 내리기 위해서는 완벽한 근거가 있어야 하고, 그 근거는 자료에 기인해야 한다. 이러한 역할을 하기 위해 충분한 자료를 보유한 권위 있는 기관이 있어야 한다. 그 기관이 바로 독일 쿡스하펜에 있는 유보트 아카이브U-Boot-Archiv이다.

이 유보트 아카이브의 설립자인 호르스트 브레도는 1924년에 태어나서 1942년 입대하여 U-288의 장교가 되었다. 1944년 처음 출동했다가 입은 부상으로 그가 입원해 있는 사이에 두 번째 출동을 나간 U-288은 다시 돌아오지 못했다. U-288 승조원 중 유일하게 살아남은 브레도 씨는 종전 후 U-288의 역사와 전우들의 인적사항을 기록으로 남기기로 결심했다. 그는 전우의 가족들을 만나 자료를 수집하고 다양한 유보트 관련 유품을 수집했다. 이를 계기로 그는 제2차 세계대전 유보트 관련 사료를 수집하고 정리하게 되었고, 이후 독일 잠수함의 시초부터 현대의 잠수함까지 방대한 자료를 수집하게 되었다. 그리고 일부 외국 잠수함 사료까지 수집했다.

필자는 약 20년 전에 독일 잠수함부대 실습 기간 중에 이곳을 방문해 브레도 씨를 만났다. 그와 이런저런 이야기를 나누고 한국 잠수함 휘장도 전달했다. 2015년 그가 세상을 떠난 후에는 그의 아내가 이를 관리하다가 지금은 별도의 관리자가 관리하고 있다. 유보트 아카이브는 처음에는 한 개의 건물로 시작했지만 점차 확장하여 지금은 세 개의 건물로 구성되

• 쿡스하펜에 있는 유보트 아카이브와 설립자 호르스트 브레도 씨 〈출처: 필자 제공〉

어 있다. 가장 먼저 세워진 건물은 현재 박물관으로 사용한다. 박물관 바깥쪽에는 전쟁 당시의 기뢰와 어뢰를 전시해두었다.

또 기념석도 몇 개 있다. 그중에는 영국 잠수함 협회에서 우호의 상징으로 세운 기념석이 있는데, 거기에 새겨진 "Men who served the sea Not enemies but opponents바다에 헌신한 사람에게는 적이 아니라 상대일 뿐이다"라는 문구가 눈에 띈다.

박물관 안으로 들어가면 입구부터 많은 전시물들이 전시되어 있다. 벽에는 칼 되니츠, 오토 베디겐의 사진도 있다. 베디겐 전시실에는 제1차 세계대전 사료가 가득하다.

이곳을 방문하기 위해서는 사전에 예약해서 관리자의 안내를 받아야 한다. 또 다른 전시실에는 제1차 세계대전 유보트 U-21의 함장 오토 헤르싱Otto Hersing의 유품을 보관하고 있다. 그는 제1차 세계대전 중 가장 많은 전과를 올린 함장 중 한 명으로 종전 후 집필 활동을 하였는데, 그가 남긴 모든 유품을 이곳에 보관하고 있다.

또 다른 곳으로 발걸음을 옮기자 제2차 세계대전 유보트 에이스 중 한 명인 볼프강 루스Wolfgang Lüth 전시실이 나온다. 여기에는 제2차 세계대전 관련 유품들이 전시되어 있다. 유보트 요원들이 몸에서 나는 악취 때문에 사용하던 향수병과 제2차 세계대전 유보트 최고의 에이스 오토 크레치머가 실제 입었던 외투, 유보트의 함 마크와 함대 문양도 볼 수 있다. 유보트 모형 전시실에는 제1, 2차 세계대전 중 사용했던 모든 타입의 유보트 모형을 전시해 놓았다.

박물관 인근에 있는 연구소 건물에도 곳곳에 유보트 관련 전시물이 있다. 이 아카이브의 설립자 브레도 씨의 생전 모습과 유품도 전시되어 있다. 자료실에는 모든 유보트의 자료가 함별로 파일로 정리되어 있다. 임의로 한 개의 파일을 뽑아 봤는데, 함의 이력과 작전 내역, 승조원 정보가 모두 담겨 있었다. 다른 파일들에는 유보트별로 관련 사진들을 보관하고 있다. 이들은 지금도 유보트 관련 연구를 계속하고 관련 자료를 발행하며 세미나를 주기적으로 개최하고 있다.

독일에서는 유보트 연구를 정부가 하지 않는다. 먼저 간 유보트 전우들을 추모하며 일평생 유보트 자료 수집과 연구에 헌신한 브레도 씨 같은 이와, 이를 후원하는 잠수함 애호가들이 하고 있다. 우리나라에도 취미로 잠수함을 연구하는 애호가들이 많아지고 있다. 앞으로 우리도 민간 분야에서 잠수함 연구가 활발하게 이뤄졌으면 하는 바람이다.

맺음말

# 코만단트 초이의 잠수함 인생

코만단트 초이는 필자의 유튜브 활동명이다. 독일어 'Kommandant'는 영어로는 'Commander', 우리말로는 '함장'이라는 말인데, 독일 친구들이 나를 부를 때 쓰는 애칭이다.

우리나라 군 장교들이 외국의 군사대학에 유학을 가기도 하고, 외국 장교들이 우리나라 각 군 대학*에 유학을 오기도 하는데, 필자도 2000년도에 해군 소령 신분으로 독일 함부르크에 있는 지휘참모대학교에서 수학했다. 학생장교로 선발되어 출국했는데, 그때 내게는 대학 과정 수료와는 별도의 또 다른 목표가 있었다. 바로 잠수함 장교로서 유보트의 본고

* 우리나라는 각 군(육군, 해군, 공군)별로 영관장교 교육을 위한 군 대학을 운영하고 있다.

장 독일에 가서 잠수함 관련 사료를 수집하는 것이었다.

독일 친구의 소개로 함부르크 유보트협회를 찾아갔고, 회원들과 친분을 쌓았다. 이들은 주말마다 모여서 잠수함 관련 정보와 경험을 교환하며 식사도 하고 여행도 같이 다녔다. 필자는 이런 모임들에 가능한 한 열심히 참가했다. 그리고 이들은 필자가 잠수함 요원이라는 이유 하나만으로 형제 이상으로 필자와 필자의 가족에게 친절을 베풀어 주었다.

필자는 제2차 세계대전 유보트 생존자들의 경험을 생생하게 들으며 유보트 관련 상식을 넓혀갈 수 있었다. 필자가 살았던 곳은 칼 되니츠 제독이 살았던 함부르크 근교와 가까웠는데, 그러다 보니 그와 관련된 이야기를 많이 들을 수 있었고, 그게 계기가 되어 귀국하면서 『독일 해군 원수 칼 되니츠 제독의 삶』을 발간하게 되었다.

필자가 독일 지휘참모대학교에서 과정을 수료하고 귀국하는 날 함부르크 공항에는 유보트 생존자들을 포함한 유보트협회 회원들이 태극기와 협회기를 들고 나와 언제 다시 만날지 기약도 없는 필자의 가족을 뜨겁게 환송해주었다.

5년이 지나 214급 잠수함 인수 책임자로 선발되어 다시 독일에 가게 되었다. 필자가 한국 잠수함 승조원들과 함께 다시 독일을 방문한다는 사실이 그들에게는 큰 뉴스거리였고, 독일 체류 기간 동안 유보트협회 회원

• 함부르크 유보트협회에서 유보트 생존자들과 만나는 필자, 2000년. 〈출처: 필자 제공〉(위)
• 214급 인수요원 당시. 독일 킬, 2005년. 〈출처: 필자 제공〉(가운데)
• 발터의 유보트 아카이브, 함부르크 〈출처: 필자 제공〉(아래)

들은 우리 일행에게 최선을 다해 편의를 제공해 주었다. 우리 일행은 생소한 외국생활을 하는 와중에도 맡은 임무를 잘 수행하며 매우 유익한 시간을 보낼 수 있었는데, 거기에는 유보트협회 회원들의 도움이 컸다. 우리는 유보트협회 회원들을 통해 유보트 역사뿐 아니라 독일 문화를 배울 수 있었고, 또 그들에게 한국 문화를 알릴 수 있었다. 유보트협회 회원들 중 특히 발터와 위르겐은 필자의 일행을 위해 기꺼이 헌신했고, 우리에게 잠수함 관련 방문지를 직접 안내하며 설명도 해 주었다. 그들의 안내로 우리는 타국 잠수함 요원들과도 교류하고, 제2차 세계대전 유보트 U-995, 독일 해군 잠수함 U-1, 러시아 탱고Tango급 잠수함 U-434 박물관과 유보트 전사자 묘지, 칼 되니츠 제독의 묘지 등을 방문하며 잠수함에 대한 견문을 넓혀갔다.

한국 잠수함 요원들의 절도 있고 군인다운 모습은 독일 유보트협회 회원들에게 감동을 주기에 충분했다. 우리는 그들과 어울리며 한국 소개의 날 행사도 개최하고 유보트 전사자 기념공원 정비도 하며 친목을 다졌다. 우리 인수 요원들이 독일에 체류하는 기간이 한국 잠수함부대에게는 독일 유보트 관련 사료를 확보할 수 있는 절호의 기회였기에 열심히 사료를 수집했다. 유보트협회 회원들에게 협조를 구해 각국 잠수함 휘장을 수집하고, 독일 잠수함부대에서 제2차 세계대전 어뢰 자이로를 기증받았다.

특히 우리를 가장 많이 도와준 발터에게서 그가 소장하고 있던 수많은 자료들을 기증받았는데, 우리 일행은 함부르크 외곽 옥센베르더에 있는 그의 집을 방문해 그가 40년 동안 모아온 유보트와 관련된 컨테이너 한 개 분량의 소장품 등을 기증받아 한국으로 가져올 수 있었다. 그중에는 제1차 세계대전 독일 기함에서 실제로 게양했던 기, 칼 되니츠 제독의 친필 서명, 제1, 2차 세계대전과 관련된 희귀 사진 등 독일에서도 구하기 힘들고 값으로 환산할 수 없는 자료들도 포함돼 있었다. 이 자료는 현재 해군 잠수함사령부 내에 있는 잠수함역사관에 전시 · 보관되어 있다.

이후에도 발터와의 우정은 계속되어 발터는 필자의 유보트 공부를 도와주었으며, 한국에도 수차례 방문했다. 내 인생에서 그를 만난 것은 둘도 없이 큰 복이다. 그도 대단한 사람이지만, 그를 보면 독일의 힘이 느껴진다. 독일인들에게 있어 직업은 살아가는 데 필요한 재원을 제공할 뿐, 그들은 취미를 위해 살아가는 듯하다. 그리고 그 취미의 수준은 단순한 친목 도모가 아니라 격이 있고 깊이가 있다. 미술이든 음악이든 철학이든 이들의 취미 모임 수준과 그 결과물은 웬만한 프로의 세계보다 더 깊고 오묘하다.

발터의 취미 역시 잠수함이다. 그는 군대 시절 육군 운전병으로 복무했으며, 해군과는 어떤 인연도 없었다. 제2차 세계대전 유보트 함장 출신인 이웃의 소개로 유보트협회 회원이 되었고, 이후 40년 이상 미친 듯이 유보트 공부를 했다. 일하는 시간 말고는 유보트 자료를 모으고 관련자를 만나고 잠수함 박물관을 방문하는 등 잠수함 연구에 매진했다. 자료를 모으다 보니 그의 집 전체가 거대한 잠수함 아카이브가 돼 버렸다. 그는 제2차 세계대전과 관련된 거의 모든 유보트 기록물을 가지고 있다. 그뿐 아니라 제1차 세계대전과 독일 해군, 그리고 세계 잠수함 관련 자료를 그 어떤 도서관보다 많이 소장하고 있다. 독일 내에서 개인이 소장한 잠수함 관련 사료들 중에서는 단연 으뜸이다. 그는 내가 만난 최고의 유보트 전문가다.

한 번은 그가 U-995 박물관에 간다는 말을 듣고 따라간 적이 있다. 그런데 그는 단순히 관람만 하는 것이 아니라 미리 독일 해군 도서관에서 빌려온 U-995 화장실 변기 도면을 보면서 하루 종일 변기를 직접 분해·조립했다. 필자의 눈에는 그런 발터도 신기하고, 그렇게 하도록 도면을 빌려준 독일 해군과 U-995 박물관의 시스템도 신기했다. 필자는 생업으로 잠수함을 탄 사람이지만 취미로 잠수함을 연구한 발터에게서 많이 배우고 도전을 받는다.

필자가 독일에 가면 발터는 자신의 집에 태극기와 해군기를 내거는데, 이제는 동네 주민들도 필자가 왔음을 알 정도로 그들과도 친분이 생겼다.

• 예천 할머니들의 함부르크 전시회, 2018년 〈출처: 필자 제공〉(위)
• 지난 2021년 12월 경북 예천 신풍 미술관에서 진행된 유보트 아카이브 전시회 〈출처: 필자 제공〉(아래)

그 동네에 있는 란트하우스 보그트라는 식당에는 태극기와 한국 잠수함 휘장을 걸어놓고 필자와 한국 잠수함을 기리는 공간이 생겼을 정도다. 이제는 필자가 방문하면 동네 주민들과 이 식당에 모여 함께 즐거운 시간을 가진다.

필자의 처형은 경북 예천에서 미술관을 운영하며 할머니들을 위한 '할머니 그림학교'라는 미술치료 프로그램을 개최하고 있다. 2018년에는 할머니들이 직접 그린 그림을 가지고 함부르크에 가서 전시회를 개최했다. 이 전시회는 발터가 기획하고 지역 주민들이 적극 도와주었다. 그리고 그 이듬해에는 발터네 동네 주민들이 경북 예천을 방문해 마을 간 자매결연을 맺었다. 잠수함으로 맺은 인연이 국경을 넘어 마을 간의 교류와 자매결연으로 발전한 것이다.

필자는 전역 이후 보다 자유롭게 잠수함 관련 활동을 하고 있다. 독일 유보트협회와 세계잠수함협회와 교류하며 우정을 쌓아가고, 관련 모임에 참석하며 잠수함에 대한 견문과 상식을 넓혀가고 있다. 세계잠수함협회 모임은 1년에 한 번씩 나라별로 돌아가며 개최하며, 유럽을 중심으로 통상 30개국 정도가 참가한다. 이들은 직업적으로 잠수함 관련 일을 하는 사람들이 아니고 잠수함을 취미로 하는 사람들이다. 물론 전직 잠수함 요원이나 해군 출신도 있지만, 다양한 사연으로 잠수함을 좋아하게 된 사람들도 많다. 세상에는 잠수함이 하나의 무기 체계일 뿐 아니라 잠수함 고유의 특성과 문화가 있고, 잠수함을 중심으로 한 교제의 장이 얼마든지 열려 있다. 우리나라에도 숨은 잠수함 마니아들이 많이 있지만, 이들은 제한된 정보 속에서 잠수함 문화와 관련된 다양한 기회를 즐기지 못하고 있다. 필자는 이들이 세상으로 나와 유익한 잠수함 문화를 즐길 수 있길 바라며, 거기에 조금이나마 힘을 보태고 싶다.

필자와 필자의 둘도 없는 잠수함 친구 발터는 큰 계획을 세웠다. 발터는 필자보다 열세 살이 많아 이제 만만한 나이가 아니다. 잠수함역사관 같은 그의 개인 자료실을 유지하기에 체력적으로나 경제적으로 한계가 있다. 그래서 약 3만 점, 컨테이너 한 대 분량에 해당하는 방대한 자료들을 모두 한국으로 이전하고 필자가 그 연구를 이어가기로 했다. 앞으로는 필자가 잠수함연구소를 설립해 발터의 지원하에 잠수함 관련 연구를 해나갈 것이다. 이렇게 발터와 필자는 독일 내 공식 유보트 아카이브를 제외하고 세계에서 가장 많은 유보트와 잠수함 전사 자료를 한국에 유치했다. 이 자료를 토대로 필자는 2021년 12월 28일부터 2022년 2월 20일까지 경북 예천의 신풍 미술관에서 '유보트 아카이브 기획전'을 개최한 바가 있다. 이 전시회를 통해 한국에도 숨은 잠수함 마니아가 많다는 사실을 비로소 깨닫게 되었다. 한국의 잠수함 마니아들은 대부분 얕은 정보

속에, 그것도 미국화된 정보에 치우쳐 있으며, 가지고 있는 지식을 검증받을 기회를 갖지 못하고 있다. 잠수함을 좋아한다면 누구라도 이 자료들을 열람할 수 있을 것이다. 그들과 함께 잠수함 문화를 발전시켜나갈 수 있길 바란다.

• 발터와 필자 〈출처: 필자 제공〉

내 사랑하는 친구 최일,

1999년부터 2001년까지 그가 이곳 함부르크의 독일 지휘참모대학교를 다닐 때부터 시작된 우리의 우정이 벌써 20년이 지나도록 이어지고 있습니다. 함부르크의 유보트협회 모임에서 첫 만남을 가진 이후 그가 한국으로 돌아가기까지 우리는 거의 매주 만났습니다. 진실된 품성과 참된 동료애로 최일 함장은 당시 유보트협회의 생존한 유보트 승조원들 사이에서 명성이 자자했으며, 그는 독일 유보트협회에 가입한 이후 지금도 독일 유보트협회 킬 지부의 회원으로 소속되어 있습니다.

그 후 최일 함장은 잠수함 함장이 되어 다시 독일로 돌아와 한국 214급 잠수함 교육을 위해 승조원들과 킬에 머물렀었고, 이후에 한국을 방문했을 때에도 이들을 다시 만날 수 있었습니다. 그렇게 우리는 지속적으로 독일과 한국을 오가며 인연을 이어왔습니다.

나는 2006년에 처음 한국을 방문했었는데, 그때 처음 보는 한국의 문화와 아름다운 풍광에 빠져들었습니다. 한국에 머무는 동안 최일 함장은 내게 한국, 한국인 뿐만 아니라 한국 해군과 그들의 잠수함 역사에 대해서도 많은 것을 알려주었습니다.

그는 전역한 후에는 1년에도 여러 번 독일을 찾았는데, 옥센베르더에 있는 우리 집에서 유보트에 대한 여러 대화를 나눴습니다. 그 당시 나는 수집한 방대한 유보트 관련 자료와 기념품 들을 어떻게 처리할지 고민하고 있었는데, 그가 흔쾌히 유보트 관련 자료를 맡겠다고 수락하여 2021년 3월 컨테이너에 실어 한국으로 보냈습니다.

나는 수십 년 동안 유보트 역사 연구를 통해 전쟁라는 것이 희생만 안겨주는 쓸모없는 것임을 알게 되었습니다. 제1차 세계대전 중 독일 유보트 승조원 5,249명이 사망했고, 제2차 세계대전중에는 4만 명 중 3만 명 이상의 승조원이 사망했습니다. 하이켄도르프의 유보트 승조원 묘지에는 역사의 씁쓸한 흔적만이 가득합니다.

이 책이 잠수함이라는 매개체를 통해 국경을 넘어선 소통의 징표가 되었으면 합니다. 그리고 독일과 한국이 평화와 우정을 나누는 데 일조했으면 합니다.

그리고 사랑하는 최일! 이 책을 통해 좋은 성과가 있길 바라. 그리고 그 다음 계획에도 행운이 함께하길……

2021년 12월 함부르크에서

발터 쉬토르벡

전직 함장이 들려주는 진짜 잠수함 이야기

# 잠수함 리얼리티

초판 1쇄 인쇄 2022년 3월 23일
초판 1쇄 발행 2022년 4월 6일

지은이 최일

펴낸이 임태순
펴낸곳 도서출판 행북
출판등록 2018년 5월 17일 제2018-000087호
주소 경기도 고양시 일산서구 탄현로 136
전자우편 hang-book@naver.com
블로그 blog.naver.com/hang-book
전화 031-979-2826  팩스 0303-3442-2826

ISBN 979-11-964346-9-4 03390

값 22,000원